U0023313

組織行爲

林欽榮◎著

自序

組織行為是近代興起的熱門科學。它是在研究組織內部的人類行為，包括：個體行為、群體行為與組織本身行為，以及三者與內、外環境的交互關係，用以提高組織的效能。組織行為研究的目的，乃在幫助組織管理者瞭解、解釋與預測員工行為，一方面在協助員工滿足各項需求，提高工作意願；另一方面在提醒管理者安排有利的組織環境與工作條件，以求能順利地達成組織目標。

在組織行為中，個體是組織的基本單元，個體行為是組織行為的基礎。因此，研究組織行為，必須先從探討個體行為開始。惟行為是個體與環境交互作用的函數。個體行為不僅取決於個人的動機、知覺、學習、人格、態度等心理歷程，而且深受社會環境與物理環境的影響。

就個體行為而言，動機決定了行為。其次，個人透過知覺和價值觀，而將行為顯現出來。同時，個人可透過學習與經驗和態度，而表現他的行為。至於，人格更是個體行為的代表，個人的許多特質即是依據他的人格而顯現的。是故，個體行為常為他的動機、知覺、學習、態度與人格等所決定。當然，前述各項心理歷程也是交互作用、相互影響的。由於這些心理歷程的交互影響，而構成了個人行為。不過，個人在行為過程中不免會遭遇到挫折，這些也是吾人所必須探討的。

個體行為除了受到個人本身心理歷程所決定外，也受到外在環境的影響；這些外在環境包括物理環境與社會環境。物理環境包括一切物質環境、空間、時間等因素，社會環境則包括所有人類的互動關係。就組織行為而言，物理環境與社會環境乃顯現在群體與組織層面之中，故研究組織行為必須研討群體行為與組織本身行為。

就群體行為層面而言，個人在組織中常基於各項需求與相同利益，而結合成不同的群體。此種群體在組織中，常表現它的動態性，以致對組織造成相當的影響力。群體動態力量的運作，有時可協助組織達成目標，有時則可能妨害組織的作業；其有賴組織管理者領導技巧的運用。準此，群體行為也是組織行為研究所必須重視的課題。

此外，組織行為的研究更需注意組織本身的結構與動態關係。畢竟，組織結構是組織成員行為的依據。它提供組織成員活動的架構，使組織文化得以形成，此種組織文化型態即為成員行事的模式。同時，組織為求適存於社會，必須從事組織發展與變革。這些都有賴組織領導與組織權力的適當發揮。

基於前述觀點，組織行為包括三個層面：個體行為、群體行為與組織本身行為。當然，這三個層面是相互影響的，且和社會、文化等相互作用。組織管理者在探討組織行為時，必須注意這些因素的綜合結果，從中找尋最佳的管理方案，才能提高工作績效，完成組織目標。本書的編寫即持此理念，期能對組織管理者有所助益。

本書乃作者有感於組織行為的進展神速，力圖以簡明通俗的筆法，將其輪廓作扼要的敘述，希望能對從事實際管理工作或有志研究者有所幫助。因此，本書除探討理論通則之外，亦多方蒐羅有關個案，資供研討。

本書係屬於修訂版，除於各章作若干修正之外，並另加「挫折肆應」「組織病態行為」兩章，希望能有更完整的架構。同時，本書修訂本承揚智文化事業股份有限公司葉忠賢總經理及其他工作人員的協助出版，特此致謝。當然，本書若有任何闕漏誤謬，其責全在作者。尚祈方家指教，是幸。

林欽榮 謹識

目錄

第1篇

導論

組織行為是一門獨立的科學，它乃是在探討組織內部的人類行為，由個體、群體與組織相互綜合而形成。由於個體是構成組織的基本單元，個體行為即是組織行為的基礎。惟個體在組織中並不是獨立存在的，以致個體與個體交互行為的結果，而形成群體行為。然而，不管個體行為或群體行為都是在組織結構中表現出來的；加以組織本身的架構、制度、活動、文化等相激相盪，終而構成完整的組織行為。是故，就整體組織而言，組織可分為三個層面：即個體、群體、組織，各顯現他們的行為特徵。當然，個體、群體、組織三個層面是相互影響，交互作用的。本書各篇即以此為架構，分別探討之。

第1章 緒論

本章重點

組織行為的涵義

組織行為的發展

組織行為的研究

組織行為的範疇

組織行為的相關領域

個案研究：工作豐富化有必要嗎？

組織行爲雖可劃分爲三個部分：個體行爲、群體行爲與組織行爲。然而，這三個單元是不可分割的。惟爲討論的便利，乃不得不將之分作三個層面加以探討。一般而言，組織不僅由個體、群體與本身結構所構成，它更受到外在社會環境的影響。因此，吾人研討組織行爲不能僅限於上述三個層面。事實上，它已涵蓋了更廣泛的範疇，本書僅以上述三個層面爲基礎，將其他概念灌注於三個層面之中。爲了探討組織行爲的內涵，本章將先討論組織行爲的意義、發展、研究及其範疇，以爲以後各章的指引。

組織行爲的涵義

組織行爲是最近幾十年才發展出來的學問。由於它發展的期間相當短暫，以致有關它的定義與內容，並沒有一套完整的看法。幸而，近年來行爲科學的蓬勃發展，提供了組織行爲發展的架構。許多行爲科學家乃開始鑽研組織內部的人類行爲，以求能協助組織管理者瞭解、解釋、控制與預測人類行爲，從而解決組織內部人類行爲所引發的問題。

今日組織行爲常借助於相關科學，諸如：心理學、社會學、社會心理學、文化人類學、政治學……等，而發展成一門獨立的科學。是故，組織行爲已有它本身的範疇。就組織本身的立場言，組織行爲顧名思義，乃爲研究組織內部人類行爲的科學。本節擬將組織、行爲分開討論，然後再作綜合的敘述。

一、組織

組織是一種人類的組合。廣義的組織，所涵蓋的範圍相當廣泛，包括：國家、政府機關、企業機構、各種社團…….，甚至於任何團體，都是一種組織。惟本書所稱的組織，是屬於狹義的範圍，僅限於企業組織、政府機構，或同性質的組織而言。此種組織是相當具體，而以實體表現出來的。當然，組織可以爲正式組織，也可以是非正式組織；然而，這不是

本書所要立論的重點。基本上，本書所要討論的組織，是以組織圖表爲架構，而可顯現出它的程序的。此種組織是相當正式化，而具有基本架構的。

準此，吾人可稱組織就是「有計畫地協調兩個人或兩個人以上的活動，經由協和分工與權責劃分的方式，以求能完成某些共同認可的目標」之謂。易言之，組織是一個有計畫而具協調性的正式結構，其乃爲由兩個或更多人的參與，以達成共同目標的組合體。其重點乃在強調組織中所進行的行爲，且常與工作有關。

組織行爲學家賽蒙（Herbert Simon）曾說：組織是一種相互關係的活動，所結合而成的體系。此種體系應具協調合作、溝通網路、層級順序，並加上一群自願參加活動任務的個人。

高思（John M. Gaus）則說：「所謂組織，乃是透過合理的職務分工，經由人員的調配與運用，使其能協同一致，以求達到大家所協調的目標。」根據此一定義，則組織包括四項主要因素：共同目標、意見的一致、人員的調配、與權責的合理分配。

由此可知，組織顯然是兩個人以上的組合，而透過分工結構，以求達成共同目標的實體。有關組織的定義，將在本書第十四章作進一步的討論。此處先不作贅述。

二、行為

所謂行爲，是指人類的一切活動而言。一種行爲就是一項活動。每個人在日常生活中，隨時都會表現一些行爲。根據心理學的研究，行爲可分爲內隱行爲（implicit behavior）與外顯行爲（explicit behavior）。內隱行爲是別人所無法察覺的，外顯行爲則爲別人所可察覺的。

所謂內隱行爲，是指他人所無法察覺，亦即個人表現在內心的行爲。此種行爲對行爲者而言，有些是他人看不見，但行爲者自己可以察覺得到的，這就是意識性行爲（consciousness behavior）；有些則不但別人看不到，行爲者自己也察覺不到的，這就是潛意識行爲（unconsciousness

behavior）。前者如知覺、動機、學習、情緒、態度等所表現的行為，行為者可察覺得到，且可自行控制的，這是屬於意識的部分；後者如某些人格特質，或不可自知的恐懼、慾望、態度等，是個體無法察覺得到，也無法自行控制的，通常這是由於壓抑的結果所產生的。另外，有一種是下意識行為（subconsciousness behavior），是指個體可作部分知覺的行為，如偶爾的動作失態、失言、失笑等均屬之。以上這些內隱行為，都屬於行為的一部分。

至於外顯行為，是個體表現在外的行為，不但自己可以察覺得到，而且別人也可以察覺得到，甚或可用工具儀器測量出來。例如，吃飯、走路、看書、爬山……等等，都各是一項外顯行為。顯然地，外顯行為是構成行為的主體。由於個人行為的顯現，他人才得以知曉，從中得到瞭解。因此，一般所謂的行為，多指外顯行為而言。外顯行為固為行為的主體，然而個人的知覺、價值、態度、動機與經驗等，同樣影響其外顯行為，甚而有時潛意識也決定了外顯行為。因此，吾人研究行為，必須連同內隱行為一起觀察。易言之，所謂行為，是指內隱行為與外顯行為的綜合表現。

三、組織行為

根據前面的敘述，組織是個體、群體與組織本身所構成的，則組織行為是為個體行為、群體行為與組織本身行為相互作用的結果。是故，所謂組織行為，乃為廣泛地研究組織內個人、群體與組織結構的行為，及其對整個組織運作的影響；並應用這些行為知識，以增進組織效能的科學。若純就層面的立場而言，組織行為乃係有系統地研究人類在組織中所表現出來的行為。惟此種行為乃持續在組織中進行的，且是和工作有關的行為。

組織行爲的發展

組織行爲是研究組織內部人類行爲的科學。有關人類行爲的研究，落後自然科學的研究甚遠。惟組織的興起，卻早自有人類以來，即已存在。只是當時的組織大多著重組織結構的靜態研究，甚少注意行爲層面的動態研究。此時，組織管理者強調正式體制，以生產力爲組織目標。及至今日，組織的發展才逐漸重視行爲層面，認爲組織內部的人類行爲，是決定組織效能的重要變數。因此，組織行爲的發展，乃是依循組織管理理論的發展軌跡而來的。其發展過程，大致可分爲三大階段：

一、科學管理時期

早期的組織結構相當單純，人員簡單；及至工業革命興起，組織開始引用大量機器、人力和技術，使其結構逐漸複雜。惟當時的組織相當理性化、結構化，而將組織視爲機械性的封閉系統，強調組織系統的內在因素，主張組織經營必須合理化、制度化，才能有效地提高生產績效。及至一九一〇年代，此種觀念發展到最高點，此即爲科學管理運動的勃興。

所謂科學管理（scientific management），乃是運用科學方法，協助組織管理者解決組織內部的問題。科學管理運動的首倡者，爲美國人泰勒（Frederick W. Taylor），被尊稱爲「科學管理之父」。他主張從事動作與時間研究，建立工作條件標準化，以爲工人工作時的依據；同時強調選擇最佳的工作途徑，管理人員勵行分工，嚴格監督與訓練工人；並將計畫與執行嚴格劃分，工資的發放採按件計酬制。其基本理念，乃爲採用科學方法，來研究組織，使其達成最高的生產效率。

泰勒最有名的著作，乃爲《工場管理》（*Shop Management*）和《科學管理的原理》（*The Principles of Scientific Management*）。科學管理的要旨，乃在應用科學方法，改善工作技術，並建立科學管理體系。他提出管理的四個原則，爲：

（一）以科學方法，代替經驗法則。

（二）應用科學方法選用工人，然後訓練之、教導之，並發展之。

（三）應誠心與工人合作，俾使工作能符合科學的原理。

（四）對於任何工作，管理階層與工人幾乎都有相等的分工與責任。

其後，科學管理運動經由吉爾伯斯夫婦（Frank B. & Lillian M. Gilbreth）、甘特（Henry L. Gantt）、艾默生（Harrington Emerson）等人的闡揚，而盛極一時。吉爾伯斯夫婦最主要的貢獻，乃為動作研究與時間研究。甘特的貢獻，為實施工作控制的甘特圖表（Gantt Chart）的發明。艾默生則為工作效率的專家，著有《效率的十二原則》一書，致力於工作本身效率的提高。

科學管理運動在工業界產生極大的震撼，它在促進工作效率上有極卓越的貢獻；對生產量的提高與管理思想的演進，有不可磨滅的貢獻。惟科學管理運動著重共同目標的達成，較忽略人性的價值與尊嚴。該時期強調形式上的管理與控制，極易引起員工的抗拒。蓋嚴格的工作分配，限制了員工能力的發揮。且假定工人的工作動機，純為了追求金錢報酬，忽略工作外的滿足（off-the-job satisfaction），以致激起人群關係浪潮的澎湃。

二、人群關係時期

人群關係（human relations）運動起自一九二〇年代末期至一九三〇年代初期，由梅約（Elton Mayo）教授主持芝加哥西電公司（West Electric Company in Chicago）的浩桑研究（Hawthorne Studies）。該研究本為探討工作環境與工業效率之間的關係，卻意外地發現人際關係、群體關係與社會關係影響工作效率甚鉅。該研究發現：工作群體會形成規範，決定增加產量或限制產量；且組織領導氣氛影響員工個人工作意願。梅約為強調人群關係的論點，乃寫成《工業文明的人性問題》與《工業文明的社會問題》二書。

其後，羅斯茨伯格（F. J. Roethlisberger）與逖克遜（W. J. Dickson）更進一步研究，發現人群關係的重要性，著有《管理階層與工人》（*Management and Worker*）一書，極力駁斥科學管理限制人性的觀點，主張管理應尊重人性的價值與尊嚴，講求改變機器設計去適應人力；並認爲影響工作效率的，並非全在於經濟或物質因素，最重要的乃爲人性因素。

人群關係的兩大論點，不外乎個人需求與群體行爲。就個人需求而言，個人工作不但在追求基本的生理需求，更在追求安全、社會、自尊和自我實現等需求。易言之，人們工作的目的，不僅在獲致物質的報酬，更希望獲得工作上的滿足與工作外的滿足。就群體關係而言，員工常組成工作派系，發展自己的行爲規範和準則，有時協助成員達成目標，有時限制成員行爲；同時，它在組織中有時增進產量，有時也限制產量。由於人群關係對人性觀點的重視，在管理上產生極大的影響。

然而，人群關係思潮過分發展的結果，也爲管理界帶來困擾。蓋過度重視員工心理上的滿足，反而疏忽了組織績效與生產效率。根據許多研究顯示：工作績效與員工滿足感之間，並無絕對的關係。因此，人群關係運動在管理界也引起極需修正的騷動，卒而演成現代洶湧澎湃的行爲發展時期。

三、行為發展時期

行爲發展（behavioral development）時期，乃爲行爲科學家運用各種控制實驗方法以及行爲科學理論，更廣泛、更客觀地去瞭解、預測與解釋組織內人類行爲的時代。當然，這是就研究組織行爲領域的立場而言的。今日行爲科學的研究，其所牽涉的範圍既廣且深。尤其是運用到組織行爲研究上，涉及到三個層面，即個人行爲、群體行爲與組織本身行爲。其所涉獵的科學，包括：心理學、社會學、社會心理學、文化人類學、政治學……等。

今日行爲科學研究，是由人群關係思潮所演化而來。有關行爲研究最主要的人物，首推勒溫（Kurt Lewin）的場地理論（field theory）。他的

主要貢獻，乃在群體動態方面，認爲群體行爲是互動與勢力所形成的組合，進而影響到群體結構與個人行爲。此外，他也認爲工人行爲是受到其個性、特質及組織氣氛影響。

其次，馬斯勞（A. H. Maslow）的需求層次論，赫茨堡（F. Herzberg）的兩個因素論，阿德佛（Clayton Alderfer）的成長理論，都以個人動機的觀點，作爲討論激勵個別員工的依據。

另外，麥格瑞哥（Douglas McGregor）分析「企業的人性面」，阿吉里士（Chris Argyris）的成熟理論，都在探討企業家對基本人性的看法，以求發展人類的潛能。

在行爲科學研究中，領導行爲的研究更佔有很重要的地位。其中以李克（Rensis Likert）的「管理新型態」，以及白萊克（Robert R. Blake）和摩通（Jane S. Mouton）的「管理格局」（The Managerial Grid），都說明不同的領導作風會影響員工的生產力。甚至於很多學者主張在領導行爲上，要因人事時地而採用權變式領導（contingency leadership）。

其他，有關行爲科學應用到組織行爲研究的主題甚多，諸如：工作設計、權力運用、組織文化、組織發展、科技與組織互動……等，實無法一一加以列舉。

總之：今日行為發展時期，主張運用綜合的研究途徑，採取科際整合的方式，兼顧組織的結構與行為層面，分別探討個人、群體、組織以及三者的綜合行為，並分析其對組織效能的影響，從而有助於組織績效的改善。

綜合言之，組織行爲的發展，已由過去單項變數的研究，步入綜合變數研究的整體方向。組織行爲的發展，實來自於科學管理的啓發，故科學管理時期可說是組織行爲的萌芽階段；人群關係時期以個人、群體爲研究的基礎，是組織行爲的形成期與巔峰期；直到行爲發展時期，組織行爲強調整體綜合的研究，使得組織行爲能成爲一門獨立而完整的科學。當然，上述各個階段只是研究便利上的劃分，且每個階段都有其主題與重點；事實上，各階段是很難分割的，是連貫的。

組織行爲的研究

一、科學研究概說

從科學的發展來看，人類對自身的研究最晚。行爲科學的發展是最近幾十年的事，組織行爲即是其中之一。組織行爲是一種應用的行爲科學，是一門獨立的科學。所謂科學，乃爲科學家運用科學方法解決問題，並建立理論的歷程。組織行爲的科學步驟是發現代決問題，再利用不同方法來搜集資料及分析資料，然後由資料中得出結論或實徵性研究結果，最後應用研究結果來解決問題。因此，組織行爲係屬於一門科學，殆無疑義。

惟一門科學之成爲科學，極不易建立一定的準則，尤其是組織行爲涉及行爲部分，很難作明確的探討。有學者即認爲「行爲科學還不能算是一種統一的科學。」不過，行爲科學具有三大價值：

（一）在相互依賴的開放系統中，描述出一般性概念與解說。
（二）提供了搜集數據與思考數據中相互關係的方式。
（三）就管理問題對變革的政策性抉擇方式，加以說明。

此外，布萊斯維（R. B. Braithwaite）認爲：科學是用來建立「一項一般性法則，藉以說明一些經驗事物的行爲方式，這些事物涉及科學所擬解答的問題；經過此種程序，進一步使我們把一些已知的單獨性事物連貫起來，以便推斷我們所不瞭解的問題。」組織行爲即爲經由許多行爲科學家搜集有關問題個案，尋求解決一般問題的歷程。

當然，組織行爲既屬於行爲科學的範疇，行爲科學本身很難具體地解說人類行爲與社會現象，歸其原因不外乎：

（一）行爲現象重複性很低。

（二）行爲現象比較難以觀察。

（三）行爲變動性較大。

（四）把實驗因素與不想考慮的因素分離，往往十分困難。

（五）行爲現象很難加以量化。

組織行爲既無法免除上述限制，自然無可避免一些研究上的困難；惟科學研究的困難，並不能否定其成爲科學的可能性。因此，吾人寧可將組織行爲視爲一門科學。就今日學術研究立場言，企業界已可採用若干行爲科學的準則，解決組織上的人類行爲問題，它是合乎科學的。不過，組織行爲的運用仍要牽涉到若干技巧，此乃因行爲特徵是包羅萬象的，故組織行爲亦可視爲一門藝術。

二、研究方法

組織行爲既是一門應用科學，且常應用科學方法解決問題，則在研究上所常用的方法如下：

(一) 實驗法

實驗法是進行科學研究時，設計一種控制情境，研究事物與事物間因果關係的方法。通常，研究者必須操弄一個或多個變數，這些變數是屬於獨變數（independent variables）。所謂獨變數，就是影響行爲結果的因素，實驗者可作有系統的控制。另一個變數是依變數（dependent variables），就是隨獨變數而變動，且可以觀察或測量的變數。例如，研究態度對工作行爲的影響，則態度爲獨變數，工作行爲屬於依變數。

實驗法的第三種變數，爲控制變數（control variables）。該變數是必須設法加以排除，或保持恆定的。例如，研究態度對工作行爲的影響時，其他條件如人格、群體關係、社會階層……等，皆屬於控制變數。由於控制變數可能影響獨變數與依變數之間的關係，故宜予排除或保持恆定狀態，亦即需加以控制的。

組織行爲的研究，有些是採用實驗法進行的。誠如前述，人的行爲往往受到多種因素的影響，有時很難像物理科學那麼容易控制。尤其是影響工作行爲因素很多，包括：個人的、社會的與各種情境的因素，且常錯綜複雜，必須考慮周詳，才能得到正確的結果。

(二) 觀察法

觀察法是由個案研究法演變而來，又可稱之爲自然觀察法。一般而言，人類行爲絕大多數發乎自然，在自然狀態下，較能作客觀而有系統的觀察。是故，觀察法未嘗不是蒐集資料的最好方法。惟觀察法又可分爲現場觀察法與參與觀察法，前者只是旁觀者；後者則親自參與，以掩飾研究者的身分，如此所得資料較爲可靠而有效。

不過，不管是何種觀察法，研究者本身必須接受相當訓練，培養客觀態度，儘量採用科學儀器。組織行爲研究員工的工作行爲，即常藉助觀察資料，以研究哪些因素對工作行爲會產生影響。

(三) 測量法

測量法是近代行爲科學研究最進步的方法，就是利用測驗原理，設計一些刺激情境，以引發行爲反應，並加以數量化而使用的方法。一般心理測驗已大量應用到組織員工的選用，以及測量員工的行爲上，爲組織行爲奠定科學衡鑑的標準。這種心理測驗已成爲標準的測量工具。此外，組織行爲學家利用心理測驗原理，發展成各種量表，用來測量員工的態度、人格、動機、情緒等。因此，測量法爲研究組織行爲不可或缺的調查方法之一。

(四) 統計法

統計法是處理資料最有系統而客觀的正確方法。統計法通常應用在大量資料的搜集上，經過統計分析後，可發現平時不易察知的事實。組織行爲研究的對象甚眾，所包括的因素甚多。此時，可利用統計相關法，來分析若干因素的關係；或者使用因素分析法，來發現其中的共同因素。此外，統計上的若干量數，例如，平均數、中數、眾數，以及常態分配概

念，都可提供組織行爲研究上的若干便利。

(五) 晤談法

晤談法，是藉由交談的方式，以瞭解員工的過去、現在與未來，探討其觀念、思想、學識、性格及態度等，以提供組織管理者的參考。悟談法的優點，是能確實而迅速地獲得資料，不受時間、場地等限制；且透過晤談可促進公共關係。惟其缺點爲：花費太多不經濟，晤談者常存主觀偏見，有些人格特質很難立即判斷。因此，要使晤談得到正確結果，必須在實施前作充分的準備工作。

綜觀上述各種方法，除了實驗法、觀察法爲借助自然與物理科學方法外，其餘心理測驗與統計法的進步，實已奠定近代組織行爲的科學基礎；且使過去認爲無法客觀測量的行爲，可以有效地測量出來，並且使之數量化，而作出精確的記錄與比較。當然，組織行爲的研究方法，並不侷限於上述幾種方法；且各種方法都是可以交互運用，相輔相成的。

組織行爲的範疇

組織行爲乃是爲了適應組織環境的需要而產生的。它研究的對象是人類行爲，而人類行爲受到許多因素，包括：個人心理變數，其所處的群體關係、社會環境與文化因素等的影響。換言之，組織行爲就是在研究個人、群體與組織的關係，探討社會的心理環境，以求有利於個人動機的激發，並邁向組織目標而努力；亦即探求如何安排有利的組織環境，適應人類的心理需求，使組織與個人的利益能維持平衡，期以達成組織管理目標。綜合言之，組織行爲研究的範疇，包括三個層面：即個體、群體、組織。

一、個體

個體是組織的基本單元，個體行爲是組織行爲的基礎。而個體行爲是由個人的動機、知覺、學習、人格、態度等心理因素所構成。動機是個體行爲的內在心理歷程，爲個體行爲的原動力。個體行爲是由個人動機所發動。當個人在表現他的行爲時，也常受到他的知覺、學習經驗、人格、態度等的影響。由於這些心理因素的交互作用、相互影響，終而形成個人的行爲。

在組織行爲研究上，個人動機影響他的工作意願，故管理者必須重視個人動機。其次，個人知覺也會影響他對工作的看法，此與工作滿足感有密切關係；同時，管理者也應注意本身的知覺傾向，以免造成績效考核的不公。再者，個人的經驗會影響他的心理歷程和知覺，管理者應善用學習原理，以塑造員工良好的工作行爲，據以提高其工作績效。此外，個人人格會影響到他的處事態度，態度同樣會決定工作意願，兩者都與工作績效有相當程度的關聯。甚且，挫折也會影響個體行爲的意向，吾人必須重視它的存在。

總之：個體行為固取決於個人的動機、知覺、經驗、人格、態度等歷程，惟行為乃肇始於個人與環境交互作用的結果。由於解釋行為的方向不同，致有三種不同的理論：認知論、增強論與心理分析論的出現。因此，本書首先探討個體行為的基礎，依次討論動機、知覺、學習、人格、態度和挫折肆應，以求能對個體行為有初步概念的瞭解。

二、群體

群體是由許多個體所組成的，群體行爲比個體行爲的總和要複雜得多。此乃因群體除了有它本身的行爲特性外，還要兼顧其成員的行爲特性，並作適當的調適，以求能同時滿足個人需求與達成群體目標。本書討

論群體行爲時，首先將研討群體形成的基礎，然後研究群體的動態關係，以及群體溝通、群體決策和群體衝突等過程。

群體的形成有它的心理基礎，如滿足個人的心理需求，或基於相互的吸引與認同，以致表現其本身的特性。一旦群體組成後，群體內部關係是動態性的，常顯現本身的行爲特質，此種動態性與行爲特性將影響組織效能。在群體動態關係中，以群體溝通、群體決策和群體衝突，對組織效能的影響最大。

一般而言，群體溝通是一種面對面的溝通網。由於其體系不大，且群體的結合大多基於心理需求而來，故而溝通關係常影響到工作績效。當然，由於群體溝通網絡的不同，其對組織士氣與效率也有不同的影響。這是組織管理者所要注意的問題。再者，一般討論決策，都著重於組織決策或個人決策；事實上，很多決策都是在群體中完成的。因此，本書將討論群體決策與組織績效的關係。此外，群體衝突是組織行爲研究中很重要的課題。組織的原始設計早已種下群體衝突的潛因，組織管理者宜加以注意，以求能化阻力爲助力，導消極爲積極，變破壞爲建設。

> 總之：吾人討論群體行為，著重在群體動態關係的研討。它包括，群體的基礎、群體動態、群體溝通、群體決策與群體衝突等課題。

三、組織

組織是由許多個人所組成的，個體在組織的架構下常基於不同的利益與需求，各自組成群體。準此，就組織本身而言，組織行爲又比群體行爲、個體行爲更爲複雜。然而，組織也常顯現它本身的行爲特性。本書所擬討論的，包括：組織結構、工作設計、績效評估、組織領導、組織權力、組織文化、組織發展和組織病態行爲等課題。

組織結構乃是組織成員賴以活動的架構，不管個人行爲、群體行爲或組織行爲，都脫不出組織結構的範疇。因此，組織行爲首先要討論組織結構。其次，組織結構固為員工行為的依據，而工作設計決定員工的實際表現和滿足感；且績效評估的正確或公平與否，更影響員工工作意願。是故，工作設計與績效評估，也是組織管理者所應重視的課題。

此外，組織的領導行為與組織權力的運作，更決定組織效能的高低，與組織目標的達成。吾人研究組織領導與組織權力，不應僅從組織體制著手，更應注意其動態的運作。同時，吾人研究組織行為不能不注意組織文化與組織的發展。組織文化是透過個人、群體、組織、社會與文化相激相盪，而塑造完成的。甚且，組織必須透過發展與變革，才能適應內外在環境的變遷。依此組織文化與組織發展，也是組織行為研究的兩大課題。然而，組織有時常表現一些病態的行為現象，這也是吾人必須探討的主題。

總之：組織行為的範疇，概括三大層面：即個體行為、群體行為、組織行為。吾人除了必須個別加以研討外，尚需注意三個層面的相互關係，作綜合性、整體性的研究，才能真正地瞭解組織行為的內涵。同時，組織行為的未來發展，也是吾人必須繼續努力鑽研的。吾人研究組織行為的目的，即在協助企業家與組織管理者能更徹底地瞭解、解釋、控制與預測組織內的人類行為。

組織行為的相關領域

組織行為具有它本身的研究範疇，然其形成實由許多相關學科所共同鑄造而成的。首先，組織行為係由個體行為、群體行為與組織本身行為等所交互作用而形成，則個體行為乃為組織行為構成的基本單元；而研究個體行為的主要學科即為心理學。是故，心理學所建構的學理，實為組織行為學的基礎。其次，組織行為也運用社會學、社會心理學、文化人類

學、政治學、管理學以及其他學科的知識與原理、原則，這些學門都是組織行爲的相關學科，茲分述如下：

一、心理學

心理學係研究個體行爲的科學，其主要在探討個人的動機、知覺、情緒、學習、態度、價值和人格等特質，以及個人身心發展的過程，和個人的社會適應問題。而組織行爲運用心理學的原則，乃在探討如何激發員工動機，提高工作績效，實施有效的訓練，養成適合組織的工作態度，開發員工創造潛能，解除員工挫折與焦慮情緒等。因此，心理學與組織行爲的相關性是相當密切的。

二、社會學

社會學是研究人類社會結構與行爲現象的科學，其主要重點爲社會制度、社區發展、家庭組織、社會階段、社會過程、社會變遷、社會問題、以及社會適應等的探討。其應用於組織行爲的，乃爲角色扮演、群體行爲、組織架構、組織層級制度、群體溝通、群體衝突等主題。是故，組織行爲必須運用社會學的完整知識，以協助建構其原理原則。

三、社會心理學

社會心理學乃在探討個人行爲、群體行爲，以及個人和群眾的互動關係和整體社會的心理動態關係。蓋所有的心理部分是社會性的，沒有社會，就無法瞭解人類行爲。社會心理學的研究重點，包括：社會化過程，家庭、學校、職業團體、宗教等對個人行爲的影響，大眾傳播的心理效果，謠言的產生與防止，集體行爲與社會運動，社會文化變遷等主題。其運用於組織行爲的探討上，可包括：人際影響、領導、溝通、組織變革、態度的改變、群體活動以及群體決策過程等。是故，社會心理學的原理原則，實有助於組織行爲的研究。

四、文化人類學

文化人類學乃是研究人類文化關係的科學。文化人類學的主要貢獻，乃在探討人類社會的起源及其文化特質，社會行為與文化關係的發展，文化對人類行為的影響，社會過程、文化失調、社會解組、社會控制，以及族群關係、人類合作和文化交流等主題。其可用來探討組織行為的，可包括：價值、態度、行為的差異，組織文化、組織環境、各種族文化等的瞭解，用以協助組織建構更高的效率。

五、政治學

政治學是研究如何管理眾人之事的科學，其主要研究對象為國家與政府；舉凡憲政體制、政治決策、政黨政治、民意、權力關係、政治發展與國際關係等均屬之。政治學用於組織行為的探討上，主要包括：組織權力、領導行為、績效評估、衝突的解決等主題。

六、管理學

管理學乃是最近才興起的科學，其與組織行為的原理原則可交互為用。基本上，管理學乃是運用工程學、自然科學、行為科學等相關知識，以解決組織管理上的問題之科學。是故，管理學與組織行為的關係是密不可分的。其主要內容不外乎管理程序的運用，以及對人和工作的管理，這些正是組織行為所探討的主題。

總之：現代乃是科際整合的時代，沒有任何一門科學是可單獨存在的。組織行為之所以獨立為一門科學，固有其本身的研究領域和範圍，然其常有相關的領域，是無可否認的事實。因此，本書於探討組織行為的範疇之餘，乃再行研討其相關領域。

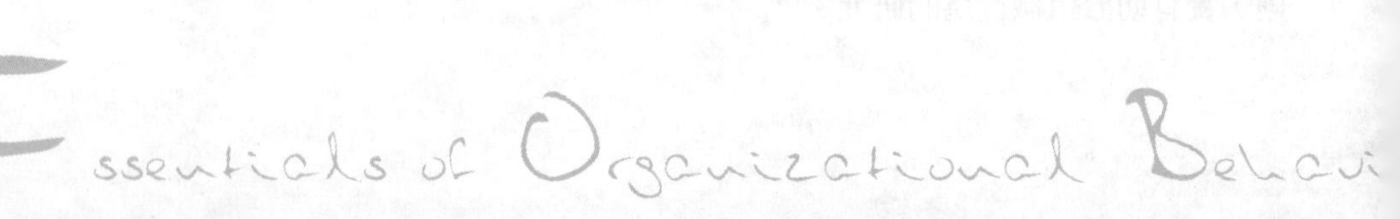

個案研究

工作豐富化有必要嗎？

龍林公司是一家生產運動鞋的衛星工廠，所生產的運動鞋外銷世界各地。目前擁有一千多位員工，高級主管人多由台北總公司調派而來，基層員工則由當地徵求。

王俊寬即是由總公司調來，擔任管理部副理的。自上任後，他發現只要各部門職員有所變動或調職，管理部必定會混亂一段時間，原因是無其他可代替的人員，而新人必須有一段適應期。有感於此，王副理乃在工作會報上提出工作豐富化的構想。他認為：以往管理部的職員長年累月從事相同工作，很容易感到厭倦；而經驗累積也在一段時間後出現「高原現象」，表現平平，毫無衝勁。如果採用輪調或重新分配職務等方法，將使員工得到新的刺激，會有更好的表現，也不致產生工作倦怠症。

此項建議在經過各部門主管同意後，乃制定兩年輪調一次的制度。不過，當此案公布後，卻引起各部門底層員工的極大反彈。

營業課許美麗說：「我學的是國貿，原本就應從事安排船務、報關等工作，如要將我調到生產課安排生產進度，如何能勝任呢？」

資料課王惠玲則說：「對呀！我對購料方面已經很熟悉了，如把我調到營業課，我將怎麼辦呢？」

生產課許鴻鈞接著說：「像我在這個崗位已七年多了，如果要接受一份新的工作，就等於重新開始，多難過呀！」

總務課陳明月說：「王副理，一般人對工作做得越久越熟悉，更能得心應手，如今改採輪調制度，可能會造成工作的不順心，情緒不穩定，反而影響工作績效。」

面對這種種抱怨，王副理說：「一般人在從事一份工作後，往往很快就學會了『所有的把戲』。如果能跟從新的主管學習，或調派到業務迥異的部門服務，可吸收新鮮的經驗，得到新的指導和新的啓發，那你的成就將會更高。」

王副理在作了這番解釋之後，仍決定實施該項方案。

討論問題

1.就組織行爲立場而言，實施工作豐富化是否有必要？

2.你認爲本個案中員工們的看法對嗎？何故？

3.你認爲王副理的話，對嗎？何故？

4.工作豐富化的實施，應具備哪些條件？

第2篇

個體

在組織行為中，個體為組織的基本單元，個體行為是組織行為的基礎。當然，個體在環境中也受到社會或物理環境的影響。此乃因個體行為是個體與環境交互作用的結果。本篇即將從心理學的層面研討個體行為。一般而言，個體行為常由個體的動機、知覺、學習、人格、態度等所組合而成的，此種組合即是個人的內在心理與外在行為的歷程。不過，個體在進行此歷程時往往會遭遇到挫折，此時就必須尋求適應。因此，本篇將先探討個體行為的基礎，然後依次討論構成個體行為的各項要素。至於環境方面，則留待以後各篇研討之。

個體行爲的基礎

第2章

本章重點

行為的起因

認知論

增強論

心理分析論

各種理論的運用

個案研究：主任作為的評量

個體爲群體或組織的基本單元，個體在群體或組織中常表現某些行爲，這些行爲係建構在一些基礎上。由於個體行爲基礎不同，其行爲亦有所差異；且個體行爲基礎的論點不同，致有不同的看法出現，此種看法又各自形成不同的理論觀點。本章即在討論個體行爲的成因，由此而引申出認知論、增強論以及心理分析，用以窺知個體行爲的全貌。

行爲的起因

所謂行爲，是指一般人的日常活動。每個人每天的各種活動，都代表一項行爲。就員工而言，員工每天的各種操作活動，就是一項行爲。就管理立場而言，管理人員每天所從事的各種活動，都各自代表一項行爲。就日常情況而言，看報是一項行爲；與他人交往，也是一種行爲；聊天是一項行爲，寫作也是一項行爲。吃飯、喝茶、爬山……等等，都是一種行爲。總之，人類的各項活動，都是一項行爲。

然而行爲是如何產生的？一般學者都承認：行爲是個人與環境交互作用的結果。例如，一個人的駕車行爲，一部分係取決於他自己的特性，如駕駛技術、經驗、性格、健康狀況與當時的情緒等；另一部分則決定於當時環境的特性，如天候、路況等是。不過，有時環境不但會直接影響行爲，而且還會改變個人的某些特性；同樣地，個人也可能改變表現行爲時的環境。因此，吾人可稱：「行爲是個人與環境之交互作用的函數。」若用方程式表示，可寫成B＝f（P·E），其中B代表行爲，P代表個人，E代表環境。

就個人方面而言，個人的態度、人格、知覺、動機與經驗等，都是構成行爲的主要因素。個人的態度、價值觀常決定他的行爲；而個人的人格更是其行爲的代表，個人行爲的特性都是透過他的人格而表現出來的。再者，個人透過他的知覺和看法，而將他的行爲顯現。至於動機則是行爲的原動力，爲個人行爲的基礎。此外，個人行爲也可透過學習與經驗而顯現。因此，個人行爲常爲他的態度、人格、知覺、動機、情緒與學習經驗等所決定。當然，上述因素也都是交互作用、相互影響的。由於這些因素的交互影響，而構成個人行爲。

再就環境方面而言，環境可分爲物理環境與社會環境兩大部分。物理環境包括：天候、溫度、照明、音響、空氣、環境佈置、擺設、時間因素……等；社會環境則包括所有人類的互動關係，如個人間的交往、領導、溝通、組織關係……等是。個人行爲固常取決於個人的主觀因素，也常受到一些客觀環境的影響。因此，當時的環境乃爲決定個人行爲的主要因素之一。

綜觀上述，吾人想瞭解行爲的方向，就必須以「個人與環境特性都會影響行爲」爲前提，才能眞正探知行爲的本質。蓋個人和環境都直接決定個人的行爲，同時也透過彼此間的影響而間接決定行爲。然而，有關行爲的探討在強調個人或環境的因素上，則略有不同，以致形成三種不同的行爲理論，此即爲認知論、增強論與心理分析論。以下各節即將分別探討之。

認知論

認知論特別強調B＝f（P・E）方程式中的P，亦即偏重於個人，而認爲意識性的心理活動，如思考、知曉、瞭解、以及意識性的心理觀念，如態度、信念、期望等，是決定人類行爲的主要因素。這些意識性活動與觀念屬於內隱行爲（implicit behavior），是無法直接觀察得到的。

認知論與心理分析論一樣，都是重視個人的內隱行爲。由於吾人無法直接觀察到個人的思考與瞭解，也無法接觸到或見到態度、價值觀或信念，因此必須用間接的方法來測量這些重要行爲決定因素。此時只有採用問卷與態度調查法，來預測或瞭解個人行爲。從認知論者的觀點而言，要瞭解個人行爲，必須從認知元素（cognitive elements）、認知結構（cognitive structure）、和認知功能（cognitive functions）三者著手。

一、認知元素

認知論和增強論都認爲：刺激引發了個人行爲。不過，認知論較注意刺激與個人反應間所發生的事情，或者個人處理刺激的過程；而增強論則對刺激與反應本身較感興趣。易言之，認知論者會注意到有了刺激何以會產生某種反應，而增強論者只認定有了刺激就產生某種反應的可觀察過程。

根據認知論的看法，所有的行爲都是有組織的。個人將自己的經驗組織或建構起來，就形成了認知，然後將這些認知存入個人的認知結構中，由認知結構來決定一個人的反應。因此，認知是認知論的基本單元，它是個人經驗的內在代表，介於刺激與反應間，而影響到個人的反應。亦即認知是刺激與反應間的仲介，在個人感受到內外在的刺激時，由認知決定了反應的方式，於是有了反應的行動。因此，就認知論的觀點而言，認知是行爲的一種基本元素。

二、認知結構

根據認知論的說法，認知並不是單獨存在的。亦即各項認知之間是互相聯結的，一個認知會修正其他的認知，也會被其他認知所修正。由於認知間的互相聯結與相互修正，於是乃發展出整體的認知結構或認知系統。因此，認知系統的本質乃取決於下列因素：

（一）轉變成認知的刺激特性。
（二）個人的過去經驗。

就刺激的特性而言，刺激本身影響了個人的認知，從而影響了行爲的反應。例如，刺激的強弱使個人察覺到是否作快速的反應，從而決定了反應的快慢。此外，個人過去的經驗也影響到個人的認知，從而決定採取反應的方式與步驟。例如，吾人看到天空上烏雲密佈，又颳起了一陣風，根據過去的經驗，開始有了即將下雨的認知，於是就採取了避雨的行動反

應。因此，認知結構的特性，乃是由刺激特性與個人經驗所共同決定。

然而認知結構本身具有哪些特性呢？基本上，認知結構是由許多單獨的認知所構成，這些單獨的認知之間常存在著多樣性（multiplicity）與差異性（differentiation）。因此，多樣性與差異性乃爲認知結構的第一特性。由於認知結構與認知系統是由許多認知所共同形成，以致此一特性乃取決於各種不同認知的數目與差異。一個認知系統可能只有由兩項認知所組成，則其多樣性與差異性較爲單純；相反地，若認知系統是由成千上萬的認知所構成，則該項系統必然相當複雜。

認知結構的第二特性，乃爲系統的統一性（unity）或協調性（consonance）。認知系統雖然是由許多認知所構成，惟在本質上各個認知之間則相當一致；由於此種認知間的一致性，使得個體能採取某項行動；否則將產生認知不協調（cognitive dissonance）的現象。一旦個人有了認知不協調，其間的認知必然相互矛盾，直到認知之間產生了一致性，才能建構一個完整的認知結構與認知系統。因此，系統的統一性與協調性，乃爲認知結構的特性之一。由此觀之，當系統內部的認知是相互一致的，則這個系統的協調性高；相反地，若一個系統內的所有認知是相互矛盾的，則這個系統的協調性必然很低。

認知結構的第三項特性，乃爲系統間的相互聯結性（interconnectedness），亦即是某個認知系統與其他認知系統間的統合，當許多認知系統間相互聯結時，就會形成一種意識形態（ideology）。此種意識形態，會構成一個人的意識性行爲（conscious behavior），此即爲認知論的精髓所在。相反地，若個人的認知系統間的互相連結性很小或完全沒有關聯時，則這個人將產生了區隔化的系統（compartmentalized system）。例如，一個學生對政治家道德觀的認知，可能與他對學生道德觀的認知完全不相關。

三、認知功能

認知系統具有多方面的功能，這些功能包括賦予事物新的意義，產

生情緒與感情，形成新的態度，以及提供激勵以產生爾後的行爲。

(一) 賦予意義

根據認知論者的說法，當新的認知和原有的認知系統發生關聯時，它的意義就產生了。在工作的過程中，員工都經過了某些認知現象，而對工作賦予新的意義。此乃依照新認知和認知系統交互作用，以致獲得某些屬性之故。例如，過去的工作觀念必須是忠於老闆的，且應該勤奮的；但由於新認知的產生，員工對工作的看法已發生了改變，認爲工作是爲了維護自己權益，應與老闆立於平等地位，以致要求平等的分紅，此即受到自由風潮的影響，而對工作有新認知，並對工作賦予新意義之故。

(二) 產生情緒

認知和認知系統間的交互作用，不僅能賦予認知新意義，而且會產生情感上的結果。亦即它會造成歡喜、不歡喜、好的或壞的感覺。例如，員工從事某項他認爲具有挑戰性的工作，連帶地就有種喜歡的感覺，進而研究該工作的技能，所謂「愛屋及烏」即是。相反地，員工若從事他認爲過於艱難或太過容易的工作，而連帶地不喜歡該項工作，當然也不會去改善工作的方法。這就是對工作的認知帶動了情感之故。

(三) 形成態度

對某些事情而言，當認知系統獲得了情感元素後，就會形成態度。通常態度是由認知、情感、行動三項元素所構成。因此，認知元素與情感元素結合了，就會產生行爲傾向。例如，個人不喜歡某項工作，便有了抗拒行爲，或處處興風作浪，或怠工怠職，此即表示有了不滿的態度。相反地，他很喜歡某項工作，常持積極態度，便能充分合作，發揮團隊精神，且對工作能認眞負責，或從事研究發展。

(四) 提供激勵

認知論可用來分析或瞭解人類的外顯行爲，因爲它與動機有關。首先，行爲並不只是由外顯行爲所組成，它還包括內在的因素，如想法、情緒、知覺和需求等等。其次，行爲的產生，是來自認知結構的不一致性。

不一致性會使個人察覺到，並產生緊張，此時必須靠行爲來減除；而這些行爲則包括外顯的行爲與內在認知系統的重組。因此，大部分認知論者都認爲：認知的組織與認知的協調，是人類的本能需求。

總之：在認知論中，個人對事件的反應，是受意識性心理活動的影響。在此，所謂反應是指外顯行為與內在對自己知覺的組織或重組。依照認知論者的想法，所有的行為都是經過組織的；同時，人類天生具有追尋組織和一致性的需求。行為本身是相當複雜的，包括：物理、心理與情緒等因素。

增強論

增強論是心理學家巴夫洛夫（Ivan Pavlov）與桑代克（Edward Thorndike）對行爲的實驗分析所發展出來的。巴夫洛夫對狗攝食過程的研究，終於導出了典型條件化原則（principles of classical conditioning）。利用這個原則，將許多無關的刺激與一個相關的刺激聯結在一起，可使原本不相干的刺激引發一個特定的反應。

桑代克在學習上的研究，則發明了著名的效果律（law of effect），該定律解釋了刺激與反應間的關聯性。至今，效果律仍是增強論的基礎，其定律爲：如果某些特定刺激引發的行爲反應得到了酬賞，則該反應再出現的可能性較大；而如果某項特定刺激的行爲反應沒有得到酬賞或甚至受到處罰，則這個反應重複出現的可能性較小。此即爲操作性條件化原則（principles of operational conditioning）。

顯然地，增強論強調B＝f（P．E）方程式中E的部分。這表示增強論是有別於心理分析論與認知論的。後兩者較強調方程式中P的部分。心理分析論著重於個人人格系統的內在因素，認知論著重於個人知覺系統的內在因素，而增強論則強調個人行爲的外在因素。前兩者只能運用間接方法

測量個人行爲；後者則可直接測量個人行爲的過程，包括：刺激、反應、結果等。其式子爲：

$$S \rightarrow R \rightarrow O$$

其中S代表刺激，R代表行爲反應，O爲結果。如此則一個可觀察到的刺激，導致一個可觀察到的反應，其又跟隨著一個可以測量的後果。同時，這項後果反過來又影響了「同樣的刺激是否又引發了相同的反應」。這就是一種增強的過程，這種過程包括：刺激、反應、增強作用、類化作用、區辨作用，以及消除作用等。

一、刺激

刺激就是引發行爲改變的任何事物。刺激可以是物理的，也可以是實質的；它是可以觀察並加以測量的。在個人所處的環境中，所有的刺激都能夠被人察覺得到。

二、反應

反應就是個人行爲的各種改變。在增強過程中，反應是因刺激而產生的。因此，一項刺激總會導致一項反應，反應總是隨著刺激而來的。

三、增強作用

增強作用是一項反應所造成的某項結果，該項結果可以增強刺激與反應間的聯結。易言之，增強作用有兩種：一爲正性增強，一爲負性增強。正性增強是一項反應後果的發生，可增強反應與造成它的刺激間的結合。負性增強則爲撤除某項結果，可以加強反應與產生它的刺激間的聯結。

四、類化作用

在刺激反應過程中，若刺激與其反應發生聯結後，由於刺激的相類似，將引發相同的反應。此種類似刺激引起同樣反應的過程，稱之爲類化作用（generalization）。

五、區辨作用

在刺激反應過程中，類化是有限制的。若刺激的差異過大，個體將無法產生反應，此即爲區辨作用（discrimination）。

六、消除作用

消除作用是指刺激與反應間的聯結減弱。消除作用的發生，是由於反應沒有受到增強。亦即是反應沒有得到愉快的經驗；也沒有造成不愉快的經驗，以制止反應的產生。易言之，個人對刺激的反應，沒有得到相關的結果。當反應一直沒有伴隨著結果產生時，反應就會愈來愈弱。最後，隨著增強作用的缺乏，反應將完全停止，這就是一種消除作用。

總之：增強論特別強調環境角色，認為個人行為是由環境來決定的。個人的環境是原始刺激的來源，由此產生行為反應。事實上，個人與環境間的交互作用確會造成某種結果，此種結果的性質會影響到刺激與反應間的關係，再影響到個人的未來行為。如果影響到刺激與反應間關係的結果，是正增強物的獲得，或不愉快經驗的消除，則刺激與反應間的關係會更增強；否則就會逐漸減弱或消失。

心理分析論

心理分析論認爲人類行爲受到人格的主宰。心理分析論的始祖是佛洛伊德（Sigmund Freud）。他在心理方面的革命性研究，涵蓋了個人心理活動的潛意識（unconsciousness）層面。他認爲大部分的心理活動，並不是個人所能知曉或能接觸得到的，然而這些活動卻深深地影響到個人的行爲。

佛洛伊德將夢的解析應用到潛意識的研究上，他認爲夢是一種願望滿足的形式，它使個人接觸到潛意識的心理活動。因此，夢的解析是佛洛伊德在發展他的理論時，蒐集資料的一種重要方法。

由於佛洛伊德對潛意識心理活動的性質以及重要性的觀念，加上他研究這些活動與分析變態行爲的方法，乃形成了心理分析論的基礎。他對人格結構以及人格功能上的推測，在以心理分析論的眼光來瞭解行爲上，具有十足的重要性。

一、人格結構

心理分析論的重要特性就是人格（personality）。人格是一種動力系統，爲一切行爲的基石。人格是由三個分支系統所構成的：即本我（the id）、自我（the ego）、和超我（super ego）。而慾力（libido）則供給人格系統所需要的能量。

(一) 本我

本我是人格起始的分支系統，是一切精神能量的儲藏庫與來源。本我是各種企待滿足的願望與慾望，這些願望導源於心理本能，是與生俱來的。心理本能部分是基於動物性的，也是由祖先的反覆經驗中遺傳來的。爲了滿足這些慾望，本我並不受倫理、道德、理智或邏輯等所約束。本我的功能是提供人格系統運作所需的精神能量。它依循快樂原則（pleasure principle）來滿足各種慾望，降低緊張，而產生或影響行爲。

(二) 自我

自我亦是人格的分支系統。它透過和外界的接觸，去幫助及控制本我與超我。人類爲了滿足慾望，必須兼顧外在的世界，於是自我乃從本我中發展出來。易言之，自我所擔任的角色，是本我與外界的媒介者，其性質一部分爲本我所決定，另一部分則決定於它與外界接觸的經驗。自我的功能是藉著對外在世界的認識與探求，來保護生命。它依循的是現實原則（reality principle），用以輔助快樂原則的不足。依此，自我可解釋外在世界；同時，從實際狀況中發掘最佳時機，以消除本我的緊張。因此，自我是人格系統內的執行者，將本我的願望轉變爲實際行動，並與外界發生交互作用。

(三) 超我

超我是人格中的道德執行者。它是冥冥中的一個基本標準與規範，用以評判自我的行動；同時它也是這些規範的仲裁者。超我是從自我與社會的交互作用中發展出來的，尤其是從父母的超我中發展出來的。此種超我傳遞超我的直接過程，使得社會價值得以代代傳遞下去。超我的功能在限制個人滿足自己任性、荒蕩的慾望。因此，它所依循的是完美原則（perfection principle）。在此項原則下，所有的行爲都必須合乎自我的理想，從而使個人行爲符合外界要求。

(四) 慾力

慾力是一種能量，是整個人格系統的動力來源，並使之能夠履行功能。在本質上，慾力是心理性的，而非生物性的。慾力的來源是心理本能，包括：生命本能（life instinct）或自存本能（self-preservation instinct）。它雖然包括了性本能，但也存在著自我本能以及其他能夠確認外界事物的本能。易言之，慾力是一種生命的能量或是生命力，循環與分佈在整個人格的三個分支系統之中。

二、人格功能運作

根據前面的敘述，慾力與心理能量導源於本我，並循環在整個人格系統中，賦予三個分支系統包括：本我、自我、超我的能量。由於三個分支系統能量的大小，而決定了三者之間的相對強度。其圖示如圖2-1所示。

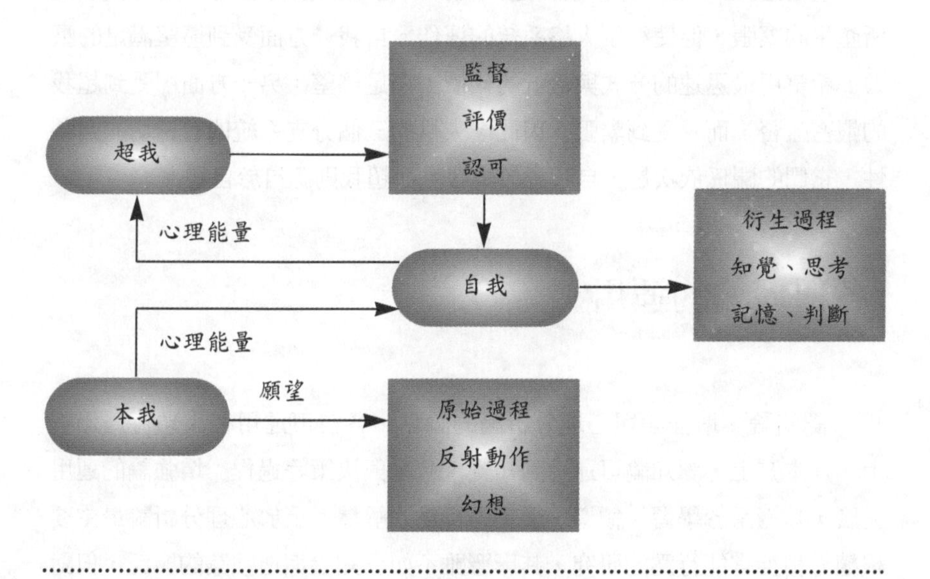

圖2-1 人格功能的運作

慾望是從本我產生的，本我遵循著快樂原則，想透過原始過程，將慾望所產生的內在緊張加以排除。此時，慾望的滿足可從兩方面去獲取：一是反射動作，一是幻想。如果反射動作不能降低緊張，或是反射動作可能增加緊張時，慾望就只有靠幻想來滿足。

假如原始過程不能解決緊張的話，則能量會流向自我，轉換成衍生過程包括：知覺、記憶、思考、判斷等心理活動。這些活動的實現都以現實原則為依歸，且會受到時間與地點的限制。透過這些心理活動，自我會決定是否針對某項特定目標的行動，是降低本我產生緊張的合理方法。

在這些知覺、記憶、思考、判斷與決策的過程中，自我會受到超我的層層限制。亦即自我不僅要努力去滿足本我的慾望，並且還必須採用一種合乎超我所設立及限制執行的理想和規則，去實現這些慾望。如果自我能夠成功地將本我和超我的需要結合起來，則結果是令人滿意的；但假如自我違反了超我的一些規範，則它會產生罪惡感，而受到超我的懲罰。

綜上觀之，心理分析論實是一種探討心理緊張的理論。由本我慾望所產生的緊張，促使整個人格系統的運作。自我一方面受到慾望滿足的壓力，希望用最迅速的方式與最低的代價去滿足慾望；另一方面卻受到超我的嚴密監督，而感受到緊張。因此，人格的三個分支系統間有密切的關聯性，它們的關係依次是，自我源於本我，而超我則源自於自我。

各種理論的運用

認知論、增強論與心理分析論的論點，各自可運用在人類行爲過程上。在本質上，認知論可運用到知覺、激勵與決策等過程；增強論的運用尤廣，其適用於學習、領導、衝突等行爲的解釋。至於心理分析論最主要根植於精神官能行爲的研究，其影響雖不如認知論與增強論的廣泛，但對行爲分析上的貢獻卻相當大。今將分述如下：

一、認知論

在行爲研究上，吾人常可發現認知論的影子，其至少顯現於下列各事項上：

(一) 日常工作行爲

在員工個人工作行爲上，個人投入工作表現上努力的程度，往往受到個人認爲努力是否能增進績效的期望，與伴隨而來的獎賞之影響。因此，個人是否努力工作，是受到個人對績效與獎賞之認知而來，故而個人

認知會影響其工作行爲。此即爲認知論可用以解釋工作行爲之例子。

(二) 決策行爲

認知論的觀點亦可用以解析決策行爲。在決策過程中，問題解決技巧的指認與問題解決方法的選擇，受到現存認知系統極大的影響。在作決策的過程中，個人會尋求訊息，而從中對訊息加以篩選，從而找尋選取訊息的理由和方式。易言之，對訊息的找尋而言，認知論有很大的影響力。

(三) 群體凝結力

群體凝結力的形成，與認知論有很大的關係。一般而言，認知的一致性可用來解釋與預測人際間的相互吸引力；而群體凝結的形成，就是基於群體成員的相互吸引力。因此，認知論用來解釋高凝結力群體對成員行爲的影響力方面，是相當有用的。

(四) 知覺與評價

知覺是個人透過主觀的觀點，對外界事物作選擇性認知的過程。因此，認知對知覺的影響是無可置疑的。是故，認知論在解釋、說明與分析知覺過程的認知模型，以及判斷、歸因（attribution）、偏見和刻板化印象（stereotype）等知覺偏向上，是極爲有用的。

(五) 影響過程

群體或社會行爲的交互影響過程，有時也是個人認知的結果。例如，模仿行爲就是個人認同他人行爲標準，而表現出相同行爲的結果。認知論正可分析模仿的過程，並予以理論化，在這個過程中，模仿者可仿效與記錄模仿對象的行爲，以作為未來行動的參考。在學習理論的運用上，學習行爲部分也是透過此種過程而形成的。

> 總之：認知即是個人行為的成因，則認知論自可用來解釋、說明、分析與預測個人行為。吾人不能忽略認知論對組織行為的貢獻；且應將之擴大運用，以求有助於充分瞭解個人、群體與組織行為。

二、增強論

增強論在組織行爲的研究上，應用頗爲廣泛。有關酬賞行爲後果和環境刺激的觀念上，幾乎與本書每章所列單元都有關聯。其最主要的運用如下：

(一) 日常生產行爲

增強論中增強物的運用，會影響員工日常生產行爲。尤其是正性增強物與負性增強物的交互使用，可形成員工工作行爲的變化。例如，獎懲的施爲將影響產出的工作量。此將在學習、動機等單元中作詳細的探討。

(二) 學習行爲

增強論常被應用到學習上，是學習理論中最重要的一環。基本上，個人之所以學習某項行爲，最主要是受到增強的結果。在學習過程中，個人會區辨（discriminate）或類化（generalized）某些行爲，有時固然受到個人認知的影響；惟認知常會受到外在刺激的影響，而發生變化。此可由不同時制會影響學習速率的快慢，以及遺忘的速度等過程得到印證。

(三) 領導行爲

增強論中主張互惠因果律（reciprocal causation），可用來解釋領導行爲。根據現代學者的看法，領導是一種相互影響的過程，領導行爲的良窳常受到群體影響過程的影響。因此，領導者對領導群體的影響力，和群體對領導者行爲的影響力，是一樣重要的。

(四) 衝突行爲

增強論可以用來解釋衝突行爲。就群體衝突而言，群體間衝突之所以難以解決，最主要的原因之一，乃爲群體中的成員會彼此增強對自我群體的忠誠性，而對外在群體表現敵意之故。因此，增強論可用來解析衝突行爲，以及與其有關的問題。

總之：增強論在組織行為的運用上，頗為廣泛。最主要乃為增強所牽涉的刺激、反應、增強作用、類化作用、區辨作用、消弱作用等觀念，普遍存在於人類行為當中；而行為乃為個人與環境交互作用的結果，亦即行為不斷地受到外界環境的影響，以致產生反應。是故，人類行為的解釋、分析與運用，都必須牽涉及增強論的論點。

三、心理分析論

心理分析論的運用，雖不如認知論與增強論的廣泛；然而潛意識層面對人類行爲的影響，卻是事實。此外，人格系統實是人類行爲的基石，是人類行爲的原動力。因此，心理分析論可運用來解釋與預測人類行爲；亦即有關組織行爲的研究中，有些行爲實是受到心理分析論的影響，茲將分述如下：

(一) 創造性行爲

心理分析論可用來解析人類的創造性行爲。本質上，人類創造過程中的某些階段是潛意識的。創造過程的蘊育，就是一種潛意識的過程。此外，恐懼感與焦慮感、防衛性或保護自我的慾望，會阻礙創造力的發揮；而催眠則是消除此種心理障礙的工具。因此，心理分析論有助於創造性的發揮。

(二) 不滿足感

心理分析論可幫助吾人瞭解不滿足感的來源。就心理分析的立場而言，某些行爲包括：白日夢、遺忘、冷漠、合理化行爲，甚至於疾病、無能、痛苦等，往往是個人對挫折焦慮和內在心理衝突的反應。在這些狀態下，員工往往表現出曠職、遲到、攻擊性等行爲。因此，心理分析論可用來分析員工的不滿足感，從而針對其原因，以改善其態度。

(三) 群體發展

心理分析論可用來說明或瞭解群體發展的歷程。在群體邁入成熟階段前，群體成員必須發展人際關係，消除彼此間的的疑慮，以及對權力與權威的疑慮，才能彼此接受。此種相互接受的歷程，頗受心理分析論的影響。

(四) 領導行爲與影響力

心理分析論所強調的人格與潛意識層面，很多可用來解釋個人模仿行爲與從眾性。尤其是對權威與權力的探討，在領導權的形成、領導者與下屬間關係的本質、和領導方式上，有很大的貢獻。因此，心理分析論可運用來解釋領導行爲與影響力。

總之：心理分析論可用來解釋人類的創造性行為，瞭解不滿足感的來源，探討群體發展的歷程，以及分析領導行為與影響力的形成。雖然潛意識層面是不容易察覺的，但對人類行為的影響卻是不容忽視的。此外，心理分析論可直接用來探討人格系統，從而瞭解、預測個人的人格特質。

個案研究

主任作爲的評量

林志文在週末的早上幾乎是衝著闖進辦公室來的，他雀躍著說：「告訴你們一個大好消息！今天下午我們不用加班了！」

眾人帶著疑惑的表情看著他，他繼續說著：「我們主任爲我們爭取的，我看公司裡沒有幾個主管有這種擔當。」

李佳麗開口了，說：「也許他是在爭取我們的好感，以讓我們感動，使我們將來能更賣力地爲他工作呢！」

劉美伶：「我看不是吧！我瞭解主任這個人，這是他的個性使然，他是一個肯負責任的主管。」

曾嘉怡則說：「我認爲主任之所以爲我們爭取，是因爲我們平日很努力地工作的緣故。何況這次加班的原因，是由於上級的錯誤所造成的。我發覺主任已不只一次爲我們辯解了，他何必冒著失去職位的危險，來替我們爭取各項福利呢？也許他認爲這是他應當做的！」

四個人繼續不停地談論著，後來林志文說：「好了，好了！不管原因是什麼，我們趕快工作吧！」

討論問題

1.你認爲本個案中，誰的說法是認知論的？誰又是增強論的？誰是心理分析論的？

2.根據上題，你能說明其原因嗎？

3.身爲一個主管，你認爲應該如何去融合組織目標和個人需求？

第3章 動機

本章重點

動機的意義

基本動機模型

動機的內容理論

動機的過程理論

動機的激發

個案研究：不甚公平的加薪

動機是決定行爲的最主要因素之一。通常人類行爲的產生，主要來自於個人的內在動機，由動機而引發行爲。唯動機的產生，又來自於刺激與需求。由於個人有了滿足需求的慾望，就產生了動機，而引發了行爲。此外，內、外在的刺激也同樣會產生動機，引發行爲。因此，動機可說是引發行爲的內在原動力。本章即將探討動機的意義與特性，然後研討動機的基本模型，進而依次討論動機的內容理論、過程理論，以及動機的激發。

動機的意義

「動機」一詞在心理學上，最爲一般心理學家所重視，且被廣泛的研究。動機爲個人行爲的基礎，是人類行爲的原動力。人類的任何活動，都具有其內在的心理因素，這就是動機；故凡有動機必然產生某一類行動。因此，「動機—行動」是心理學上的因果律。吾人欲瞭解某人的動機，往往得觀察其行動。例如，某人有求食的活動，必有飢餓的動機；或某人有從事寫作的活動，可能是出自於自我成就的動機，或始於經濟上原因的動機。

惟動機是相當廣闊而複雜的名詞，通常在動機的名詞下，還包括有：需求（needs）、需要（wants）、驅力（drives）、刺激（stimulus）、態度（attitudes）、興趣（interest）、慾望（desires）等等名詞。一般心理學者習慣上多以驅力表示生理性或自發性的動機，如飢、渴、性慾等是；而用動機表示習得性或社會性的動機，如依賴、成就等是。本文依其性質，將它們視爲同義詞，而以「動機」爲沿用標準。

有些學者認爲：動機就是一種尋求目標的驅力（goalseeking drive）。就個體而言，動機乃是內心存有某種能吸引他的目標，而採取某種行動來達成該目標，此稱爲積極性動機；同樣地，個體也可能逃避內在令他痛苦的目標，此稱爲消極性動機。就動機本身的作用言，它是一種內在的歷程，乃是指人類行爲的心理原因。是故，動機爲隱而不現的行動。

一切動機都是由行動的方向和結果所推論出來的。

就動機和行爲的關係看，動機具有三種功能：

一、引發個體活動。

二、維持此種活動。

三、引導此種活動向某個目標進行。

例如，一個有強烈欣賞慾的人，產生看電影的需求，必然吸引他走向電影院，直到看完電影，目標達成爲止，他的慾望方才消失。此種欣賞慾就是動機，而看電影的一連貫活動，皆因欣賞慾而起。此種由動機的引發，產生動機性行爲，以及目標的達成，三者遂構成了一個週期，稱之爲動機的週期（motivational cycle）。

至於動機的產生，主要有兩大原因：一爲需求，一爲刺激。需求即指個體缺乏某種東西的狀態，如口渴需喝水，此爲個體內部維持生理作用的物質因素；另外一種需求來自外界社會環境中的心理因素，如欲得到社會讚許是。刺激亦是有得自外在因素者，有來自內在因素者，如火燙引起縮手的活動屬於前者，胃抽搐引起飢餓驅力即屬後者。

然則「動機－行動」的因果，果如前述之單純？凡於社會科學稍有涉獵的人，經常會發現一樁事實：人類行爲是相當複雜的。因此，單就外在行動而欲全然瞭解動機的本質是件不容易的事。觀其原因有如下諸端：

一、人類動機的表現，常因文化形態的不同而有所差異。

二、即使是類似的動機，也可能由不同的行爲方式表現出來。

三、不同的動機，可能經由類似的行爲來表露。

四、動機與行爲之間，有時表現不出明顯或直接的關係。

五、任何單一行爲，都可能蘊藏著數種不同的動機。

綜合言之，吾人欲認識動機的本質，應對「動機」一詞作廣泛的探討，並瞭解人類動機與行爲關係的重要性，選擇最佳的因應策略。

基本動機模型

吾人於瞭解動機的意義與特性之後，尚需探討基本的動機模型。在組織行為上，動機是行為的原動力。因此，探討動機模型有助於行為根本瞭解。蓋此種模型可用來瞭解行為與工作績效間的關係。一般而言，影響工作績效的兩大因素，就是工作能力與個人動機。能力包括生理與心理的技能，以及個人的工作知識與經驗；而動機則和運用這些能力在工作上的努力程度有關。依此，可列出下列方程式：

$$P = f(A \cdot M)$$

P表示個人績效（performance），A表示能力（ability），M表示動機（motivation）。上述方程式，是指個人的工作績效受到其能力與動機間交互作用的影響。換言之，績效是能力與動機交互作用的函數。在表現行為的過程中，能力經常會影響到動機，而動機也會影響到能力。

基於上述概念，則個人願意努力與否對工作績效的影響甚鉅，而個人是否願意努力又受到激勵的影響。因此，個人動機模型的運用，乃成為管理者必須重視的課題。根據前章所言，個人動機與行為的解釋，多來自於認知論與增強論的觀點。至於心理分析論比較難於運用操作方式來瞭解行為，故較不為人所熟悉。

在認知論與增強論所提供的可用模型中，以期望模型與工具模型最為普遍。此兩項模型雖然差異頗大，但同樣地有效，且應用廣泛。期望模型是以認知論為基礎，認為個人有意義地在各種行為方案中作選擇。工具模型則是以非認知性的增強論為基礎，認為個人針對著環境的偶發狀況而產生反應，思考不是行為的起因。茲分別說明如下：

一、期望模型

期望模型的起源，可追溯到托孟（Edward Tolman）在學習方面認知論的研究，以及李溫（Kurt Lewin）的場地論（field theory）。他們強調內在心理過程在行爲決定上的重要性，而較不重視個人的過去經驗。由於期望模型的發展，而衍生出行爲意向的態度模型、基本期望模型以及知覺模型三種。

(一) 行爲意向的態度模型

態度模型認爲決定一個人的行爲意向，以態度爲最重要。態度模型認爲個人表現出某種行爲的傾向或意向，是來自於：

1.個人認爲反應會導致某種結果出現的可能性。
2.他對該結果的態度。
3.個人對於社會對自己的期許所抱持的信念。
4.他認爲他應該這樣做的動機。

該模型認爲：個人採取某項行動的意向，是個人對此行動的態度，加上個人對控制該行動的規範看法之函數。至於個人從事某項行動的態度，又是他對從事該行動可能產生後果的信念，乘上他對這些後果所作評價的總和。因此，根據態度模型的說法，個人對於表現某種行動將會導致的後果所具有的信念，會影響到他採取行動的態度。這項態度接著又影響到他採取此項行動的意向。這些關係如圖3-1所示。

不過，態度並不是一種十分良好的行爲預測指標。蓋個人與社會規範對行爲意向的影響力，並不遜於態度的影響力。且行爲意向固爲決定個人行爲的要素，但情境因素與個別差異也常會影響或決定個人的行爲。因此，態度模型只能預測行爲意向而已。此種行爲意向，就是前述方程式中P＝f（A・M）的動機M。

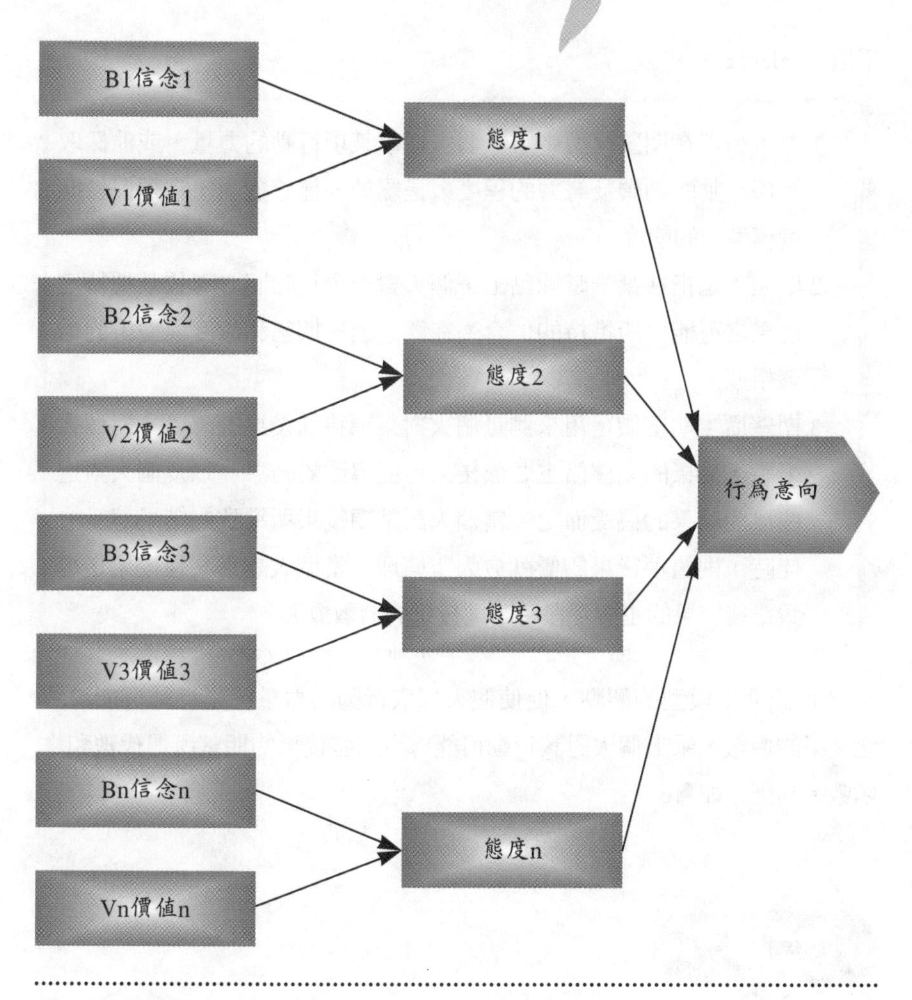

圖3-1 態度模型

(二) 基本的期望模型

基本期望模型是由動機理論發展而來的，尤其適用於組織內的人類行爲。該模型認爲組織內的大部分行爲，都是自動自發的。亦即組織內的個人都有好幾種行爲方案可供選擇，而他的選擇主要是基於他對該方案的期望而來的。

基本期望模型的土要概念，有力（force）、期望（expectancy）和期望價（valence）。

1.力：是指在期望模型中，一個人從事某項行動的力量，或他採取此項行動的動機及努力的程度，是屬於一種依變項。它類似於態度模型中的態度。
2.期望：是指在某一時間點上，個人對一項行動將會導致某種特定後果之可能性所抱持的信念。在觀念上，期望和態度模型中的信念相似。
3.期望價：期望價是用來測量個人對某項特殊後果的感受。對個人來說，後果的期望價主要依後果可能導致的結果，以及個人對這些可能結果的感受而定。當個人對某項後果所導致的結果感受愈佳時，則這項後果的價就愈大；同理，當個人認爲某種後果是導致這些結果的主要手段時，則後果的價數愈大。

根據期望模型的觀點，促使個人採取行動的力量，是行動可能導致之後果的價數，乘上個人對該行動可能導致這些後果的期望所得代數和之函數。其圖示如圖3-2。

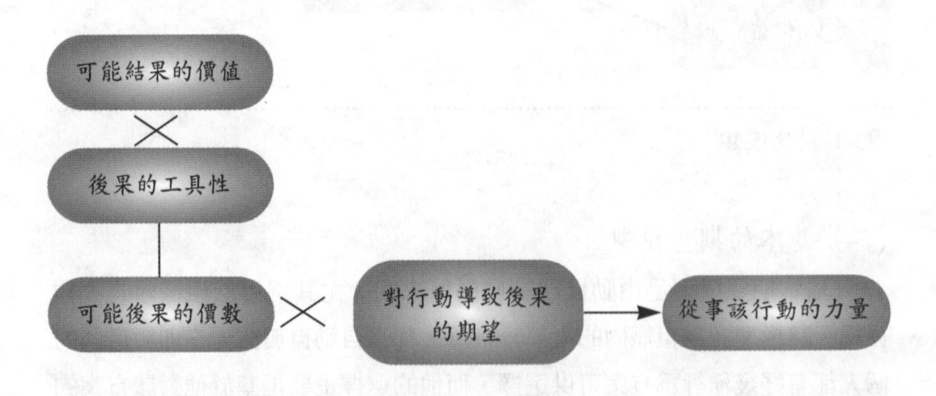

圖3-2 期望模型

依據前面的敘述，可看出期望模型與態度模型之間，有許多類似之處。該兩種模型都強調：個人採取某項行動之後，結果的價值以及個人認爲行動後將可獲得哪些成果的可能性（期望或信念），是行動動機（力量或意向）的決定因素。因此，期望模型是屬於認知論的。在這個模型中，激勵是在各種不同行爲方式的方案中，選擇其一。

(三) 知覺模型

知覺模型是期望模型的另一種類型。基本上，它與期望模型有四點不同之處：其圖示如圖3-3。

1. 它以圖示法來表示，而不以數學式來表示。
2. 它可顯示人類動機的動態性。
3. 它包括更多的變數。
4. 它非常強調知覺在動機上的重要性。

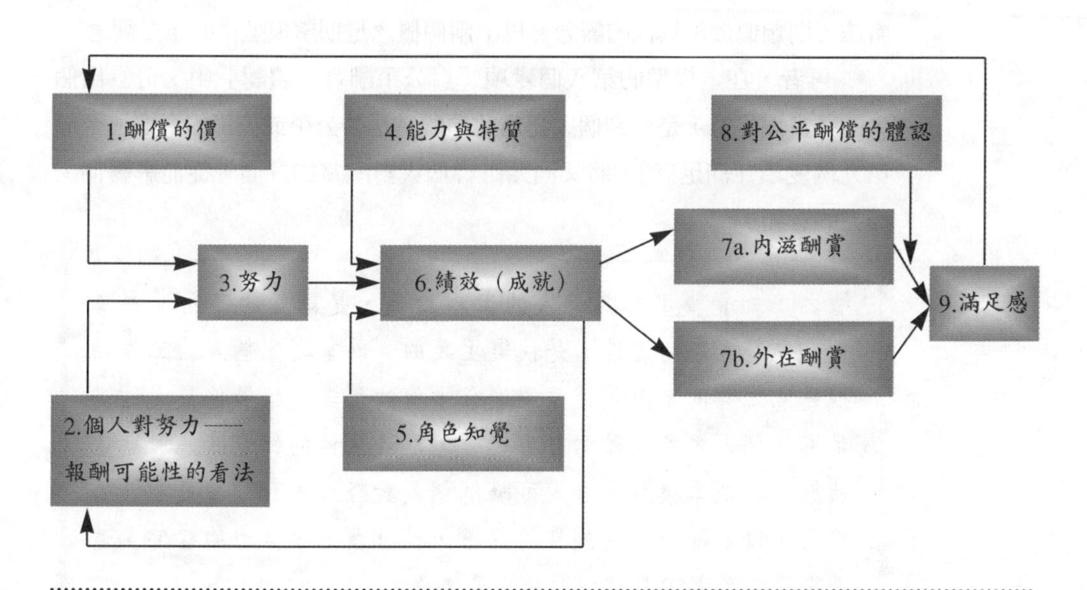

圖3-3 動機知覺模型

如圖3-3所示，在整個知覺模型中，績效是能力與特質、角色知覺，以及努力的函數。能力與特質包括了生理的、智慧的、人格特性、性向與技能、知識與經驗等。角色知覺（role perceptions），是指個人認爲要成功地執行工作，所必須具備或該做的活動。努力則類似於行爲意向與力。根據知覺模型的說法，個人在工作績效上所付出的努力，是受到個人對可能獲得酬賞價值的知覺，以及個人對努力將導致酬賞可能性的知覺所影響。

本模型的第七個變項酬賞，可分爲內滋酬賞（intrinsic rewards）與外附酬賞（extrinsic rewards）。內滋酬賞是指從工作中直接得到的，並非得自於他人的酬賞，如對工作感到成就、驕傲、或快樂是。外附酬賞則來自於他人，包括：薪資、讚賞、升遷、別人的賞識、休假、福利等是。此將於第五節再作進一步的討論。

根據本模型的說法，個人對努力將導致某些酬賞的看法，是由兩種信念所組成的。當個人確信努力可以導致酬賞時，他必同時相信，自己的努力可以改善績效，而且績效的改善可以得到應有的酬賞。易言之，個人對努力改善績效可能性的看法，類似於期望的概念；而對績效導致酬賞的看法，則類似於工具性的觀念。以上兩個概念是期望模型中的重要觀念。

再者，在本模型的第八個變項「對公平酬賞的體認」中，可看出個人的酬賞滿足感，是受到個人認爲此項酬賞是否公平或公正的影響。至於第九個變項「滿足感」，將又回頭影響個人對酬賞的評價，從而影響個人努力的意願。

總之：知覺模型認為個人的工作動機，是認知的產物。本質上，它是主觀的理性，是快樂主義的。易言之，個人的工作動機是意識性的，而此種意識能合乎他的預期，給予他最大的滿足感。個人之所以願意努力與否，取決於他的知覺狀態與期望狀態。根據本模型，吾人可瞭解個人對努力導致酬賞可能性的看法，以及他對這些酬賞的評價，就可預測他努力的程度。這是期望模型與工具模型間的主要差異。

二、工具模型

在組織行爲的研究上，工具模型應用很廣。一九一〇年代心理學家華森（John B. Watson）受到巴夫洛夫和桑代克的影響，建立了行爲學派（behaviorism），把行爲的研究限制於可觀察的事物上，認爲行爲是可觀察的。今日工具模型即是由此衍生而來的。

工具模型有兩個假設：其一認爲行爲是由環境所決定的，雖然行爲的研究不排除內在的心理歷程，但可從外顯行爲上觀測得知；其二主張人類行爲是受制於某些定律的，且這些定律可經由觀察而爲人所發現。因此，基本的工具性方程式將行爲描述爲：

$$R=f（S \cdot A）$$

其中R代表反應或反射作用，S代表反應時的物理環境，A包括當時物理環境以外的其他變項，如時間、過去的增強歷史等。其如圖3-4所示。工具模型的基本概念，可分述如下：

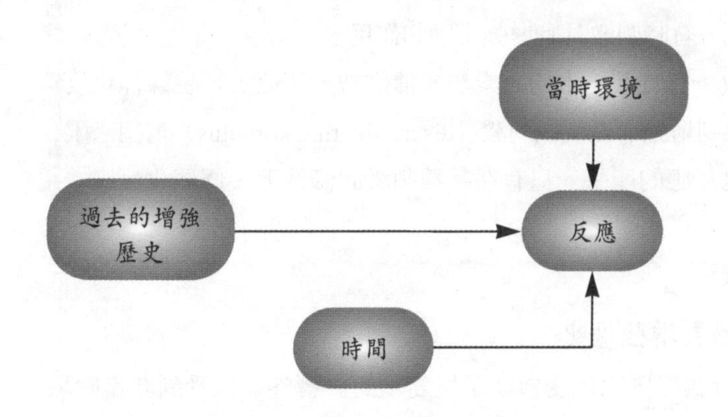

圖3-4 工具模型

(一) 反應

反應即行為，是由於環境刺激直接作用的結果。反應具有許多可測量的特性，如強度、持續時間、潛伏期、頻數、速度和速率等是。一個人的反應是條件化的，而所謂條件化反應不是刺激引起來的自然反應，而是經由增強過程與刺激聯結在一起的反應。

(二) 刺激

所謂刺激，是指改變個人行為的任何事物，亦即任何使反應發生的事物。依照工具模型的看法，只有外在的、物理的或實質的刺激，才可作為人類行為的科學分析。蓋此種刺激才能做可靠的測量，以及實驗上的操縱。這些刺激具有引發反應、增強反應與區辨刺激的功能。

1. 引發反應：環境中的某些元素會使特定行為直接產生改變，此即為刺激引發了反應。此種反應是非條件化的反應，是由刺激所直接引發的。
2. 增強反應：有些環境中元素的發生，　是針對某些刺激的反應後果及結果而來；當後果強化了反應時就增強了刺激與反應間的關係。因此，有時刺激具有增強反應的作用。
3. 區辨刺激：有時環境中的元素是一種信號，使個人知曉條件化反應可能得到增強。區辨性刺激（discriminating stimulus）可用來限制條件化反應的產生。只有在某種刺激的條件下，條件化反應才會發生。

(三) 時間與過去增強歷史

一個人的行為反應除了受當時環境變項的影響外，也受到非當時環境變項的影響，包括時間與過去的增強歷史。

1.時間：時間影響刺激反應關係的主要理由，是因疲勞而來的。如果個人長時間不斷地對一連串刺激作反應，即使實際上的刺激沒有改變，其反應強度、速度和頻數也會逐漸減弱。此外，反應速率本身，也會影響反應強度的因素之一。反應速率高，會使反應強度迅速地減弱。

2.過去增強歷史：根據前述，決定反應強度的一個重要變數，是過去對相同刺激的反應所受的增強經驗。一般而言，反應的後果可能是正性、負性或中性的。若反應後果是正性的或負性的，就可能產生正性或負性的增強。若反應後果是中性的，或反應沒有任何後果存在，就會產生消除作用，使反應強度降低。因此，三種增強類型對以後的反應速率來說，具有三種不同的影響力，此稱爲增強時制（schedules of reinforcement），即連續增強（continuous reinforcement）、消除作用（extinction）和間歇增強（intermittent reinforcement）。

在連續增強時制下，每一次反應都受到了增強。在消除作用時制下，任何反應都得不到增強。在間歇增強時制下，有些反應受到獎賞，有些則否，完全依據事先安排好的時制而來。基本的間歇時制，又可分爲：

1.定比時制（fixed-ratio schedule）。
2.非定比時制（variable-ratio schedule）。
3.定時距時制（fixed-interval schedule）。
4.非定時距時制（variable- interval schedule）。

在定比時制下，每固定數的反應會受到增強。在非定比時制下，平均每固定次數的反應會受到增強；所謂平均，是指一系列隨機比率的平均數，其平均值是我們所訂定的。在定時距時制下，增強物的施予是距離上次增強某固定時距之後的第一個反應，即給予增強。至於在非定時距時制中，增強的時間表是依據一系列的隨機時距，這些時距的平均值爲某一個定數。一般而言，間歇時制可以維持較高的反應率；且間歇增強的行爲比連續增強的行爲，更不易消失。此將在第五章學習中，作更進一步的討論。

總之：工具模型認為動機受個人目前環境，以及過去增強歷史的影響。環境不但能產生反應，且會增強反應。個人行為所接受到的增強時制與型態，會影響個人重複表現這些行為的可能性。根據工具模型的說法，在個人過去所處的環境下績效受到增強，則個人可能比較會努力工作。

動機的內容理論

動機在個人日常生活中佔有很重要的地位，在組織行爲中是最引人注意的問題之一。然而，引發動機、產生行爲的是什麼，這就是動機內容理論所要討論的主題。這些主題因各家所持觀點不同，致形成紛歧的現象。本節所要討論的，包括：馬斯勞（A. H. Maslow）的需求層次論，阿德佛（Clayton Alderfer）的ERG理論，阿吉里士（Chris Argyris）的成熟理論，以及赫茨堡（F. Herzberg）的兩個因素論。

一、馬斯勞的理論

馬斯勞的需求層次論係以一般人類動機的觀點，認爲個人經常處於動機狀態下，一個需求滿足後，新的需求又起。惟人類新需求的興起，並不一定要基本需求得到百分之百的滿足，但卻具有層次性。一般需求層次有五個：生理需求、安全需求、社會需求、自我需求、自我實現需求。

(一) 生理需求

所謂生理需求（physiological needs），是指人類的一般需求而言，如

食、衣、住、性……等方面的需要。通常都以飢、渴爲生理需求的基礎，而生理需求又是人類一切需求的基礎。假設生理需求不能得到滿足，往往難以表現自我成就的追求。馬斯勞曾說：一個人如果同時缺乏食物、安全、愛情與價值觀，則其最強列的渴求，當推以食物的需要爲最。我國管子牧民篇有云：「倉廩實則知禮儀，衣食足則知榮辱。」當爲最佳的寫照。

(二) 安全需求

人類的生理需求一旦得到相當滿足，往往會產生一套新的需求，稱之爲安全需求（safety needs）。過去人類很難劃分生理需求與安全需求，今日由於社會的急劇發展，相互競爭激烈，尋求安全的需要也急速增加。它包括：身體的安全、免於危險的自由、免於恐懼的自由、免於剝削的自由等，擴大到尋求心理上的安定感。其中身體的安全乃是尋求不受物理危險的侵害，而心理上的安全感乃爲來自對工作本身與周遭環境的安全意識。

人類不僅希望自己身體上不受任何侵害，以致充滿保衛自身的安全防衛機構；而且在工作上渴求經濟上的保障，希望處於有秩序，可預知的社會環境之中。他們都避免在挫折、緊張和憂慮的環境中工作，這些情況都足以說明人類對安全需求的渴望。

(三) 社會需求

當生理的或安全的需求獲致基本滿足後，社會需求（social needs）便成爲一項重要的激勵因素。社會需求有歸屬感、認同感與尋求友誼等。每個人都希望受到他人的接納、友誼和情誼，同時也會給予別人接納、友誼和情誼。換言之，人類都有合群的本性，都有追求群體認同的需要。

大凡具有相同信念的人都喜歡相聚成群，互相慰勉，彼此砥礪，產生相同的結合力，增進彼此的信念和感受。蓋人是社會的動物，都有合群的本能，所謂「同類相聚」、「物以類聚」便是這個道理。

(四) 自我需求

人們在生理需求、安全需求和社會需求都得到相當滿足後，自我需求又變成最突出的需要了。自我需求（ego needs）又可分為兩方面：一為求取自我尊重，即要求自己應付環境與獨立自主的能力；一為希望獲得聲望，即期望受他人所認識、尊重與景仰。而其中他人的尊重尤顯得重要。由於他人的尊重才能產生自我價值，個人才會有自信、聲望與力量的感受。當然，此種需求的滿足仍要依靠個人本身的自尊。一個人具有自尊，便會積極奮發、力爭上游，進而追求自我的成就感；否則將只求溫飽，得過且過，甚而喪失意志與信心，形成相當的自卑感。

(五) 自我實現的需求

自我實現的需求（self-actualization needs），乃是個人對以上需求的滿足後，進一步希望繼續不斷地求自我發展，重視自我滿足，表現自我成就，發揮創造潛力，以求貢獻於社會。凡人都有成就自我獨立特性的慾望，藝術之能夠達到「登峰造極」的境界，乃是藝術家最高成就的表現；企業之所以能不繼地擴展，亦是企業家自我成就的發揮。以上這些自我成就的表現，乃係基於人類一般需求的相當滿足方易致之。

依據馬氏的見解，人類的需求是具有層次性的，惟此種層次並不是絕對的，且高層次需求的滿足並不見得要低層次需求的完全實現。需求滿足程度的百分比，常自低層次需求而向上逐漸遞減。此外，吾人尚需注意幾點：

1.需求的層級絕不是一種剛性結構，蓋層級並沒有截然的界限，層級與層級之間往往是相互重疊的。如情愛的需求固屬社會需求，亦可能是一種安全需求或生理需求。
2.有些人可能始終固定地追求某個層次的需求。如有些藝術家即使是生理需求不能滿足，卻始終追求自我與自我實現的需求；一般貧困的員工經常不斷地追求生理需求與安全需求。
3.馬氏所提出的各項需求之先後順序，並不一定完全適合於每個

人。

4.馬氏的各項需求層次有時很難分別，如社會需求中尋求友誼，可能與生理需求的性需求，或自我需求的受認同、受尊重等難以分開。

凡此種種都是研究需求層次論應加以注意的地方。此種理論的最大好處，在於指出每個人都有某些需求，管理者可就員工需求作個別的瞭解，以便作有利的人事安排。

二、阿德佛的理論

由於馬氏理論中，有關「低層次需求的滿足後，高層次需求便成爲新的動機因素」，並未得到充分證實。因此，阿德佛便提出了所謂的ERG理論，包括三個「核心需求」（core needs），即生存需求（existence needs）、關係需求（relation needs）和成長需求（growth needs）。

(一) 生存需求

所謂生存需求，是指人類生存所必須的各項需求，亦即是生理的與物質的各種需求，如飢餓、口渴、蔽體等是。在組織環境中，薪資、福利與實質的工作環境均屬之。此種需求類似於馬氏理論中的生理需求和安全需求。

(二) 關係需求

所謂關係需求，是指在工作環境中個人與他人間的人際關係。對個體而言，此種需求依其與他人間的交往，然後建立起情感和互相關懷的過程，而求得滿足。此種需求類似馬氏理論中的歸屬需求、認同需求、情愛需求與某些自尊需求。

(三) 成長需求

成長需求是指個人努力創造或在工作中成長的所有需求而言。成長需求的滿足，一方面來自於個人不斷地運用其能力，另一方面則來自於個

人發展其能力的工作任務。此種需求類似馬氏理論中的自我實現與部分的自尊需求。

ERG理論的三個主要前提，是：

1.每個層次需求的滿足愈少，愈希望能得到滿足。如生存需求在工作中，愈沒有被滿足，員工就愈追求。
2.低層次需求愈被滿足，就愈希望追求高層次需求。例如，生存需求愈得到滿足，就愈期望能滿足關係需求。
3.高層次需求的滿足愈小，就愈需要滿足低層次的需求。例如，成長需求的滿足程度愈小，就愈希望滿足更多的關係需求。

其次，ERG理論與需求層次論的主要區別有二：一爲需求層次論認爲低層次需求得到滿足後，會進而追求高層次需求；而ERG理論則強調高層次需求一旦得不到滿足，往往會退而求其次去追求較低層次的需求。二爲ERG理論認爲在同一時間內，個人可能同時追求兩種或兩種以上的需求；而需求層次論則主張個人對低層次需求滿足後，才會追求更高層次的需求。

總之：ERG理論是一個相當新的動機理論，它是依據需求觀念（needs concept）所發展出來的有效理論。雖然ERG理論的三類核心需求無法證實其是否能真正地分立，但這樣的分類解決了需求層次論各需求的重疊性；且教育程度、家庭背景和文化環境都會影響個人，使之對各種需求有不同的重視程度，並感受不同的驅力。因此，ERG理論提供了更可行的激勵方式，使管理者能以建設性的方式來指導員工的行為。

三、阿吉里士的理論

阿吉里士對動機的看法，係依人類心理正常發展過程來探討的，稱之為成熟理論（maturity theory）。他認為個人自兒童期至成年期的人格發展，乃是由被動而主動，由依賴而獨立，由粗略轉而為精細，由少數行為方式演變為多種行為方式，由偶然的短暫興趣而持久的深厚興趣，由基本需要的追求到自我實現與自我意識的控制。以上演進的階段，可視為一段連續性的光譜，不成熟與成熟各處於兩個極端。

根據阿氏指稱：大多數組織都將員工視為不成熟的。例如，組織中的職位說明、工作指派與任務專業化，都造成呆板性，缺乏挑戰性，將員工自己的控制力減至最低，結果難免使員工趨於被動性、依賴性與服從性。因此，管理者欲使員工發展心理的成熟度，應採行民主參與的決策，適當地運用激勵手段，以啓發個人的成就感。如管理人員無法眞正地瞭解激勵員工的方法，則有關動機理論就無法發揮效用。

關於動機理論應用在工作方面最有成效的，首推為赫茨堡。

四、赫茨堡的理論

赫茨堡的動機理論，一般都稱之為兩個因素論，一為維持因素（maintenance factors），一為激勵因素（motivational factors）。

(一) 維持因素

所謂維持因素，係指維持員工工作動機的最低標準，使組織得以維持繼續成長不墜的因素，如金錢、技術監督、地位、工作安全、工作條件、公司政策與行政等因素。這些因素對於員工工作滿足的效果，恰與生理衛生之於人體健康的效果相類似，故又稱之為健康因素或衛生因素。這些因素大部分都是以工作為中心的。

衛生因素只是維持員工最基本的動機條件而已，無法提昇其動機至最高程度。如員工對組織的薪資待遇不滿足，則可能發生工作抵制；而一旦將薪資調整，只可維持其工作精神於不墜。此種薪資的調整並不能完全滿足員工的需求，只能恢復其原有的工作狀態。此種原有狀態，即稱之為「零狀態」；而恢復零狀態，就是一種「衛生」作用。

(二) 激勵因素

至於激勵因素，乃指可激發員工工作動機至最高程度的因素而言。此種因素對職位的滿足具有積極的效果，能促使產量增加，又可稱為滿足因素。它包括：成就、認知、升遷、賞識、進步、工作興趣、發展的可能性以及責任等。這些因素在需求層次論中，乃屬於高層次的需求，是以人員為中心的。

綜觀赫氏理論已推廣了馬氏的需求層次論，並將之應用於工作激勵上；惟維持因素與激勵因素有時是難以劃分的。如職位安全固屬於維持因素，但在藍領工人來看，卻可能成為激勵因素。且一般人對有關本身成就的事，都以自表滿足居多；而對組織政策往往多表不滿，此種人類自私的本性，常造成兩個因素論結論的不正確性。

> 總之：現代動機理論對人類需求的分析所顯現的特色，大體上可劃分為兩個層次，即低層次需求與高層次需求。低層次需求大致以生理需求為基礎，這些需求包括：食物、水、性、睡眠、空氣等，其始自基本的生理性生活，對種族的繁衍至為重要。高層次需求往往以心理需求為主，此種需求較為模糊，它代表心靈與精神的需要，其往往依每個人的成熟性與動機的差異而發展著。因此，在管理上演變的結果，乃為生理需求要以懲罰、監督和金錢的激勵為手段；而心理性需求則以鼓勵、承諾和發揮員工的自我成就為方法。

現代各種動機理論最大的貢獻，乃為建立了人類需求的兩個極端，成為一段連續性的光譜，使管理者瞭解人類在工作中所可能具有的動機，從而採用最適當的管理方法。吾人可肯定地說，激勵問題乃直接掌握在管理階層的手中。管理者可以採用懲罰的手段，也可以用激發為工具，胥視人事時地的情況而異。

雖然有關動機的各家理論，大致上是相同的；但它們之間的最大缺點，乃是將激勵的內容過於簡化，未能將影響工作的因素完整地表現出來，甚而未將個人需求的滿足和組織目標的達成連貫在一起，而且對於何以個人間的動機會有差異，並沒有適切的說明。近代行爲科學家在處理這些問題上，通常都把人性視爲「有機性的」，而不是「機械式的」。吾人可在動機的過程理論中，窺知人類動機與工作環境和組織激勵的關係。

動機的過程理論

動機的內容理論雖已指出工作行爲的動機因素，但無法說明人們何以會選擇某種特定的行爲方式。此種特定行爲方式的選擇，就是動機過程理論所要探討的主題。動機過程理論主要包括：期望理論（expectancy theroy）、增強理論（reinforcement theory）、整合理論（integrative theory）、公平理論（equity theory）。茲分述如下：

一、期望理論

所謂期望理論，乃是預期一個人可能成爲一位具有高度績效的條件，導致個人產生高度績效的條件，是：

（一）當他認爲他的努力極可能導致高度績效時。
（二）當他的高度績效極可能導致成果時。
（三）當他認爲獲致的成果對他具有積極的吸引力時。

該理論乃爲心理學家弗洛姆（Victor Vroom）於一九六四年所提出的。

在期望理論中，特別強調理性和期望。換言之，一個人之所以被激勵乃是他具有一套期望，他的行動是依期望被激勵的結果而定。當然，這種行爲乃是經驗的累積而習得的。習得的行爲是根據增強作用（reinforcement）而來。當某人表現某種行爲，所得到的是獎勵，則他將一再反覆此種行爲，此爲強化作用；若他表現同一行爲，所遭受的是懲罰，則自然消除該行爲，此即爲消除作用。

弗氏的期望理論頗爲複雜，其基本概念如下：

$$激勵 = \Sigma 期望價 \times 期望$$

簡單地說，所謂激勵乃是期望價的總和乘以期望。因此，個人的激勵乃是於完成某項目標，所實際獲得的報償或其自覺可能獲得報償的結果。該理論包括三項概念，即媒具（instrumentality）、期望價（valence）與期望（expectancy）。

(一) 媒具

所謂媒具，乃指當事人所察覺到的一級結果和二級結果之間的關係。例如，公司希望某人增加生產力，此種生產力的增加需視他對報償的察覺程度而定。此種增加生產力的結果爲一級結果，而報償則爲二級結果。故媒具爲增加生產力的一級結果與得到報償的二級結果之間的關係；換言之，媒具乃指察覺程度而言。

(二) 期望價

至於期望價，又可稱爲個人偏好。一個人對一級結果的偏好，完全視個人是否確信有了一級結果，便必能獲致二級結果而定。茲以生產力與報償的關係爲例，某人對生產力的期望，乃是依其對報償的期望而定。如果他對報償的慾望很高，則其期望價必高；如他對報償的慾望無動於衷或全無，則其期望價必低，甚至形成負數。

(三) 期望

所謂期望，是指某項特定行動能否導致某項一級結果的機率。通常期望有兩種：一是努力將導致某種績效成果的知覺機率，通稱爲E→P期望；另一是指績效成果將導致獲取有關成果需求滿足的知覺機率，可稱之

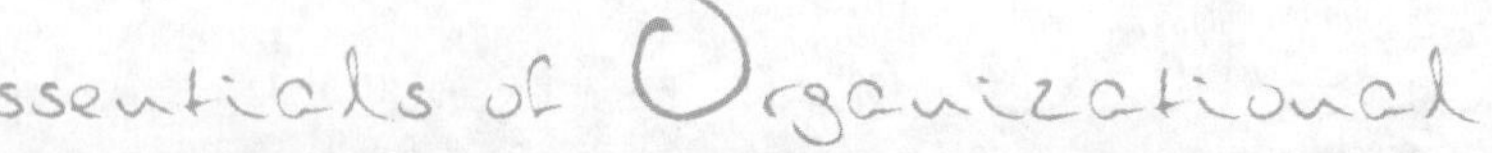

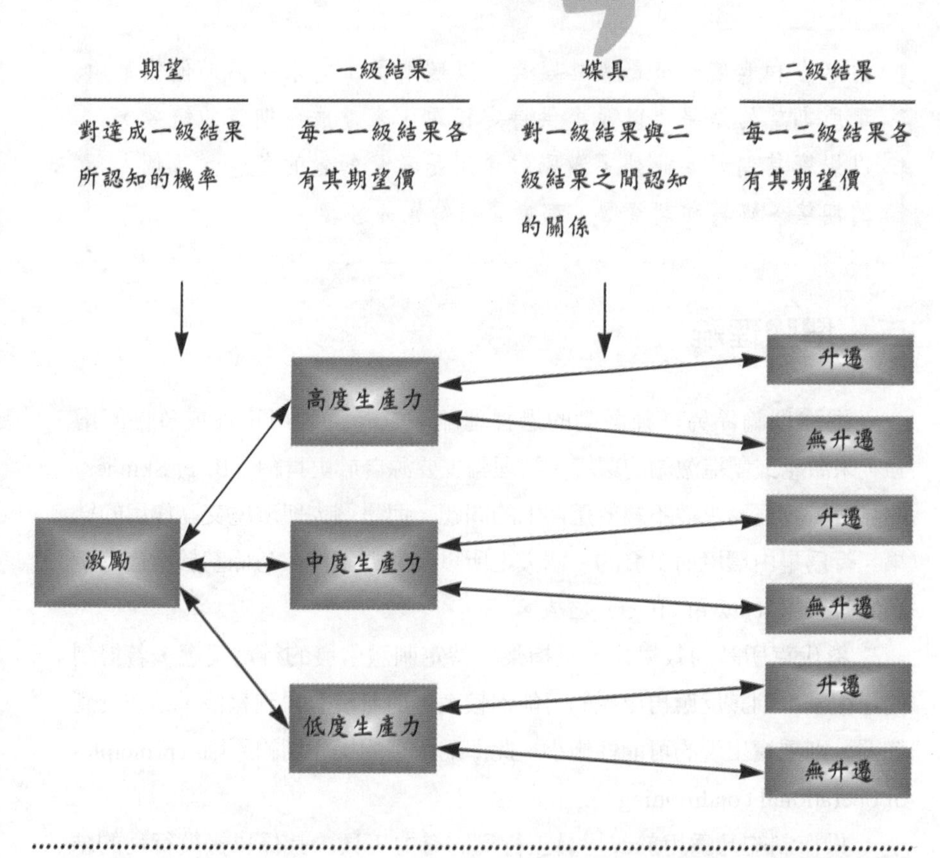

圖3-5 弗洛姆的期望與期望價模式

爲P→O期望。第一種期望，如前述對生產力的期望，需視個人的能力、工作難度與個人的自信等而定；第二種期望，即對報償的期望，則視員工對增強情境的知覺而定。上述三項概念，媒具、期望價及期望的關係，如圖3-5。

> 總之：所謂動機等於各項一級結果的期望價，分別乘以其期望之積的總和。弗氏的模式相當複雜，但對動機的說明相當有用，有助於對個別員工何以產生動機的瞭解。依據期望理論的內涵而言，管理者可運用選拔、訓練和透過領導方式，以改變員工的個人績效，進而提昇他們的期望；以支持、真誠與善意

的忠告和態度，來影響其媒具；以聽取員工需求，協助他們實現所期望的結果；以及提供特定資源，來達成所期望的績效，以影響其偏好。此外，激勵的運用是考量知覺的角色。蓋個人的期望、媒具和期望價，都會受到知覺的影響。

二、增強理論

增強理論係另一種激勵的過程理論。它乃爲利用正性或負性的增強，來激勵或創造激勵的環境。該理論主要源自於史肯納（B. F. Skinner）的見解，認爲需求並不屬於選擇上的問題，而是個人與環境交互作用的結果。行爲是由環境而引發的。個人之所以要努力工作，乃係基於桑代克所謂的效果律（law of effect）之故。

桑代克所謂的效果律，是指某項特定刺激引發的行爲反應，若得到的是報償，則該反應再出現的可能性較大；而若沒有得到報償，甚或受到懲罰，則重複出現的可能性極小。此即爲所謂的操作制約原則（principles of operational conditioning）。

操作制約乃爲用於改變員工行爲的有力工具，其係以操縱行爲的結果，應用於控制工作行爲上。近代管理學上所謂行爲修正（behavioral modification），就是將操作制約原則運用在管制員工的工作行爲上。此時，管理者可運用正性增強（positive reinforcement），如讚賞、獎金或認同等手段，以增強員工對良好工作方法、習慣等的學習。管理者也可運用負性增強（negative reinforcement），以革除員工的不良工作習慣和方法，並使員工避開不當的行爲結果。該兩者都在增強所期望的行爲，只不過是前者在提供正面報償的方式，而後者則在避開負面的結果而已。

在管理實務上，管理者可運用三種增強類型：即連續增強時制、消除作用時制和間歇增強時制。此分別在本章第二節和第五章另外討論。惟根據研究顯示，連續增強時制會引發快速的學習；而間歇增強時制則學習較緩慢，但較能保留所學習的事物。至於，消除作用時制僅用於去除不良工作習慣和方法，亦即在消除非所期望的行爲上。

不過，增強理論所受批評甚多，如以增強作用來操縱員工的行爲，不合乎人性尊嚴；且以外在報酬的激勵，顯然忽略了內在報酬的需求。蓋工作有時是一種責任，此需有更多的榮譽心來驅動。又增強因素不能長久地持續運用，它不見得對具有獨立性、創造性和自我激勵的員工有效。因此，增強理論的運用固有助於解說某些問題，但無法解決每項激勵的問題。

三、整合理論

整合理論，是另一項近代的動機過程理論，也是以動機的期望理論爲基礎。此爲波特爾和羅勒爾（Lyman W. Poter & Edward E. Lawlor）所提倡。他們認爲某人之所以獲得激勵，乃是依據過去的習得經驗，而產生對未來的期望。其中包含幾項變數，即努力、績效、報償及滿足等，其關係如圖3-6。

在此種模式中，認爲一個人的努力是由於報償的吸引力，及當事人對報償的認知程度而定。如果當事人對報償的認定合於他的期望，他會努力工作，達到良好的工作績效。至於報償與績效之間的關係，係個人的滿足乃爲其所獲得的報償之函數；而報償則係因有績效始能獲得。

在波氏與羅氏的激勵模式中，報償可分爲內滋報償與外附報償。所謂內滋報償，乃是職位的設計能夠使一個人只要有優良的工作表現，便能自行由內心滋生一種成就感是。在此種情況下，工作績效和內滋報償間始能有直接關係。至於外附報償，是指工作有了良好績效，而由外界產生的報償，如加薪是。

根據該模式顯示：工作有了績效，才容易使員工獲致滿足。但一般管理人員都以爲有了滿足，才能有良好的績效，亦即所謂「快樂的員工才是有生產力的員工」。到底滿足和績效何者爲因，何者爲果，是很難成爲定論的。惟在激勵的程序中，報償確是一項極爲重要的因素，報償的高低必須與當事人自認爲他們所應該獲得的期望程度相稱，這就是所謂的「公平理論」。

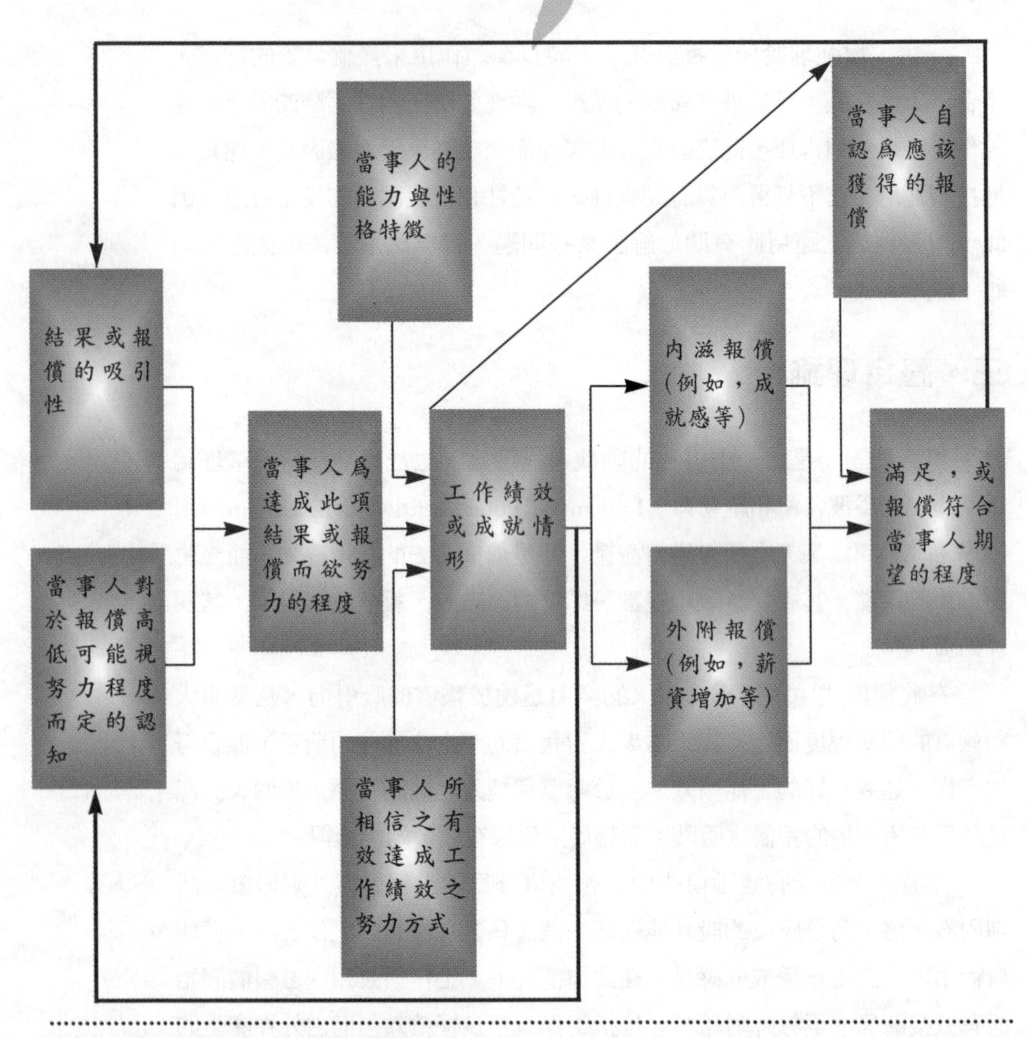

圖3-6 波特爾及羅勒爾的激勵模式

四、公平理論

公平理論是一種相當理性的動機過程理論。所謂公平理論，又稱為社會比較理論（social comparison theory），或稱為交換理論（exchange theory），或分配公平理論（distributive justice theory）。該理論所討論的重心，在於報酬本身，而視報酬為行為的重要動機因子。

公平理論爲亞當斯（J. S. Adams）於一九六三年所提出，它包括：投入（inputs）、成果（outcome）、比較人或參考人（comparison person or referent person），以及公平或不公平（equity or inequity）等概念。所謂投入，是指員工認爲他對工作所貢獻的任何有價值的東西，如教育程度、經驗、努力程度、技術、工作時效，以及個人用於工作的工具、材料或設備等是。成果則指員工感覺從工作中所獲得的任何有價值的東西，如待遇、升遷、福利、地位象徵、被賞識，以及成就感或自我表現的機會等是。

所謂比較人或參考人，是員工用來作比較投入與成果關係的對象。此種對象可能是相等地位的人員，也可能是同一個團體的人員；可能是組織內的人員，也可能是組織外的人員。至於公平與不公平，則爲個人與他人比較投入與成果關係的感覺。若員工在比較後，感覺到非常公平或尚公平，其情緒可能較爲平和；否則若感覺到不公平，將可能採用下列方法：

（一）增加或減少個人的投入，尤其是在工作上的努力。
（二）說服比較人或參考人增加或減少他的努力。
（三）說服組織改變個人的成果或比較人的成果。
（四）在心理上曲解個人的投入或成果。
（五）在心理上曲解比較人的投入或成果。
（六）選擇另一個不同的比較人或參考人。
（七）離開組織。

總之：一般員工不但會衡量自己的狀況，而且還會比較別人的狀況。人之能否獲得激勵，不僅是依他們所獲得的報償而定，而且還會因他看見他人或以為他人所得到的報償而起變化。他常會將自己和組織中他人的「投入」與「報償」關係，作社會比較。縱使他發覺本身報償很高，但如與他人比較後，發覺自己的報償遠不如他人，其工作情緒便自然下降。蓋人在感到沒有適當待遇時，便產生了緊張。消除此種緊張的方法，有辭職他就、怠工、消極抵制，與他人衝突或改變對投入與報償比率的看法。

此外，某些論著指出，人在報償所得偏高時，往往會自動多做點工作，但經過相當時日後，往往又回復原狀。因此，金錢乃爲一項短程的激勵因素，它是一項靠不住的激勵工具。吾人不應忽略了眞正影響生產力的其他變數，且宜考慮各種激勵的特定情況，包括外在報酬的激勵與內在需求的激勵。

動機的激發

組織員工被激勵的因素，大致上可劃分爲外在報酬與內在需求兩種。外在報酬即外附報償，來自於老闆或管理人員；內在滿足即內滋報償，來自於工作本身或員工自身。員工工作動機的強弱，即要看員工希望從工作中得到什麼而定。管理者提供的外在報酬和員工個人的內在滿足感，決定了員工付出心力的多寡。以下將分兩項討論之。

一、外在報酬的激勵

外在報酬一般所指的是金錢，即討論金錢如何滿足員工的需要，而成爲工作的動機。就需求層次的觀點言，人類工作大部分是爲了滿足最基本的需求，這些需求的滿足都得助於金錢的報酬。換言之，工作與工作報酬對於大多數人都很重要。很多人賣力工作的原因，一方面是爲了保住工作，另一方面是爲了獲得獎金或晉升，以滿足其他的需求。

金錢對於滿足生理及安全的需求，最爲重要。一般人有了金錢，便能滿足生理上物質的需求。由於有了工作的保證，便能衣食無缺，則心中的安全感會更踏實。其次，金錢雖然無法買到愛情和友情，但卻可扮演協助的角色，如在家庭中穩定的工作和收入，有助於甜蜜的家庭生活。再次，金錢的多寡有時常能贏得社會的尊重，或由於購買力的增強而滿足了其自尊的需求；且有時金錢亦代表某種地位和權力，一個能完全掌握財產的人常有強烈的自主感。又收入高的人常有自我的價值感，高薪成爲衡量

個人成就的指標。綜合言之，如果金錢是能夠獲得長久滿足的工具，人們就會更重視工作。而金錢推動各層次需求的強弱關鍵，在於金錢是否被認爲是滿足需求工具，它是不是成就的象徵或是交換貨物的媒介。這些都影響員工追求金錢的慾望，甚而影響其努力工作的程度。

至於管理人員究應如何以金錢去激勵員工呢？這要依個人對金錢的看法與工作性質而定。對於那些經常缺錢用的人，金錢的激勵效果較大。窮人較希望能立即收到錢；富人對於金錢的追求較爲淡薄，他們通常都熱衷於高層次需求的追求。又低成就動機的人比高成就動機的人更容易爲金錢所激勵。高成就動機的人比較關心工作能否提供個人滿足，故只對於無聊的工作，希望能得到更多的薪水，因爲他犧牲了由工作所獲得的滿足；而低成就動機的人恰好相反。如果工作能使成就導向的人感到更多的內在滿足，他會全力去做，而不在乎是否有金錢獎勵；而低成就動機的人會隨著金錢報酬的升高而努力工作。

一般人如果有更多的錢去滿足低層次需求，不能用來滿足高層次需求，則他對薪水的要求不高；但若少數的錢用來滿足低層次需求，更多的錢能用來滿足高層次需求，則所要求的酬勞也更高。惟有在金錢可滿足高層次需求時，才會使人要求更高的酬勞。

綜觀上述推論，可知工作賺來的金錢，幾乎可滿足所有的需求。當然，金錢並不是滿足感的唯一來源。如和同事建立良好關係，有自主性、責任感、技能和創造力，都是工作滿足的來源。對於能力和成就等高層次需求的滿足感，金錢當然更不重要，但並不是完全沒有作用。金錢是一種象徵，使人對事物的評價更具體化，而這種象徵的意義隨著個人的背景而不同，它能滿足許多需求。因此，金錢具有激勵員工的潛能，管理人員正可利用這種潛能。

二、內在需求的激勵

組織員工工作的目的，不僅在追求外在報償，更重要的乃在滿足內在需求。此種內在需求的滿足，大部分來自於員工本身的執行任務、解決問題和達成目標等方面。在科學管理運動以前，管理人員一般都將員工視爲獨立的個人，儘量以獎金來激勵員工；可是在人群關係時代，管理人員就察覺到許多員工都重視其在非正式社會結構中的地位。事實上，除了一些極端利己主義者外，每個人確渴望能在工作中與別人溝通，保持親蜜的友誼關係，以便得到他人的支持，此種關係的作用有時甚至比得到一些額外的獎金來得重要。當然，工作和親和滿足的關係常因人而異，然而只要工作和技術條件許可，每個人都會在工作時進行若干社交活動。

其次，在工作中亦可達到社會尊重的需求，而其中尤以職位高或身懷技術的人員爲甚。高職位的頭銜很能夠滿足一個人社會尊重的需求，在層級結構中地位象徵與職務津貼都能反映出個人的社會自尊程度。因此，管理人員不能忽略薪水、頭銜、職權和地位象徵的一致性。當然，就階層地位的觀點而言，社會尊重的需求與管理人員的關係較爲密切，管理人員都希望地位與頭銜等能明白顯示出來，如此管理人員才能從工作中滿足其地位的需求。換言之，管理人員的地位都可自部屬的地位象徵及職位津貼中反映出來。

工作除了可滿足物質、安全、親和、社會尊重等需求外，還可滿足難以捉摸的能力、權力和成就需求。能勝任工作是自尊的主要來源，自尊和能力的需求常被稱爲「企求工作完美的本性」。對某些人來說，工作是滿足自我實現需求的主要方式。例如，經營自己的企業或管理一個組織，可找到挑戰和權威的機會，並藉此機會來表現自己的成就和權力的需求，故工作就成爲其生活的重心。對這些人來說，他們一方面爲賺取生活費用，另一方面又可滿足高層次需求。質言之，他們把工作當作娛樂，工作就是生活。如果工作缺乏內在滿足，員工一定儘可能地減少工作時間，以便有時間滿足其工作中不能滿足的需求。

根據研究顯示：工作之能滿足高層次需求的，通常都是研究專家或管理人員；而非技術性工作及一般事務人員的工作，只能滿足低層次需求。惟近代教育水準的提高，一般員工對那些高薪而無吸引力的工作，仍會感到不滿意。爲了增進工作動機，降低工作的單調感，可以改良工作設

計。這些適應高層次需求的程序，如工作輪調、工作擴展與工作豐富化等，都可激發員工潛能，而其中尤以工作豐富化最爲人所重視。在這些過程中，加入更多具有責任性和挑戰性的活動，提供個人晉升和成長的機會，如此個人成就可增加表彰的機會。有關工作設計，將於第十五章討論之。

總之：組織的工作設計，必須兼顧員工的人性需求。蓋員工的人性需求和科學技術及經濟因素，對組織來說是同等重要的。吾人不僅應注意工作本身因素，更要注意工作性質對工作動機的影響。管理者不應純就工作觀點，要求員工有良好的工作表現；更重要的乃為瞭解員工的工作立場，適當地採用激勵手段，發揮員工的潛在能力，以求能真正地為組織目標而努力。

個案研究

不甚公平的加薪

王原勝對這次薪資的調整，不滿意極了。因爲他認爲自己與劉少華比，實際上並沒有得到應有的鼓勵。

王原勝來到這家公司已有十多年的歷史，比劉少華多了五年的年資。這次公司調整薪資，王原勝只比劉少華多出幾佰塊錢。然而，論年資、職級、工作表現，王原勝自認比劉少華要強得多。平日工作時，王原勝從未遲到早退，工作態度也甚爲積極。至於劉少華在工作表現上，成績平平；只是能言善道，虛浮不實，善於做表面工夫。

最近，部門主管發現王原勝工作態度消沉了許多，乃找來面談。

部門主管：王原勝，你最近怎麼了？你的工作績效似乎退步了！有什麼問題嗎？

王原勝：沒什麼啦！只是我覺得這次調薪好像不太公平！

部門主管：怎麼說？

王原勝：論資歷、工作表現，我都不該只比劉少華多出幾佰塊錢。我認爲加薪除了應以底薪的比率調整外，還要考慮個人的努力程度、績效和對公司的貢獻等。按理說，我應該可以調整得更多。我感覺到這不是一次公平合理的調薪。

部門主管：好的！我去查查看，然後給你答覆。不過，我的建議是做人不必太計較，而且工作的目的，並不完全在於薪資的高低；有時候表現一些成就慾，也是滿好的，你認爲呢？

由於這次的談話並沒有滿意的結果，且似乎有被責怪的意味，王原勝並沒有改善他的工作態度。

討論問題

1.你認為主管最後的談話對嗎？

2.薪資是否為激勵員工最重要的因素？

3.就公平理論而言，王原勝的想法對嗎？

4.如果你是主管，應如何調整薪資，才能使員工感覺到是公平合理的？

第4章 知覺

本章重點

知覺的基本現象

影響知覺的因素

知覺的一般傾向

知覺與績效評估

知覺與工作滿足

個案研究：晉升知覺的差異

根據前章所述，動機的產生是來自於刺激與慾望；惟動機的形成很多源於個人的知覺，亦即個人知覺影響到他的動機。易言之，知覺激起個人的動機，或使之發生改變，終而影響到他的行爲。因此，知覺也是構成個人行爲的主要因素之一。本章將分別討論知覺的基本現象，影響知覺的因素，知覺的一般傾向；進而提醒管理者注意自己的知覺傾向，以提高績效評估的公平性與正確性。同時，組織管理者亦應重視員工知覺，及其與工作績效和滿足感間的關係。

知覺的基本現象

一般心理學家都承認：行爲是個人與環境交互作用的函數。每個人處在大環境中，無時無刻不受環境的影響，同時也影響著環境。在這種交互作用的過程中，隨著個人的差異，不同的個人會賦予相同環境以不同的意義。此種賦予意義，產生某種看法的過程，就是心理學家所謂的知覺（perception）。易言之，知覺就是一種經由感官對環境中，事物與事物間關係瞭解的內在歷程。

從生理心理學的觀點而言，影響人類知覺歷程的器官有三：

一、接受刺激的受納器官。
二、顯現反應的反應器官。
三、將受納器官與反應器官相連結的連結器官。

其中受納器官，又稱爲感覺器官，包括：視覺、聽覺、嗅覺、味覺、觸覺與平衡覺等，其中又以視覺、聽覺爲最重要。連結器官則以神經系統爲主。反應器官則包括：肢體、面部表情等。不過，知覺以感覺爲基礎，是一種意識性的活動，包括有關事實組成的知識，其產生有賴動機和學習的歷程。

在知覺歷程中，由感覺器官所得到的直接的、事實的經驗，乃爲構成個人對事物瞭解的主要依據。惟個人對環境的瞭解常超越感官所得的事實，故知覺乃為一種經歷過選擇而有組織的心理歷程，所得的感覺常與個人以往的經驗，以及當時的注意力、心向、動機等心理因素相結合。是故，知覺乃為個人對環境事物的認知。通常知覺的範圍，主要包括：空間知覺（space perception）、時間知覺（time perception）及運動知覺（movement perception）等。

根據完形心理學（Gestalt Psychology）的論點，認為個人在受到外界刺激時，常會自動地將這些知覺加以組織化，而形成一種有意義的知覺現象。此乃基於四項原理：

一、接近原理（proximity），即兩種刺激在空間上相接近時，常被看成一個有組織的單位。
二、相似原理（similarity），即兩種相似的刺激，常形成一組相同的知覺型態。
三、閉鎖原理（closure），即幾個刺激共同包圍一個空間，易構成一個知覺單位。
四、連續原理（continuity），即幾種刺激在空間或時間上具有連續性，易形成一個知覺單位。

綜觀上述，可知形成知覺的基礎，一方面係由於環境的刺激，一方面係個人過去所學習得的經驗。環境的刺激特性，主要為刺激的差異或由於重複。凡是刺激呈現明顯對比或一再重複，常能加深個人印象，促成知覺上的選擇。同樣地，個人特性方面，主要有領會廣度、感受性的心理定向，以及個人的情緒或慾望。凡是個人有很深的領會廣度、過去經驗合乎其心理定向，且具有很強的情緒或慾望，都會加深個人知覺上的選擇。根據知覺過程的研究顯示，知覺的變數有被知覺的對象或事件，知覺發生的環境，以及產生知覺的個人。吾人即從這三個角度，來分析知覺的基本現象。

一、知覺的對象

顯然地，知覺受到被察覺對象的影響。通常，個人並不是對任何事物都知覺得到的，這就涉及選擇性與組織性的問題。所謂知覺選擇性，是指個人對某些行為來說，只有一些適當的知覺才是重要的。以認知論的術語而言，只有某些訊息被個人認知而察覺得到，其他訊息則被忽略或排拒在外。易言之，只有某些事物或事件的特性，才會影響到個人；其他事物或事件則被忽略掉，或無效果可言。

一般而言，當被知覺對象或事件具有與眾不同的特性時，較容易被人察覺。例如，強度較大，發生頻率較多，或數量較多的事物，較容易被知覺到；相反地，較稀鬆、較少發生、數量不多的事物，較不可能被知覺到。此外，動態的、變化多端的、或對比分明的事物，比靜態的、不變的、或混淆不清的事物，易被察覺到。凡此都是被知覺的對象，引發個人作知覺選擇性的結果。

再者，當個人收受到許多訊息時，會依個人所熟知或可辨認的型態產生關係，從而組織其知覺。此種知覺對象或事件的特性，會影響到組織特性的，包括：相似性與非相似性、空間上的接近、時間上的接近等。通常人們會將物理性質相似的事物，聯結在一起；而將性質不相似的，加以分開。同時，知覺對象和事件可能因時間或空間的接近，而被看成是相關的。以上都是知覺對象的特性，構成了個人的知覺。

二、知覺的環境

知覺對象或事件的環境，對事物知覺的方式具有相當效果，甚至於和知覺對象是否被察覺到有很大的關係。在知覺上，物理環境和社會環境均扮演了重要的角色。

就物理環境而言，一件事物是否被察覺到，要看它在環境中是否顯著。因此，事物之受到注意，乃為它在環境中凸顯的緣故；相反地，事物之不受重視，乃為它在環境中不顯著。此外，物理環境如造成一種特殊景象，也會影響到個人察覺事物的方式。是故，事物愈特異，愈能吸引人注意。

就社會環境來說，由於組織活動的社會環境不斷地改變，個人對相同事物或行爲的知覺，可能會有所不同，甚或差異很大。例如，管理者在眾人面前，正面地評價某員工，該員工可能只把這些話當作耳邊風，反而注意同事們的反應；此時，該員工會認爲管理者是冷酷、不懂人情世故的。相反地，若管理者與該員工私下交談，可能爲該員工所接受，且在知覺上會有正性的效果。

同樣地，社會環境會造成一種先入爲主的觀念，直接影響到知覺。例如，有些產品的廣告做得很多，形成一股強大的號召力，使某些消費者產生良好的知覺，終而養成一種固定的消費習慣即是。

三、知覺的個人

在相同的物理環境與社會環境下，不同的個人在不同時間也會有不同知覺。人類的知覺傾向，以及個別差異，是造成主觀知覺與知覺不可靠的主要原因。通常個人有一種普遍的傾向，即知覺到自己預期或希望知覺到的事物。在知覺上，人們並不是被動的，他們會依照過去的知覺增強歷史，及目前的動機狀態，主動地選擇並解釋刺激，此種傾向即爲知覺傾向。

過去的知覺歷史會影響到目前的知覺過程。過去的經驗可能教導自己，使自己注意到事物的某些特性，而忽略其他特性，或只注意到具有某些特性的事物，而忽略其他特性的事物。例如，個人所受訓練和所從事的職業，會影響個人看問題的方式。當探討新工廠地點時，行銷人員會注意銷售數字、市場潛力，以及分配上的問題；而生產部門的人員則對材料、人力來源、工廠位置，以及當地污染法律等問題較爲敏感。

此外，個人對大量訊息的收受也受到動機的影響，每個人的動機不同，對事物的知覺也不相同。當個人承受多種刺激時，會依據他的動機選擇某些刺激。例如，個人渴求某類食物，他會自多種食物中找尋那些食

物，並注意該類食物的特性。

總之：個人的知覺傾向不同，以及個別差異，是造成知覺不同的主因。因此，個人對事物的選擇自有所不同。

基於上述，可知個人的知覺是受到被知覺的對象、知覺的環境，以及產生知覺的個人等三方面的影響。吾人欲瞭解個人的眞正知覺，必須從這三方面加以探討，才能得到正確的結果。

影響知覺的因素

個人在環境中所得到的知覺經驗，不僅取決於對事物本身的客觀特徵，而且深受個人主觀因素的影響。因此，影響知覺的因素，主要有個人習得的經驗，對刺激注意的情形，個人當時的動機和心向，當時的生理狀態，以及當時的社會與物理環境等，都經過個人的選擇，而形成個人的認知系統。

一、學習與經驗

由於學習而獲得的經驗，常因人而異。此種不同的經驗，常會引起他們不同的心理反應。換言之，由於過去不同的學習與習慣，常形成個人間知覺的不同。「一人的食物，是他人的毒藥」，正是這種情況的寫照。某些玩笑在某人聽來是一種玩笑，對另一個人可能是一種諷刺，這是由於個人知覺的不同所致；而知覺的差異根源於過去對環境的不同學習。另外，可用來說明學習與經驗對知覺的影響之例子，乃爲盲人的空間知覺。盲人在空間內活動，他所能預知面前的障礙而躲避衝擊，是由於聽覺的輔助。而聽覺是由學習經驗而來，並非一般常識上所說的「盲人較常人聽覺靈敏」。故學習經驗會影響知覺，乃是足可認定的事實。

二、注意力

個人生活在環境中，常存在著各式各樣的刺激，而個體對這些刺激常作選擇性的反應，並由其中獲得知覺經驗。像這種選擇並集中於環境中部分刺激，而加以反應的現象，即稱爲注意力（attention）。個人何以會在多種刺激中，選擇一部分加以注意？其主要有二因素：一爲刺激的客觀特徵，一爲個人主觀的動機與期望。所謂刺激的客觀特徵，係指刺激本身所具有的特徵，以及與其他刺激間的關係而言，如刺激的廣度大、強度高、重複出現、輪廓明顯、顏色鮮豔、對比強烈等，都易引人注意。至於個人主觀方面，凡能滿足個人動機與期望者，就容易惹人注意。個人絕不會去注意與其慾望或需要無關的事物。

三、動機與心向

個體對某種刺激感到需要時，不但容易引起個體的注意，而且個體所得的知覺經驗，也含有不同的意義與價值。如在同距離、同照明、同角度的情形下，來自窮家與富家兒童們估計硬幣的價值時，窮家的兒童較富家更顯得誇大其估計。另外，有些在刺激尚未出現時，個人在內心已具有準備反應的傾向，稱爲心向（mental set）。此種心向作用對刺激出現後所得的知覺經驗，有很大的影響。如一些人經過某種暗示後，常形成錯誤的知覺，作出錯誤的反應，此顯然是事先受暗示而生的心向所致。此外，個人的情緒或慾望、個人的領會廣度，都能促使個人對認知作選擇。

四、生理狀態

個體的生理狀態對知覺的選擇，亦有所不同。顯然地，一個生理健康的人對世界充滿著希望，其對各種事物的知覺可能是美好的；相反地，一個生理不健全的人對週遭的人或物，則可能持悲觀的知覺，以致有悲觀的行爲表現。例如，一個身體健壯、孔武有力的人，自然不會畏懼一切；他的看法是一切唯我獨尊，或是路見不平拔刀相助。反之，身體瘦弱矮小

的人，其看法是處處充滿著危機，或時時感到受威脅。這就是由於個人生理狀況不同，而產生對事物的不同知覺所致。

五、物質與社會環境

個人生長的物質與社會環境不同，常影響他對世界認知的不同。生長在繁榮城市的人與成長在純樸鄉村的人，其對世界的知覺顯然不同。都市裡人們看到的是車水馬龍、生活緊張、競爭性高，以致感覺到人生渺小；加以物質豐富，可能追求生活的繁華與富裕。而生長在鄉下的人，每天看到的是陽光、綠油油的作物與樹木、空氣新鮮，養成一種不急促的生活態度。再者，處於窮困的環境中，使人有不滿足的感覺，而富裕的環境可產生滿足的感覺。以上都是物質與社會環境對個人知覺的影響。

總之：影響個人知覺的因素甚多，非單一因素所能決定。吾人探討個人知覺，必須針對多種可能因素加以分析，才能真正地瞭解其知覺。

知覺的一般傾向

每個人在不同的環境中，受到不同的刺激，再加上過去習得的經驗與當時的動機和心向、生理狀態等因素，致產生不同的知覺。即使環境相同、刺激相同，亦不免因主觀意識的差異，而形成不同的知覺。不過，人們在知覺過程中，都有一些知覺傾向。這些知覺傾向包括：

一、知覺準備

人們常有一種普遍的傾向，會知覺到自己預期或希望知覺到的事物。在知覺上，人們並不是被動的，他們會依照過去的知覺增強歷史，及

目前的動機狀態，主動地選擇刺激並解釋刺激，這個傾向即稱之爲知覺準備（perceptual readiness）。顯然地，過去的知覺歷史會影響到目前的知覺過程，亦即個人會看到他們所預期看到的事物。此種過去經驗可能教導個人，使自己注意到某些事物，或某些事物的特性，這些特性和別人所注意的也許不同。

由於個人過去所受的訓練，常影響他看問題的方式，以致不同的個人常表現不同的行爲。例如，直線人員比較不喜分析，而較喜歡憑直覺，希望馬上採取行動；而幕僚人員比較上不喜歡憑直覺，喜歡分析，並花時間去研究複雜的問題，從中尋求最佳的解決方案。這就是過去經驗不同所致。

此外，當時的動機也會影響到知覺。例如，一個飢餓的人，對於和食物有關的刺激特別敏感。又一個受權力激勵的人，較易感受到情境中，和權力有關的部分。當個人動機很高時，個人的知覺可能會受想像或幻想的影響。一個口渴的人，在缺水時，可能會不斷地看到水或聽到水聲。一個想爭權而得不到權力的人，可能會有著「偉大」幻想，以爲自己能握有比實際所能的更大權力。

二、暈輪效應

暈輪效應（halo effect）與知覺準備的一般過程有關。所謂暈輪效應，是指個人對他人某一特性的評價，強烈地受到個人對他人整體印象的影響。例如，對自己喜歡的人來說，個人會有高估他的表現或優點的傾向；對自己不喜歡的人，則會低估其表現與優點。

在這種傾向下，管理者常給予自己寵愛的部屬較高的績效評估，對討厭的部屬則給予較低的績效評估。如果一個員工曾經很努力地工作，可能高估他在其他工作方面的表現；相反地，一個員工不曾努力地工作過，可能被低估他在其他工作方面的表現。此乃爲長官對部屬考核結果的知覺，已受到自己預期期望的影響。

此外，在訊息溝通上，訊息的接受者往往從訊息的來源評價訊息。

例如，在團體中，身份較低者所提出的意見，常被打折扣；而同樣的意見若由身份較高者所提出，往往比較受人注目，且被接受的可能性較大。凡此都是受到暈輪效應的影響。

三、內隱人格理論

所謂內隱人格理論（implicit personality theory），是指個人對別人作判斷或推測時，個人具有一種信念：認為他人的某項特質與其他特質是相關的。例如，個人常將勤勉的特質與誠實連貫在一起，將懶惰與狡猾混為一談。它與暈輪效應不同的，是前者將某一特質與另一特質相連在一起，而後者則認為某項特質與整體印象有關。

此時，個人在對別人作判斷時，如果覺得某個人是努力工作的，也必然是誠實的；即使對對方是否誠實毫不瞭解，仍對他誠實的特質作較高的評價。此種現象使得兩個不同的人，對同一個人的知覺產生了差異。如果個人對某人的看法，是熱誠的、富人情味的，則可能評定他是體恤別人、善於表達，較受歡迎的，較世故的等。相反地，個人對某人的看法是冷漠的，則可能認為他不善體人意、呆板、拙於表達等。考其事實，可能未必如此。然而，這正表示將人情味和體恤、知識與幽默聯想在一起的內隱人格理論之知覺傾向。

四、第一印象

第一印象（first impression）也可能引起知覺傾向。通常，個人的第一印象會持續下去，以致影響他對他人的評價。所謂第一印象，是指個人最先對他人形成的看法，此種看法所得到的訊息，常決定個人對以後訊息的知覺和組織方式。且人們會將早期的訊息看得比較重要，而認為以後的訊息較不重要；即使當後者與前者發生矛盾時，亦然。個人對某人的第一印象，會使個人產生知覺準備，而以一種特定的方式來看這個人。

準此，個人若以第一印象去評價他人時，常會發生偏頗。當個人接觸到同樣事物，若由好的一面開始，比較容易作好的評價；若從不好的一面開始，則可能作較壞的評價。通常，人們欲取得他人的好感，在初次行爲時，都會加以修飾僞裝，或表現出本身最佳特質；然而時日一久，不免暴露其本質。由於此種第一印象很難消除，常使人們作出不正確的判斷與評價。

五、刻板印象

所謂刻板印象（stereotypes），是指個人對他人的看法，往往受到他人所屬社會團體的影響。換言之，當個人察覺到他人，並形成印象時，可能會依據某些明顯的特性，將他人歸類。這些特性包括：性別、種族、身分、宗教團體等是。個人對類別中某人的知覺，可能使他相信這些人都具有某些共通的特質，以致他認爲某人也具有同樣的特質。至於非類別中的特性，他會預期不可能發生在某人身上。一般人的刻板印象，是身分高的人較文質彬彬，身分低的人較粗野。事實上是否如此，尙待探討。不過，所有的刻板印象並非全是不好的，也不完全是不對的。吾人只能說某些特質在某些社會團體成員身上，較容易找到；而在某些社會團體較不易找到而已。

刻板印象之所以導致知覺失眞，乃因個人隨時會將自己認定的團體特性，加諸某人身上。如此一來，不但使人易於看到個人的某些特性，而且也使人不易看到不屬於團體特性的一些特質。一般人依此而對他人作判斷或評價時，難免會產生不正確的現象。諸如參加某宗教團體的人是善良的，或勤奮的；某一種族的人是骯髒的、懶惰的…等等，都是一種刻板印象。

六、投射作用

在某些情況下，個人往往會從別人身上看到自己所具有的特質。也就是說，他會把自己的感受、心理傾向或動機，投射在他對別人的判斷上，這就稱爲投射作用（projection）。當個人具有某種自己不希望有的特性，且自己不承認時，這種傾向尤爲明顯。譬如，一個衝勁不足的人，可

能會把某人看成是懶惰的；一個不誠實的人對別人會產生懷疑，並認爲別人有不誠實的傾向；膽子小的人，會將別人的行爲解釋爲恐懼或緊張等是。

準此，個人在對他人作判斷時，常會反應本身的一些特質，形成偏差。例如，一個善良的人會認爲周圍的人都是善良，而不存戒心的；而一個邪惡的人則會認爲別人都是邪惡，而不可信任的，且處處防範著別人。同樣地，某些主管很容易將自己的一些特質，評價在自己的部屬身上。一個有成就感的人，會評定部屬績效卓著；而一個沒有成就慾的主管，很容易評定部屬不好好地努力工作。一個爭權奪利的主管，很可能批評部屬越權。凡此都是受到投射作用的影響。

七、歸因傾向

歸因（attribution）是指個人將其所察覺到的行爲，歸究於某種原因的過程。尤其是具有成就導向的人常把成功歸因於自己，而將失敗歸因於外界。一般而言，個人對別人行爲的評價與反應，常歸因於別人，而不是環境；而對自己行爲的評價，則有歸因於環境的傾向。

此外，由於身分的不同，歸因亦有區別。人們認爲身分高的人比身分低的人對自己的行爲較具責任感。同時，身分也影響到個人對行爲意向者的知覺。人們比較可能將善良的意向，歸因於身分高的人。一個受敬重的員工加班，會被認爲是爲了組織利益而工作；而一個差勁的員工加班，則被認爲是爲了加班費，或早該做完的事沒做完。上級人員外出，會被認爲是紓解一下工作壓力；而下級人員外出，會被認爲是翹班，逃避責任。

再者，個人對行爲者意向的知覺，會影響到對行爲的反應。如果個人認爲某人的建議，是想改善部門效率，通常會受到重視，得到很高的評價；相反地，如認爲某人只是譁眾取寵，那麼他的建議就不會受到重視，也會得到很低的評價。其次，行爲者的行爲是否受到監視，也會影響到他人對其責任感或意圖的看法。如果在沒有嚴格監視的情況下，員工都能做好工作，比較容易得到較高的信任與評價；相反地，如果在嚴密監視下，才做得好，則不然。前者會被歸因於他們是優秀的，後者則被認爲是因爲害怕受懲罰。凡此種種都是歸因的知覺偏向。

總之：知覺受到過去經驗與當前動機的影響。每個人的經驗與動機不同，其知覺自然不一致；甚而在作判斷或評價時，難免失去正確性與公平性。當然，影響個人知覺的因素甚多，諸如性別差異所形成的不同知覺、人格、文化、溝通等，都可能形成知覺誤差。惟吾人應深入研究可能形成知覺的誤差，以求作更正確的判斷與評價。

知覺與績效評估

知覺在組織行爲研究中，最主要運用於績效評估上。對管理者而言，在作績效評估時，難免因知覺的差異，而有不同的考評。此常表現在個別差異、個人知覺傾向，以及一般評價心向三方面上。

一、個別差異

由於主管個別差異的存在，其知覺也不相同，連帶影響其對部屬作不同的績效評估。其中研究最多的特性，是性別、人格與文化三者。根據研究顯示，男性與女性在知覺過程上，具有一致性的差異。通常女性較具直覺，較具成見，也較依賴可見的線索。此外，有些研究報告顯示，女性較缺乏分析力；但有關別人的消息，女性蒐集得比男性多。不過，沒有任何證據證明某種性別在知覺上較爲正確。然而，就一般情況而言，男性較憑判斷，女性較憑直覺；如此對相同的績效，將有了不同的評價。

其次，有許多研究企圖找尋人格變數與知覺過程的關係。結果發現，在察覺新的、主觀的，或不確定事物時，個人知覺可能受別人的影響。有些人格特質，如自尊心低、焦慮感高、自信心低，以及具有強烈的

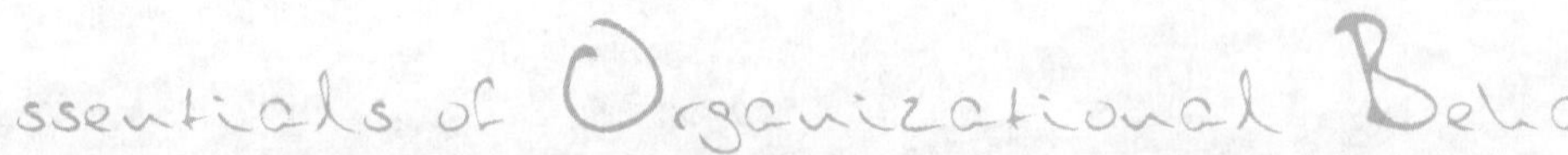

親和需求等，是易受人說服的指標。顯然地，人格特質會影響個人的知覺，從而造成績效評估的不正確性。

根據前面所言，個人過去經驗或增強歷史，會影響到他的知覺過程。因此，來自同一文化的人，在經驗上就具有某些相似性；而來自不同文化的人，則經驗完全不同，且生活與工作環境也不一樣。是故，文化對知覺是有影響的。文化對知覺的影響，大部分是由三種因素造成的：即功能顯著性、熟識度與溝通系統。就功能顯著性而言，由於個人生活環境的不同，使某些個人較注意某些事物，而忽略其他事物。因此，主管在對部屬作績效評估時，也不免有此現象。就熟識度而言，來自某文化的人，可能完全不熟識另一個文化中共通的活動或意圖。依此，主管對不同團體成員的績效評估，亦常因知覺不同，而有所差異。最後，就溝通系統言，每種文化都會發展出一套溝通系統，並形成自己的工作文化，而影響到成員的知覺。此時，主管的績效評估將發生差異。

總之：由於個別差異的存在，將產生不同的知覺，卒使主管對部屬作績效評估發生差異。此種個別差異固受過去經驗與動機的影響，而產生不同的人對相同事物的不同看法；而不同的知覺同樣形成不同的經驗與動機，又造成個別差異的存在。因此，主管的績效評估很難不受知覺的影響。

二、知覺傾向

本章第三節所討論的各種知覺傾向，都可能造成績效評估是否正確的問題。其中最常見的，是由暈輪效應、時間、與歸因傾向所造成的。

就暈輪效應而言，當一個人在某種特性上受到很高的評價時，那麼他的所有特性都會得到較高的評估。如果一個員工頗討人喜歡，或他曾經很努力工作過，則主管很可能高估他在其他方面的表現；尤其是當評估的部分標準，如整合性、忠誠性、合作性、學習意願、友善性等很模糊時，很容易得到較高的評價。相反地，若員工不討人喜歡，或他不曾很努力地

工作過，則他在其他工作表現上，很可能得到較低的評價。此種暈輪效應常使多元效標的評價，變得毫無意義可言。因為員工在所有標準上的評估，都可能得到相同的結果。

再就時間因素而言，一般人很難消除第一印象，致第一印象常使日後的績效評估發生偏頗的現象。此外，對一個已工作相當時日的員工而言，管理者往往會有知覺心向（perceptual sets）的產生，他常依憑過去對該員工的經驗歷史，做績效評估。然而，此舉常超出管理者的記憶能力，以致在眾多員工之間列出最好的和最壞的；而把其他大多數員工，馬馬虎虎地分佈在最佳和最差的評價中間。

至於歸因的知覺傾向，更會影響到績效評估的正確性。一個成就需求高的人常會把成功歸於自己，而將失敗歸因於外界。易言之，他認為組織的成功是自己的功勞，而組織的失敗是其他因素造成的。此種傾向會使管理者低估員工的貢獻。此外，若績效評估水準改變時，另一種歸因傾向也會導致績效評估的問題。當員工在屢次失敗後得到成功，可能會被歸因於他的運氣好或努力夠，而不歸因於他的能力；同樣地，員工在連續成功後遭受失敗，可能會被歸因於運氣差或不夠努力。換言之，管理者往往把員工的能力視為一成不變的，而績效上突然的改變是因為運氣或努力不同所造成的。

總之：管理者的知覺傾向，深深地影響著績效評估。他們會知覺到自己所預期或希望知覺到的事物。在知覺上，主管們會依照過去的知覺增強歷史，以及目前的評估動機，主動地選擇績效評估。如此將造成評估的失真或偏離事實。

三、評價心向

有些管理者對部屬的評價易趨向嚴苛，他們給人的最好評估，是「還可以」、「可接受」、或其他中等的評價。有些管理者的評價則趨向寬大，他們給人的最低評價，是「一般水準」或「高於平均以上」。兩者都

屬於極端傾向（extremity orientation）的評估，此將於第十六章績效評估中作討論。顯然地，在績效評估上極端傾向使評價集中在量表的一端，將很難分辨員工的績效，且無從作為員工資料的回饋或據以為賞罰的依據。

此外，組織的獎賞系統也會影響管理者，而發展出某種評價心向。近年來某些績效評估的分數，有愈來愈提昇的趨勢；此種趨勢並非受評者的素質提高，而是獎賞系統愈來愈寬鬆之故。此稱之為膨脹壓力（inflationary pressures），亦將在績效評估章中討論之。顯然地，管理者所遭遇到的膨脹壓力，將使績效評估發生錯誤。

總之：管理者的一般評價心向，將影響到績效評估的公平性與正確性。惟此種評價心向，都來自管理者早期的知覺經驗，與對現在動機的知覺狀態。很明顯地，管理者的知覺影響了他的一般評價心向，進而決定了績效評估。

知覺與工作滿足

知覺除了影響組織管理者對員工的績效評估外，也影響員工個人的工作滿足感。當員工對組織或工作有了良好的知覺，則容易產生滿足感；相反地，若員工對組織或工作產生了不良知覺，則不易有良好的工作表現與滿足感。此可就三方面討論之。

一、生產力

有些研究發現，員工對工作環境的知覺，會影響他的生產力；這個影響甚至大於工作環境本身的眞正特性。換言之，工作本身是否富有挑戰性或生動有趣並不重要，重要的是員工是否認為工作富有挑戰性或生動有趣。同樣地，管理者是否妥善規劃並分配部屬工作，或是否眞正協助部屬執行工作，並不重要；最重要的是員工對管理者為部屬規劃、分配和提供協助的感受程度。因此，管理者建立一套公平的薪資制度、客觀的評估辦法和適當的工作環境後，並無法保證員工會有良好知覺。管理者要想提高員工的生產力，還必須先衡量並瞭解員工的知覺方式和歷程。

二、流動率

員工缺勤率與流動率，均受個人知覺的影響。個人缺勤與離職和生產力一樣，都是個人根據知覺所表現出來的行爲。當員工從工作中體會工作是否具有意義性時，才會對工作有滿足或不滿足的感覺。如果員工將工作視爲畏途，則管理者就必須去瞭解員工對工作的看法，從而詳加審視工作本身與知覺之間的差異，然後設法將這些差異加以消除。如果管理者無法消除此種差異，則員工的流動率與缺勤率必會提高。

三、滿足感

工作滿足感是一種從工作中得來的主觀而富概念化的印象，此種印象的形成和知覺具有密切的關係。通常，工作滿足感來自於動機與需求的滿足，而工作環境與個人心理因素，正是提供工作滿足與否的來源。此已如前章所述，並將於以後各章討論之。惟滿足與否也代表一種個人知覺。因此，組織管理者必須讓員工對工作性質、督導狀況和整個組織氣氛，產生正面的知覺，才能提高工作滿足感。

總之：知覺與員工生產力、缺勤率和工作滿足感之間，都有極密切的關係。組織管理者必須培養員工對組織作良好的知覺，分析形成不良知覺的原因，透過學習原理或重組刺激，而改變員工的不良知覺，如此才能提昇員工的生產力，降低缺勤率，從而使員工能從工作中得到滿足。

下章即將探討學習的原理，以導正員工塑造良好的工作行爲。

個案研究

晉升知覺的差異

明昌工業股份有限公司最近爲了擴展其業務，乃準備大力實施自動化管理。業務部經理許友輝受命去完成這項任務。起初，他選了鍾小姐來推動這項工作。她是大學電子計算機科學系畢業生。不過，許經理發現她在技術上無法勝任，而且人際關係能力也無法完成這項工作。

許經理在失望之餘，乃改派陳小姐負責這項工作。陳小姐是一個能力較強的年輕祕書。在她接辦這項工作之後，很快就完成了任務。因此，許經理大爲激賞。不過，在年終考核時，陳小姐只得到小小的晉升。

然而，陳小姐很不滿意，因爲她平日在祕書工作方面盡心盡力，已有良好的工作表現，加以這次臨危受命，把自動化工作做得這麼好，所得到的晉升卻是那麼一點點。當她把她的想法向許經理表明時，許經理的解釋是，陳祕書的薪給和職位已是部門內人員最高的了，限於人事規章的規定，只能作如此的晉升。何況陳小姐的職位與薪資，和部門內其他同事差距已經很大，過高的晉升可能引起同事們的反彈和不滿，希望陳小姐能多體諒。

陳小姐對這樣的解釋深不以爲然，她仍然認爲應得到更大的晉升，於是乃作了辭職的準備。

討論問題

1.你認爲陳小姐與許經理在晉升知覺上有什麼差異？

2.你認爲陳小姐應得到更大的晉升嗎？

3.你認爲許經理應否予以補救？如是，應如何補救？

第5章 學習

本章重點

學習的基本歷程

學習的基本現象

影響學習的因素

學習與工作行為塑造

學習與工作績效

個案研究：學歷區隔的訓練

知覺固然是決定個人行爲的因素之一，惟知覺有時受到學習的影響，蓋知覺部分係取決於個人的過去經驗。同時，學習本身也常決定個人行爲。因此，學習爲個人行爲的心理基礎之一。本章擬將討論學習的意義與基本歷程，並探討學習的一些現象與影響學習的因素；進而研究管理者應如何利用學習原理，以塑造員工正確的工作行爲。此外，學習是一種經驗的累積，它與工作績效間有密切的關係，此亦即爲本章所要討論的。

學習的基本歷程

在日常生活中，人類都不斷的在學習，即所謂「活到老，學到老」。近代學者常強調「從做中學」、「生活即學習，學習即生活」，可見人們無時無刻不在學習。固然，好的事物之學習是一種學習，對不好的事物之學習，也是一種學習。一般人都隨時向周圍的人學習，他們向主管學習，也向同事學習；向朋友學習，也向鄰居學習；向內在環境學習，也向外在環境學習。因此，學習隨時隨地在影響人類行爲。

惟人類的學習行爲有繫於非理性的或情緒的，也有基於理性的或意識性的。起初，人類的學習有趨向於情緒、潛意識和非理性的部分；及長乃逐漸追求合理性的、意識性的和成熟性的學習。近代社會科學綜合了各種領域的知識，研究完整的理論基礎。因此，本節將從學習的基本歷程，來探討學習的基本理論。

人類無論在日常生活或工作中，常能運用過去的經驗以適應環境；並活用此種經驗改善當前行爲，此種因經驗的累積而導致行爲改變的歷程，心理學家稱之爲學習。人類常依靠感覺器官，由外界吸取刺激，再透過大腦的聯合作用與認知，由反應器官作反應，而達成學習的歷程。因此，學習是一種不斷刺激與反應的結果，也是一種透過認知的選擇而來，以致產生行爲的改變。

就科學的心理學立場而言，學習是一種經由練習，而使個體在行爲上產生較持久性改變的歷程。首先，學習必然是一種改變行爲的歷程，而

不僅指學習後所表現的結果。心理學家認爲：學習不僅包括所學到的具體事物，更重要的是這些事物是怎樣學到的。學習不管結果的好壞，好的行爲固然是學習，而壞的行爲也是學習。又強調持久性的行爲改變，排除那些暫時性的行爲改變。至於行爲改變的歷程，心理學家常有兩種不同的解釋，一爲增強論，一爲認知論。

一、增強論

增強論（reinforcement theory），又稱刺激反應理論（stimulus-response theory），主張：學習時行爲的改變，是刺激與反應連結的歷程。學習是依刺激與反應的關係，由習慣而形成的。亦即經由練習，使某種刺激與個體的某種反應間，建立起一種前所未有的關係。此種刺激與反應聯結的歷程，就是學習。持此觀點的心理學家，以巴夫洛夫的古典制約學習、桑代克的嘗試錯誤學習以及斯肯納（B. F. Skinner）的工具制約學習爲代表。該理論主張增強作用是形成學習的主因。

增強作用通常可分爲正性增強與負性增強。凡因增強物出現而強化刺激與反應的聯結，即爲正性增強；若因增強物的出現反而避免某種反應或改變原有刺激反應之間關係的現象，稱爲負性增強。在工作中，員工爲求取獎金而努力工作，即爲正性增強；若爲了避免受罰而努力工作，是爲負性增強。工作學習即在此種情況下形成的。在增強過程中，若一旦增強停止，則學習行爲必逐漸減弱，甚或消失，此即爲消弱作用。若刺激與反應間發生聯結後，類似的刺激也將引起同樣反應，此爲類化作用（generalization）。類化是有限制的，若刺激的差異過大，則個體將無法產生反應，此即爲區辨作用（discrimination）。

二、認知論

認知論（cognitive theory）者認爲：學習時的行爲改變，是個人認知的結果。此種看法是將個體對環境中事物的認識與瞭解，視爲學習必要的

條件。亦即學習是個體在環境中，對事物間關係認知的歷程，此種歷程為領悟的結果。換言之，學習不必透過不斷練習的歷程，而只憑知覺經驗即可形成。因此，學習是一種認知結構（cognitive structure）的改變，增強作用不是產生學習的必要條件。持此看法的心理學家，最主要以庫勒（W. Kohler）的領悟學習、皮爾傑（J. Piaget）的認知學習與布魯納（J. S. Bruner）的表徵系統論為代表。

該理論認為個人面對學習情境時，常能運用過去已熟知的經驗，去認知與瞭解事物間的關係，故而產生學習行為。學習並非零碎經驗的增加，而是以舊經驗為基礎，在學習情境中吸收新經驗，並將兩種經驗結合，重組為經驗的整體。因此，認知論者不重視被動的注入，而強調主動的吸收。由此觀之，認知學習就是個體運用已有經驗，去思考解決問題的歷程。

以上兩種立論，似乎是對立的。事實上，人類學習行為是相當複雜的，不可能受單一原則所支配。大體言之，較陌生或較困難的事物之學習，多依「刺激與反應」的不斷嘗試錯誤之歷程；而較熟知的問題，較易採用「認知」的領悟學習。然而，不管學習的歷程為何，它總是一種行為的持久改變。況且人生是不斷地在學習的過程，人格是學習來的，社會需求和自我需求也是學習來的，態度、習慣無一不是學來的。如果前一行為導致後一行為的改變，這就是一種學習的歷程。

學習的基本現象

學習有時是依刺激與反應的嘗試錯誤歷程，有時則為對事物認知的結果，而導致行為的持久性改變。人類行為的變化若以心理學的術語解釋，可謂為一種刺激加諸於有機體而產生一種反應。而學習則在一定的刺激與可欲的反應間，建立一種連結。因此，吾人欲瞭解學習的歷程，必須經由學習曲線而顯現出來。

在學習歷程中，學習成績常因練習次數的增多而變化，此種變化若按照數學原理，以橫座標代表練習次數，以縱座標代表學習成績，即可繪成一條曲線，此種曲線即爲學習曲線（learning curve）。學習曲線可以表示學習期間行爲變化的累積效果，也表示個人或群體的成就水準（level of achievement）。學習的成就水準，常隨學習的材料、方法、時間與學習者個人因素，而表現極大的差異。此種差異造成不同的學習曲線。通常學習曲線常有下諸現象：

一、負加速變化

在一般的學習過程中，有時呈先快後慢的情形，即在練習初期進步很快，而一旦繼續下去，則表現進步緩慢的現象，此種速率變化稱爲負加速變化（negatively acceleration）。其產生的原因爲：

（一）剛開始學習時，動機強、興趣濃厚。
（二）所學習的材料較爲容易。
（三）學習者已具有類似的基礎。

二、正加速變化

在一般學習過程中，有時進步呈先慢後快的情形，即練習初期進步緩慢，繼續練習後則進步遞增，此種現象稱爲正加速變化（positively acceleration）。造成此種情形的原因，有：

（一）初學時，動機不強，興趣不濃，未進入情況。
（二）所學的材料較複雜而困難。
（三）舊習慣干擾新學習。
（四）技能學習的方法，尚未純熟。

三、學習高原

個人學習進步到一定水準時，可能呈現停滯不前的情形，經過繼續練習後，始再稍有進步，此種現象稱爲學習高原（learning plateau）。高原現象的出現，通常爲較複雜材料的學習。造成此種現象的原因，乃是：

（一）學習方式的改變，造成不進步的情形。
（二）學習者因進步慢，而削弱了學習動機。
（三）學習時間過長，造成身心的疲勞。
（四）舊學習習慣的改變，影響學習進步。

四、起伏現象

學習進步無論是正加速或負加速變化，所構成的曲線都不會是平滑的，而是呈起伏狀態。此乃因在學習歷程中，影響學習的因素很多。有些因素組合在一起，產生良好的學習成績；而有些因素組合在一起，則形成不良的學習。前者如興趣濃厚、不疲勞、注意力集中時，其學習效果自然會好、進步也快。後者如興趣低、身體不適、注意力不集中，學習自然退步。

五、生理極限

在學習過程中，由於個體生理能量的限制，常使學習不再進步，因而學習呈一種平坦延伸的現象。生理極限與高原現象不同，高原現象是暫時性的停滯，而生理極限乃爲永遠不再進步。生理極限乃因個體生理能量的耗盡。事實上，個體生理能量很難耗盡，而是學習曲線呈水平延伸不再進步的現象，此種情形多由心理因素所造成的，其遠比生理因素所形成的爲重要。

影響學習的因素

學習有時是依刺激與反應的嘗試錯誤歷程，有時則爲對事物認知的結果，而導致行爲的持久改變。不過，此種行爲的改變常受多種因素的影響。一般而言，影響學習的因素甚爲複雜，致使學習效果並不一致。大體言之，影響學習的因素可分爲三大類：一爲學習材料，一爲學習方法，另一爲學習者個人。

一、學習材料

學習材料主要包括四方面，即材料的長度、材料的難度、序列中的位置與材料的意義性。

（一）材料的長度

當學習材料超過記憶廣度時，其長度的增加與所引起的學習困難呈「超正比」增加的現象；惟因此而學習得的材料，較不易遺忘。此乃因較長的材料經過學習者不斷反覆學習的結果，以致加深學習者克服困難的決心，一旦困難克服之後，而產生深刻印象所致。

（二）材料的難度

一般而言，簡易的材料比艱難的材料容易學習，但學得之後未必易於記憶。固然，過於艱難的材料，容易使學習者失去學習興趣。但過於簡易的材料，缺乏挑戰性，亦引不起學習者的興趣。因此，學習材料的難易以適中爲宜。所謂難易適中，係指學習材料需有相當難度，只要學習者努力即可克服；反之，若不努力則不易獲致成功。不過，所謂「適中」並無一定標準，這要看學習者的能力與經驗而定。換言之，學習材料的難易，總以個別差異爲依據。

（三）序列中的位置

學習一序列的材料時，排列在首尾部分的，遠較中間部分者容易記

憶。這種情況以無關聯的材料，尤爲明顯。

(四) 材料的意義性

所謂意義性，係指所學材料與學習者個人經驗間的關係而言，兩者關係愈密切，即表示對個人愈有意義。凡是愈具意義性的材料，愈能引起學習者的興趣與注意，就愈容易學習。

二、學習方法

學習時所採用的練習方式，也會影響學習的有效性。其主要包括下列四點：

(一) 集中練習與分散練習

學習時要經過練習，練習的方式可以集中在一定時間內實施，也可以分爲若干時段實施。前者爲集中練習（massed practice），後者稱爲分散練習（spaced practice）。一般而言，分散練習優於集中練習。此乃因集中練習給予學習者連續反應多，抑制量大，以致影響學習效果；而分散練習因休息之故，反應性抑制不易累積，故對學習不致產生過大的影響。加以集中練習給予個體較少的遺忘機會，使錯誤學習的保留較多；而分散練習給予個體較多遺忘錯誤的機會，使學來的錯誤反應得以隨時淘汰。當然，分散練習優於集中練習，只是一種概約的事實。蓋任何學習都與學習材料的性質、所採用的方法，以及學習者的年齡、能力、經驗等因素都有密切的關係。

(二) 整體學習與部分學習

學習時，如對學習材料從頭到尾一次練習，稱之爲整體法（whole method）；若將材料分爲好幾個段落，一段一段的練習，稱之爲部分法（part method）。早期心理學家多認爲整體法優於部分法，但晚近實驗結果卻證實兩者無分軒輊。不過，智力較高者的學習有適於採用整體法的傾向。此外，有一種前進部分法（progressive part method），就是先將要學習的材料分爲幾部分，開始時先練習第一部分，次練習第二部分，等這兩部分都已熟練後，即將之合併練習並使之形成一整體，然後再接著單獨練習第三部分；第三部分熟練後，再與第一、二兩部分合併練習，形成一個更大的整體。如此逐漸擴大，繼續進行，直到將全部材料學會爲止。這種方法在形式上，似較單純的整體法或部分法爲優。

(三) 學習程度

所謂學習程度，係指在學習歷程中個體正確反應所能達到的地步而言。通常在練習期間內，個體初次達到完全正確反應的地步，即稱之爲百分之百的學習。若爲了避免學後遺忘，再多加練習稱之爲過度學習（over learning）。過度學習有時可以練習次數表示之，有時亦可以練習所需的時間來計算。若員工在練習某項機械已達百分之百的學習時，再不斷的練習，不管是增加練習次數或時間，皆屬於過度學習。

惟過度學習需達到何種程度最能夠記憶，則需依材料的性質，材料對個人的重要性，以及個人希望把它保留多久而定。假如材料簡易，對個人的重要性不大，以及個人不想保留太久，則少量的過度學習就已足夠；反之，材料困難，對個人具有很大的重要性，以及個人希望永久保留該項所學的材料，就必須有較多量的過度學習。

(四) 學習結果的獲知

學習後必有成果，學習者能否獲知此等成果，對以後的學習成績有不同的影響。一般而言，學習者能獲知學習成果，在學習上較能保持進步。綜觀其原因有二：

1.學習後的錯誤，得以作適時的修正。
2.學習後獲知學習成果，將引起學習者繼續學習的興趣，成爲引發個人學習的誘因。

因此，在學習過程中，宜多提供學習者反應的機會，且其反應愈具體、時間愈短，學習成效愈顯著。

三、學習者的個人因素

影響學習的個人因素很多，諸如：年齡、性別、能力、動機、情緒、生理狀況以及個人特質皆屬之。今僅列幾項說明之：

(一) 年齡

一般人都相信兒童是學習的黃金時代，但根據心理學的研究，不論對技能學習與語文學習，二十歲左右才是眞正的黃金時代。即以技能學習而言，它主要是靠穩定、手眼協調等能力，而這些能力常隨著年齡的增長而增加。甚且成人的理解力高於兒童，學習也較快。不過，成人學習後的記憶則遠不如兒童。

(二) 性別

一般人認爲男性長於技能學習，女性則擅於語文的學習；然而，根據心理學的實驗顯示，除了男性因體力優於女性，而較能擔任大型技能性工作之操作外；不管在技能學習或語文學習上，男女兩性都沒有顯著差異。因此，構成男女兩性在學習行爲上的差異，社會因素重於性別本身因素。

(三) 動機

動機的強弱對學習的效果，有很大的影響。一般言之，動機愈強，又能得到滿足時，學習效果最好。通常在工作中激發個人動機，多用獎懲的方式。根據心理學的研究顯示，獎勵對個人動機具有積極作用，可以鼓勵個人繼續進行某項行爲；而懲罰則在制止某項行爲的出現或再發生，具有消極的效果。因此，獎勵對動機的引發常優於懲罰。不過，獎懲多偏重於生理動機的激發。

惟人類行爲是相當複雜的，且人類甚多學習與生理需求並無直接關係，故僅重視人類生理需求的激勵，並不足以控制其動機，實宜多注意高層次需求。是故，爲了加強學習效果，應多利用自發性活動，隨時加以鼓勵，以強化其學習動機，並使之得到充分的滿足。

（四）情緒

所謂情緒，是指個體受到某種刺激後，所產生的一種激動狀態。此處僅說明愉快與不愉快的情緒，以及緊張焦慮的情緒對學習的影響。根據心理學研究，個人對不愉快的經驗，常有動機性遺忘的趨勢。至於個人對愉快的經驗，不但記憶得較多，且記憶的內容也較詳細；亦即愉快的經驗不容易遺忘。甚至情緒穩定者，不論在緊張或緩和的學習情境下，都較不穩定者為優。又在緊張的學習情境下，情緒穩定者的學習成績，會因緊張氣氛的壓迫而顯示出進步；但情緒不穩定者卻退步很多。

（五）其他因素

此外根據一般經驗顯示，抽象憑記憶的材料較容易遺忘，而實際操作的學習則不太容易遺忘，此亦影響學習的效果。又學習遷移（transfer of learning）問題，亦影響學習的效果。所謂學習遷移，就是學習者在某一種情境中學到的舊知識與技能，對新學習的影響程度與範圍。學習遷移可分為正性遷移與負性遷移，前者是指舊學習的效果有助於新學習，後者則為舊學習的效果阻礙新學習。

> 總之：影響學習的因素甚多，且是交互影響的，此有待吾人作更進一步的探討。

學習與工作行為塑造

根據前述分析，學習常受許多因素的影響，吾人必須探討學習原理善加運用，以塑造員工正確的工作行為。在組織行為上，組織行為修正（organizational behavior modification），是近年來頗受重視的技術。盧丹斯（Fred Luthans）稱之為OB Mod，意指個人在表現了正確行為時給予獎勵，而在表現不當行為時給予懲罰。經由這樣的行為修正，員工便能學會應該做什麼，以求符合別人的期望。

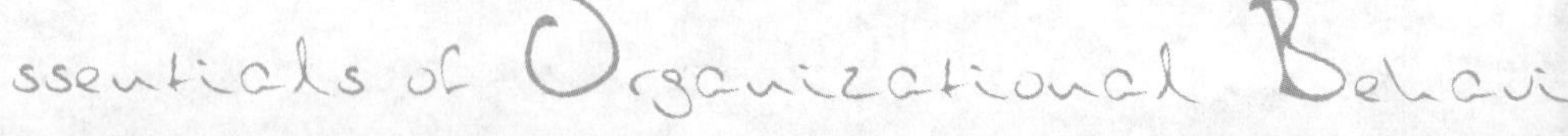

有關工作行爲技術的運用，乃是由管理者講授工作技巧，先將工作分解爲許多細節行爲，並親身示範，講解正確的工作行爲方法，然後對員工的正確行爲，加以強化或增強。這就是塑造正確的工作行爲，其基本概念仍脫離不了學習理論的運用。因此，工作行爲塑造乃在運用學習原理，其原則如下：

一、學習結果的回饋

學習的第一項原理，就是學習結果的快速回饋。學習結果的快速回饋，不但可修正不當的行爲，而且可增進學習者的興趣與動機，以追求更深一層的滿足感。根據研究顯示：當個人有了某種反應，所得到的是獎賞，必然很快地學會重複反應；同理，個人決不願意重複沒有報酬的行爲。因此，員工努力或表現正確的行爲，工作所得到的是獎勵或他人的讚美，他必然重複該項行爲。此即爲增強論的焦點。增強論認爲：外來的刺激是個人行爲的主要來源。吾人要使員工表現正確的行爲，必須提供適當的刺激。

又根據研究顯示：提供學習者行爲的回饋愈具體而快速，其表現在作業上的進步與速度愈快。因此，管理者必須隨時對員工進行回饋，以加強其工作習慣的養成，並降低其厭煩感。有關行爲的回饋，應在表現正確工作行爲後，立即實施，時間愈快速，效果愈顯著；否則時間愈遲延，效果將愈爲遞減。不過，提供行爲回饋太多，反而增加學習者的負擔，此爲管理者所必須注意的。

二、刺激次數的增強

根據增強論的觀點，學習可透過不斷地增強而形成。在刺激與反應的學習過程中，個體行爲的發生可能是針對某些刺激的反應後果而來，造成此種增強作用的刺激，稱之爲增強刺激（reinforcing stimulus）。增強刺激愈頻繁，持續時間愈久，反應的強度愈增加，愈有利於學習。因此，管理者必須不斷地對員工施行增強刺激。最淺顯的例子，乃爲廣泛地設置獎勵措施，以激發員工的學習興趣與廣度和深度。

一般而言，重複的刺激會導致恆定的反應型態，而偶發的刺激則導致反應的多變性。管理者若要養成員工習慣性的工作行爲，則可增強重複性的刺激。惟許多工作行爲是多變性的，則不宜增強重複刺激，以免因好奇心消失，反而不利工作行爲的養成。因此，刺激次數的增強，宜視工作性質而定，同時應針對個別員工的差異而實施。

三、工作動機的激發

根據認知論的看法，學習是個人對事物的認知而來，故應提供自動自發的自主性學習。蓋有動機的學習比缺乏動機或無動機的學習效果爲佳，且內在動機的學習比外在動機的學習要好。前者乃因有了動機，可引發爲學習的行動，「動機—行動」便形成學習的因果律。是故，管理者必須設法激發員工的內在動機，瞭解員工的立場，適當地採用激發手段，發揮員工工作的激在能力，期使員工願意持續其工作行爲。

至於內在動機，一般都與工作本身有密切關係。員工的工作意願與工作有直接關聯，則可由工作中得到滿足感或尊榮。蓋員工的滿足感或尊榮，自工作中獲得了樂趣，故管理者必須設法加以激發，提供一些可用的誘因（incentives），包括：良好的工作設計，工作環境的美化，和諧的人事關係，象徵地位與尊榮的安排，多讚美少責備等，都可激發員工的工作興趣，增進對工作的意願。

四、學習遷移的運用

學習遷移的適當應用，是學習認知論的主要論點之一。認知論認爲學習之所以產生遷移，主要是個人體認到一種情境中的學習與另一種情境具有共同元素所造成的結果。所謂學習遷移，就是學習者在某種情境中所學到的舊知識與技能，對新學習所產生的影響程度與範圍。換言之，學習遷移即指個人的先前經驗對新學習產生遷移的效果。當然，在學習遷移中，新舊學習的刺激與反應相似程度愈高，則學習遷移特別高，且產生正

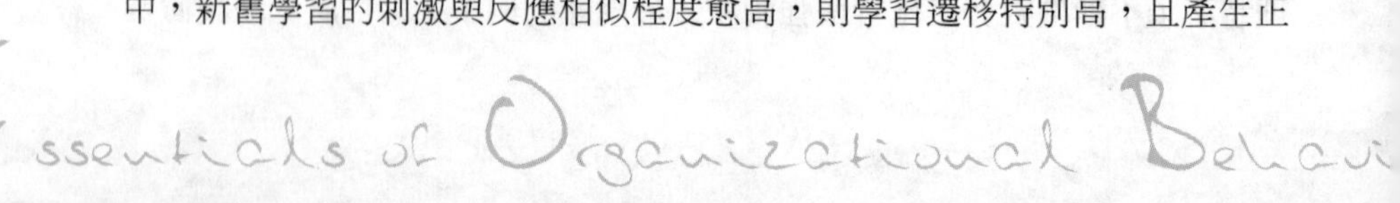

向遷移；反之則學習遷移較低，甚而形成負性遷移的現象。

根據研究顯示：新舊學習之間具有相同元素愈多，遷移的可能性就愈大；反之相同元素愈少，則遷移量也就愈少。因此，組織管理者宜根據員工的個人背景，多安排學習遷移環境，使舊學習所學到的原理原則，可應用到新學習上。一般而言，工業訓練即為學習遷移的基本例子。工業訓練即在人為或模擬情境中，希望其訓練成果能有效地遷移到實際工作中。此為管理者必須妥為運用的學習原理。

五、獎賞懲罰的互用

學習原理之一，乃是對好的行為給予獎勵，對不好的行為施以懲罰，此為增強論的基本論點。不過，一般獎勵的效果高於懲罰。蓋嚴厲的懲罰不僅不能消除不良行為，有時反而固化不良行為，產生許多不良副作用，諸如員工採用敵對態度，憎惡懲罰者。惟如果懲罰用得適當，可以得到很好的效果，但必須針對錯誤行為而發，方能收到制止的功效。

至於獎賞方面，也必須不斷地實施，而且要多而豐富，方能有效。一般而言，獎賞多而豐富，學習就愈快速；微少的獎賞，則無法得到重視。此乃因獎賞的減少等於懲罰，對學習不會產生太大的效果。當然，獎懲最好能做適當的交替運用，有時過分「鄉愿」常會造成組織的腐化，但過分的「苛刻」則足以招致員工的不滿與怨懟。只有適當的獎懲，才能提昇學習的水準至最高境界。

六、學習時間的安排

管理者應注意的學習原理之一，乃為對學習時間的適度安排。一般而言，學習時制可分集中練習與分散練習兩種。所謂集中練習是指在某段時間內一鼓作氣，前後一貫的練習方式。分散練習則在練習時，把某段時間分為若干段落的練習方式。根據許多實驗證明，分散練習的效果優於集中練習，且在練習一段落後，休息時間愈長，學習效果愈好。此外，休息時間的長短需視學習材料的性質而定，材料較難又較長時，學後的休息時

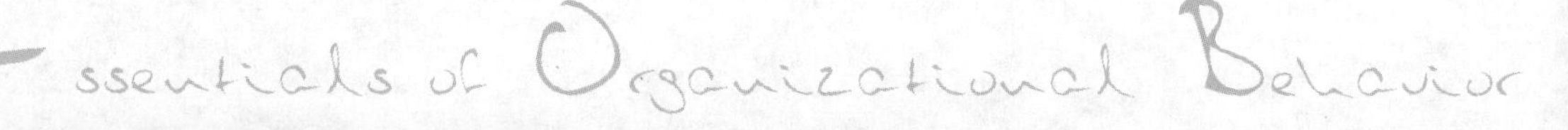

間就需較長。

惟根據研究所得結果顯示，學習機械記憶式的材料與技能時，分散練習固優於集中練習；但學習較複雜或特別需要思考的問題時，學習者必須一次採用較長時間固著在問題上，始能將問題解決。因此，就一般情形而言，若所學材料較易，學習者興趣較濃，動機較強時，以集中練習爲佳；但材料較難，較缺乏興趣以及易生疲勞的情形下，則以分散練習爲宜。

七、學習方法的選擇

對學習方法做適當的選擇，也是管理者應掌握的問題之一。學習者在某一時段內，學習某種材料技能時，對材料的整體從頭到尾一遍一遍的練習，直到全部學會爲止，稱之爲整體法。若將材料分段，第一段熟練後，再練習第二段，直到全部學完爲止，稱之爲部分法。整體法與部分法孰優，迄無一般性原則。大體言之，有下列情況：

（一）若所學材料有意義、有組織，且前後連貫者，宜採用整體法；若所學的爲無意義或無組織的材料，則較宜用部分法。

（二）用分散練習時，整體學習較部分學習爲適宜。

（三）學習者的智力較高，且對所學已具有相當經驗，又材料不太長或太複雜時，較宜採用整體學習；若學習者智力較低，對所學欠缺經驗，且材料較長，不易維持其興趣時，宜採用部分學習。

（四）在實際學習時，初學可採用整體法；而對特別困難部分，再加強其部分學習。

八、充分認知的提供

個體行爲的產生，部分是因個人對工作有充分的認知而來。因此，

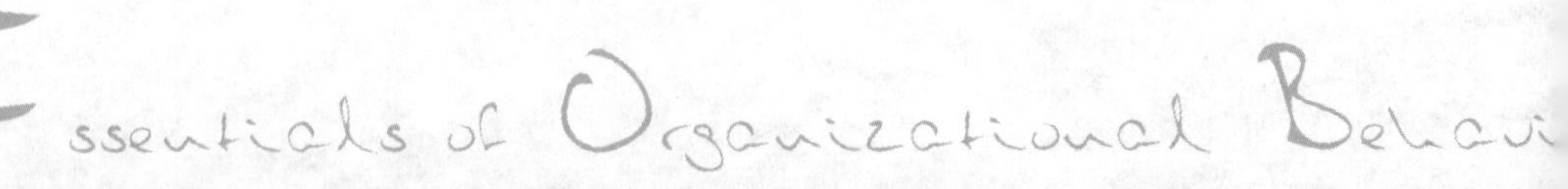

管理者必須對工作提供充分的資料、訊息，並說明工作的優越性，以加強員工對工作的認同。根據認知論者的說法，個人行爲是受到意識性的心理活動，如思考、知曉、瞭解，以及意識性的心理觀念，如態度、信念、期望等的影響。個人在環境的刺激下，常有意識地處理刺激，然後才選擇採取反應的方式。是故，個體行爲可透過認知的過程而逐漸形成。

此外，由充分的認知亦可加強個人的記憶。蓋認知爲個人經驗的內在代表，介於刺激與反應間，並影響到個人的反應。當個人感受到刺激後，就將它轉變成認知，再影響個人的反應。一旦員工對某項工作有了充分認知，不但可能採取積極性行爲。甚而由於記憶的深刻，也會表現重複性行爲，而逐漸形成習慣。根據前章所言，決定認知的兩大因素：一爲刺激的特性，一爲個人的特性。刺激的特性，主要爲刺激的差異或由於重複；而個人因素則有領會廣度、感受性的心理定向，以及個人的情緒或慾望。其中個人因素更可能促成對工作認知上的選擇，而增強對工作的學習。

九、愉悅情緒的安排

員工在工作的過程中，若遭遇到愉快的情境，常能印象深刻，記憶猶新。因此，安排愉悅的情境，亦爲促進員工努力工作的方法。根據心理學的研究，動機固爲促發個人行爲產生的內在原動力；惟個體行爲並不完全是組織、有規律的活動，有時行爲是受到不規律、無組織的情緒所左右。因此，安排工作時的愉悅情境，有時是不可或缺的。

根據研究，情緒的產生不是自發的，而是由環境中的刺激所引起的。環境可包括內在環境與外在環境。內在環境是由個體器官功能所變化，非組織管理者所可解決；但外在環境是可經過安排的，如聲音、光線、空間、景色、佈局、場所氣氛等，都可經過特意的安排。例如，柔和悅耳的音樂，適當的採光，怡人的佈局景色，謙和有禮的管理態度，都有助於員工良好工作態度的養成。

總之：學習是一種培養良好工作行為的歷程，管理者實應適度地運用學習原理，才能使員工在工作中順利地學習正確的行為，並達成學習的效果，以期能為組織目標有所貢獻。

學習與工作績效

學習除可塑造員工工作行爲之外，其與工作績效之間也有密切的關係。通常員工得到充分的訓練和學習，可提昇工作績效，增進滿足感；相反地，員工缺乏學習的工作環境，或沒有得到充分訓練，其工作表現很難得到滿意的結果。因此，要想提昇員工的工作績效，必須重視學習的過程與方法。其中尤以增強時制（schedules of reinforcement）的運用，對工作績效的影響最大。一般增強時制可運用於學習上的，可分爲連續增強時制、間歇增強時制和消除作用時制三大類：

一、連續增強時制

連續增強，是指每一次反應就給予增強。連續增強可應用在訓練上；每當員工表現正確的工作行爲，管理者就給予獎賞。在連續增強時制（schedules of continuous reinforcement）下，只要員工持續努力工作的反應後，管理者就給予增強物，將會使員工保持穩定的高度表現。不過，增強太頻繁會導致飽和，而不再有效。且一旦不給予獎賞，則員工行爲很快就會消弱。因此，連續增強只適合於剛開始激勵員工，或運用在不穩定或頻率較少的行爲上。當工作表現越來越好且非常精確時，就必須改用間歇時制。

二、間歇增強時制

所謂間歇增強時制（schedules of intermittent reinforcement），是指行

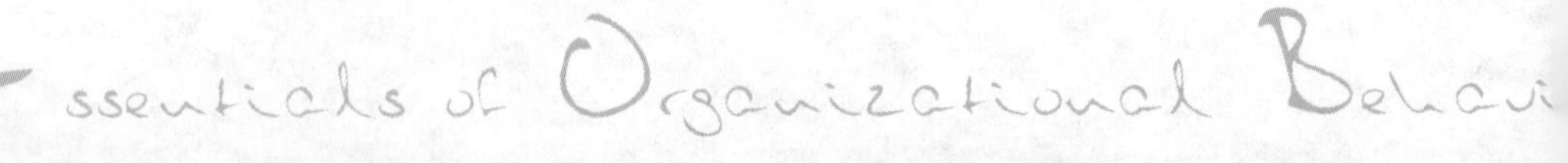

為者的有些反應受到增強，有些則否；亦即並非每次反應都有增強物。此種時制可提高反應頻率；且由於增強頻率少，不致導致飽和而使激勵作用減弱。因此，間歇增強是最適用於穩定或高頻率出現的行為反應。該時制又可分為下列方式：

(一) 定比時制

定比時制（fixed-ratio schedule）：是指在行為者每隔若干次數的反應，始給予一次增強之謂。譬如：員工每隔一次、七次或一百次表現優良工作績效，就給予一次獎賞即是。一般傭金式的推銷，就是屬於定比增強時制。此種時制，可以獲致強而穩定的反應比率。在定比時制下，員工可很快地知道增強的規則，於是會加速表現優良行為，以求獲得增強。

(二) 非定比時制

非定比時制（variable-ratio schedule）：是指增強的實施採不定比率，或作隨機次數反應的方式而言。亦即管理者在獎賞員工的績效表現時，並不是在員工固定表現若干次行為反應之後；而是採取隨機獎勵方式。當然，所謂隨機次數也可能是平均值的方式。此種時制可獲致強而穩定的行為，且可抗拒消弱作用的反應比率。

(三) 定時距時制

定時距時制（fixed-interval schedule）：是指每隔若干時段，就給予一次增強之謂。吾人每月、每半個月或每週所領到的薪資，就是一種定時距時制。此種時制是在固定時間後的第一個反應，即給予增強物。因此，定時距時制可能造成不穩定的反應型態。亦即在增強前呈現快速、有力的行為反應，可能有較好的工作績效表現；而在增強後會有一段時間呈緩慢而無力的反應，可能有較差的工作行為表現。

(四) 不定時距時制

不定時距時制（variable-interval schedule）：是指增強的時間表係依據一系列的隨機時距，這些時距的平均值為某一個定數。亦即增強的實施，是在不定或隨機的時間後第一個反應，始給予增強物之謂。此種時制和非定比時制相同，可導致非常穩定的反應比率，且可抗拒反應的消弱作用。

總之：間歇時制可維持較高的反應率。同時，受到間歇增強的行為，比連續增強的行為，更不易消失。此乃因員工無法獲知何時會得到增強，以致時時表現強而穩定的工作之故。

三、消除作用時制

所謂消除作用時制（schedules of extinction），是指員工不論表現任何行爲反應都得不到增強而言。消除作用可應用在一般學習之外，也同樣適用在訓練上。每當員工表現任何行爲，且不符合管理者的期望時，他都得不到獎賞，甚或被故意忽略，則其行爲自然逐漸消弱，然後慢慢地停止。此種得不到獎賞或被故意忽略，本身就等於是一種懲罰。

事實上，直接的懲罰在學習中也扮演著重要的角色。有些證據顯示：懲罰的消弱作用，有時比獎賞的正性增強作用，來得有效。蓋懲罰可消除員工的不當行爲。惟懲罰只是一種暫時性的壓抑，而不是永久性的行爲改變。它可能減少員工的不當行爲，但卻會使員工產生焦慮或憤怒的情緒，且可能降低工作士氣，增加曠職率與遲到的情況。因此，在管理上還是少用爲宜。

個案研究

學歷區隔的訓練

永東公司是一家規模頗大的企業，在短短的幾十年間，能有驚人的成長率，而傲視同業，這得歸功於林董事長的卓越領導。

林董事長平日極爲重視員工訓練。該公司的員工教育訓練，完全以教育程度來區分，訓練時依大專、中學、國小程度分開來辦理。這在訓練方法、教學過程……等方面得到了很大的便利，但也帶來了不少困擾。譬如：訓練課程無法運用於實際工作場合上；有些受訓人員回到原來崗位，會受到原有人員的排斥，被視爲異類。又有些人員常自視甚高，反而不易與人和諧相處，很難打成一片。因此，這種區隔式的訓練往往降低了實質教育的效果。

這個問題經過動員月會的討論，意見紛雜。管理處經理認爲應採取混合式的訓練方式，將整個工作環境和工作氣氛作融合。但是廠長認爲：將不同教育程度的從業員工分開來訓練，可顯現不同能力的層次，易作分類，且在績效考核上較爲方便。可是總經理反駁廠長，認爲公司將員工分開來訓練，會引起低程度者的不滿和反對，而且此舉有違公平合理的精神。

有關員工教育訓練的問題，林董事長一直感到很苦惱，在聽取幹部們的意見後，仍不知如何解決這個問題。因此，他乃決定向專家請教後，再作一個決定。

討論問題

1.就學習的增強論而言，上述個案是否可達到訓練的效果？

2.你認爲員工分開訓練與混合訓練，各有何利弊？

3.假如你是公司的主事者，將如何解決個案中的問題？

第6章 人格

本章重點

人格的意義

人格的特質

人格的形成

人格的測量

人格與工作績效

個案研究：能力標準的評定

人格是個人行為的心理基礎之一。蓋人格特質是個人心理的最重要部分，為個人各項心理要素的綜合體，而左右著個人行為。一般而言，人格是個體行為的代表，個人行為的特性都透過人格而顯現出來。因此，人格乃為個人自我概念的延伸。吾人欲瞭解個人，就必須探討人格特質。本章將依次研討人格的意義、特質、形成，據以探討如何測量個人人格，進而瞭解與運用人格和工作績效的關係。

人格的意義

「人格」（personality）一詞，在日常生活中應用得很廣泛。吾人常聽說某人人格高尚，此種人格乃概指一個人的品格與道德而言。惟此處所指的人格，乃係心理學上的名詞，泛指一個人行為特質的表現。「人格」在字源上，是出自於拉丁語persona，含有二種意義：一是指舞台上戲子所戴的假面具而言，亦指一個人在人生舞台上所扮演的角色；一則指一個人眞正的自我，包括一個人的內在動機、情緒、習慣與思想等。人格可說是遺傳和學習經驗的結合，是一個人過去、現在與未來的總合。人格就是一個人說話、思考、感覺的方針，他所喜歡或討厭的事，他的能力和興趣，他的希望和慾望等的綜合。換言之，所謂人格是指個人所特有的行為方式。

近代心理學家分析「人格」一詞，相當分歧。精神分析學派、行為學派、社會心理學派、完形心理學派都各站在自己的立場，為「人格」下定註腳。不過可以肯定的是：人格是各派心理學的核心問題。一般言之，人格乃是個人在對人己、對事物各方面適應時，於其行為上所顯示的獨特個性；此種獨特個性，係由個人在其遺傳、環境、成熟、學習等因素交互作用下，表現於身心各方面的特質所組成，而該等特質又具有相當的統整性與持久性。上述界說，至少包括以下概念：

一、人格的獨特性

人格與個性的意義極爲近似，個性是屬於某一個人，所以具有獨特性。世界上絕對沒有兩個人的個性，完全相同。而個人的人格乃係個性加上人性，在遺傳、環境、成熟、學習等各個因素交互影響所形成，故絕難相同，以致在對人、對己、對事、對物等的適應行爲上，亦頗不一致。史泰納（R. Stagner）解釋：「人格是個人在環境中對自我的信心與期望，所表現的特有型態。」故人格開始於「自我察覺」，而以「自我」爲人格成熟發展的中心價值，而自我是各有差異的，每個人都有自己的「自我」。

二、人格的複雜性

人格係指個人在身心各方面行爲特質的綜合。人格猶如一個多面的立體，各面共同構成人格的各部分，但不相獨立。心理學家稱這些特質，爲人格特質。人格特質有些表現於外，有些則蘊藏於內。不管表現於外的意識行爲，或是蘊藏於內的潛意識行爲，都是人格心理學研究的對象。正因爲人格包含太多的特質，且在遺傳、環境、成熟、學習等因素的交互影響下發展，故而顯現相當的複雜性。

三、人格的統整性

構成個人人格的所有特質不是分立的，而是具有相當統整性的，亦即人格特質可視爲一完整的有機體。一個「自我」中心特強的人格，動機的追求必然以自我爲中心，而思想又何嘗不是以自己爲本位呢？完形心理學派（Gestalt Psychology）即認爲：「人格是一整體，不能拆散爲各個部分。」人格心理學家史泰納亦說：「眞正的生活是統一的個體，在日常生活中，人格是動機與認知所表現的高級統一過程。」因此，人格的特質是交互作用的，其表現爲人格理想時，是統一的、整體的。

四、人格的持久性

個人的人格一旦形成，在不同的時地，必然表現其一貫性。張三無論何時何地都表現他是張三，今天如此，明天亦如此，絕不可能變成李四。這就是人格的持久性之故。正如發展心理學家葛魯格（W. C. F. Krueger）所說：「前一階段的身心發展，必定支配次一階段的發展。以前的經驗都附於一個人持久的身心組織，形成一種統一的活動複體。此種活動，支配一切的心理現象。」因此，人格從動態方面來說，是生活的過程。人自出生，經嬰兒、兒童、青年，及至成年，人格適應是個人與環境交互影響，而形成的經過改造之歷程。換言之，人格是動態的，它會不斷地發展，不斷地成長。

總之：人格是個人行為的最重要部分，是個人各個心理要素的綜合體。通常人格就是個人行為的代表，個人行為的特性都是透過人而表現出來的。因此，人格乃為個人自我概念的延伸。吾人欲瞭解個人特性，就必須研討人格特質。

人格的特質

人格特質是個人構成因素的綜合表現。個人人格具有很多特質，心理學家試圖找出一些最基本的特質，惟迄無定論。根據希爾隔（Ernest R. Hilgard）和阿肯生（R. C. Atkinson）的分析，至少包括下列各項：

一、體格與生理特徵

個人的體格狀況與生理特徵，無疑是構成個人人格的一面。個人身材高矮、體力強弱、容貌美醜、生理缺陷與否，不但影響別人對自己的評價，也是構成自我概念或自我意識的主要因素。在人格心理學中，甚至有

一派專以體型的立論爲根據。典型的體型論者薛爾頓（W. H. Sheldon），依生理特徵將行爲特質，分爲三大類：

（一）內臟型（viscerotonia）：其人格特質是好逸惡勞、行動隨便、反應遲緩、善交際、寬於待人、遇事從容、好美食而消化功能良好。

（二）肌體型（somatonia）：其人格特質是體力強健、精力充沛、大膽而坦率、好權力、冒險、衝動好鬥。

（三）頭腦型（cerebrotonia）：其人格特質是思想周密、個性內向、行動謹慎、情緒緊張、反應靈敏、時常憂慮、患得患失、喜獨居，但處事熱心負責。

二、氣質

所謂氣質係指個人適應環境時，所表現的情緒性與社會性的行爲而言。氣質與「性情」「脾氣」甚爲接近，是個人全面性行爲的型態，多半爲與人交往時，在行爲上表露出來。如有人經常顯露歡愉，有人終日抑鬱沉悶；有人事事容忍，有人遇事攻擊。這些常見的行爲特質，即爲人格上氣質的特質。此類特性與個人的生理情況有關。一般氣質的類型，可分爲六種：

（一）正常型：此型的人都具有穩定的情緒，不產生激動和失常的行爲特質。

（二）自我中心型：極端自我中心的人傾向自私，希望不勞而獲。

（三）狂鬱型：這種人一會兒歡樂活躍，一會兒頹廢消沉。

（四）白日夢型：白日夢型的人喜歡幻想，逃避現實，多內向。

（五）過度猜疑型：該型的人富高度想像力，但偏向猜疑而悲愴，心中總盤旋著攻擊他人的念頭。

（六）狂熱型：有過於強烈的熱情，易表現激烈而瘋狂的行動。

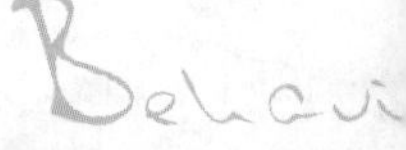

三、能力

「能力」一詞相當籠統，其所含意義主要有二：一係指個人到現在為止，實際所能為，或實際所能學者而言。二則含有可造就性，亦即潛力的意義；它不是指個人經學習後，對某些作業實際熟諳的程度；而是指將來如經學習或訓練，所可能達到的程度而言。因此，能力又包括性向與成就，它不但是構成個人人格的特質之一，且是一個最重要，同時又是最明顯的一個特質。個人具有某方面的能力，必力求表現；若缺乏能力，必加以迴避，以免挫折。心理學家歸納出的能力，大致有空間能力、數字能力、文字能力、語言能力、記憶能力、知覺能力、綜合能力、推理能力與運動能力等。

四、動機

動機是促動個人行為及引導其行為，朝某一目標進行的內在歷程。個人在適應環境中，由於動機的不同，常顯現出行為的差異。因此，動機亦為構成個人人格特質的一部分。動機強烈的人，會奮力向上，積極進取；而動機薄弱的人，可能懷憂喪志，自暴自棄。有關動機已於第三章討論過，今不再贅述。

五、興趣

興趣是指個人對事物的喜好程度。個人的興趣不同，對事物的選擇也不同。有些人興趣狹窄，有些人興趣廣泛。這些都形成個人的不同人格特質。個人對有興趣的事物，常趨之若鶩；對沒有興趣的事物，則退避三舍。通常個人對能引起其注意的活動或事物有顯著的差異。個人常將自己投入喜歡的活動中，喜歡跟性情相似、趣味相投的人在一起工作。因此，形成個人的職業興趣。

六、價值觀

一個人的價值觀與他的動機和興趣有關。凡是個人對之產生動機，或有興趣的事物，個人也就視之爲一種價值。換言之，能滿足個人動機與興趣的事物，即爲個人的價值。個人對事物的價值觀，與事物本身的客觀價值，並沒有必然的關係。例如，食物對已飽食者與飢餓者，必有不同的價值。因此，價值取決於個人的喜好與否。凡個人喜好者，必主動追求；而對不喜好者，則棄之如蔽屣。

七、社會態度

個人是社會團體的一份子，社會的一切在在都影響個人。個人在社會化的適應過程中，都有自己對社會事物的態度。如有些人保守，有些人激進。雖然社會性問題本身是客觀的，但個人對之而生的態度卻是分歧的。因此，社會態度是平常最易觀察到的一種人格特質。

八、品格

品格特質是屬於態度、學習和道德價值的範圍。它是個人爲適應特殊情況，而學習成的行爲。表面上，品格的特徵如誠實、認眞、耐心、慷慨等，不能看作特質；事實上，這些特徵都是一些價值判斷，可用來評判個人所表現的行爲和習慣。

九、病理上的傾向

人格上的病態比健康狀態容易察覺，變態的標準有助於正常人格的評斷。因此，病理上的傾向，亦可爲人格特質上的評判標準之一。

人格的形成

個人人格的表現，普遍存在著個別差異，研究人格的個別差異，必然牽涉到若干的生理及心理因素。此乃起因於個體自呱呱墜地後，個人與他人即發生社會依存關係，此時個人的人格即開始發展，直到成年期而形成個人堅固而統一的人格。因此，形成人格發展的因素，主要爲來自於遺傳、環境、成熟與學習等因素的交互影響。

一、遺傳

在體型論者的立論中，認爲個人的體格與生理特徵，爲構成人格上個別差異的主要原因。假如個人人格失去統整性與持久性，即構成所謂人格失常。根據研究顯示，凡是血緣關係愈接近者，精神分裂症的相關發病率愈高。換言之，遺傳因素與人格失常者之間有密切關係。另外與遺傳有密切關係的一項人格特質要素，要算是智力。個體智力的發展，固然受環境因素的影響頗大，但智力大部分係由遺傳因素所決定，此亦有實驗的證明。因此，遺傳殆爲形成人格的因素之一。

遺傳決定個人人格成長或發展的閾限，人格的成熟與發展都侷限於遺傳所限定的範圍內。根據這個範圍，個人再運用學習的歷程，在環境中形成其獨特人格。因此，不管個人人格如何成長，其最終仍脫不出遺傳所給予的限制。是故，遺傳因素實爲形成個人人格的基礎，任何人格的發展實無法脫出遺傳的軌跡。換言之，遺傳實爲決定個人人格的先決要素。

二、生理

生理因素的影響，係指個體生理功能對其人格發展的影響。在生理功能方面，以內分泌腺的功能對人格的影響最爲顯著。內分泌失常，對個體的外貌、體格、性情、智力都會發生影響，以致形成一個人的氣質。如甲狀腺分泌的甲狀腺素不足時，會阻礙身體的發育；甲狀腺分泌過分旺盛，則造成精神極度的緊張。其次，消化功能不良影響人格特質，大致有三種情況：

（一）消化過快的人，表示個人對客觀世界的不滿，以致引起報復性的安慰。

（二）消化過慢的人，表示此人對世界持觀望的態度。

（三）消化不良者，表示他對周圍事物長期憂慮的結果。

以上都說明不良的生理狀況與心理狀況的相互影響，進而造成人格的失常。

此外，生理的成熟性與人格的成熟性，亦相因相成。人格特質是具有相當統整性與持久性的，惟此種統整性與持久性是逐漸形成的。顯然地，孩童時代的人格是不完整的，人格必至成年始能完成。換言之，個體生理的成長與成熟，亦導致其行爲的發展。因此，人格的形成除了受個人生理各個階段的影響外，亦與個體的整體生理成長過程相生相成，及至成年始形成統整而堅固的個人人格特質。

三、環境

環境對人格發展的影響，大致有三方面：家庭、學校、社會文化。家庭方面主要爲個體嬰兒、幼兒時期。學校方面主要爲青少年期。社會文化方面主要爲成年期。當然，上述環境是一貫性的，而且多少有些交互影響。根據研究顯示：在家庭方面，育兒方式、親子關係與家庭氣氛、出生別與同胞關係，都影響個人人格的特質；諸如和諧的家庭氣氛，能形成子女有良好的社會適應力是。在學校方面，一般接受高等教育的人，其人格發展較爲健全，犯罪比率有顯著下降；其主要爲來自於教師人格的感化。至於社會文化不但影響人們衣、食、住、行等生活方式，更重要的是形成人們不同的觀念、思想與行動，社會文化包括的範圍極大，舉凡政治型態、經濟制度、學校教育、宗教信仰以及風俗習慣均屬之。因此，在社會文化中很多因素對人格的發展，都具有深遠的影響。

環境因素對人格發生明顯影響的例子很多，諸如在中、西的不同文化型態中，美國人進取，中國人勤儉，都說明在相同文化型態下的人，其人格上具有相當的共同特質。當然，這並不是說在相同社會文化下，所有人的人格特質都是相同的，此只是在說明一般的人格傾向而已。蓋個人人格特質的形成，係受各種因素之交互影響。此外，處於民主社會型態下生活的人們，通常都具有崇向自由色彩，要求獨立自主的開放性人格。至於生活在獨裁式家庭或社會環境中的人，比較傾向於服從，表情冷漠的封閉性人格。由此可見，人格的形成深受環境因素的影響。

四、學習

人格的形成除了受前述因素的影響外，亦受學習因素的影響。畢竟人格的發展是具有統整性、學習性與成長性的。換言之，人格的發展是不斷地學習而來，蓋學習是一種經驗成長的歷程。人格的成長有賴學習，以改善個體與環境的關係，來維持身心的平衡。比如個人的能力、動機、興趣、價值觀、社會態度等，很多都是個人在生活的歷程中經驗之累積。從適應環境的觀點而言，人格是個體對環境作有效地積極適應而形成，此種適應環境的歷程，即為學習。質言之，學習是基於本能與生存的需要而起，致使個人在求生存的過程中形成一定的人格。

若從社會的觀點言，人格是個體經過自我社會化而累積成的，此種自我社會化亦屬於學習。因此，在日常生活中，個人常憑藉學習而形成習慣，以適應生活，形成個人的一套獨特人格。當面臨新環境時，良好的人格特質足以適應之。換言之，學習態度積極的人，原有的生活經驗，可以有效學習新環境；而學習態度消極的人，則感到困難。如外在環境壓力加大，則形成環境與自我的衝突，容易造成人格的破碎。在成功滿意的學習過程中，人格中心的「自我」信念得到堅固的統一性。統一的人格是個人能在冷靜而理智的學習過程中，獲致新的經驗與學習，維持堅定的「自我」中心，實踐人生的理想。總之，人格的形成，部分是受到學習因素的影響。

人格的測量

人格是個人行為中習慣、特質、態度和興趣的綜合結果，也是個人的先天遺傳與後天調適的結果，心理學家稱之為「自我」或「內在的自我」。每個人都視自己的人格為珍貴的資產，它與「自尊」有直接關係。人格決定了個人的行動，採取何種看法和想法。個人對外在世界的反應就是受人格特質的影響，而人格特質就是個人行為的工具。別人對自己的想法，是取決於個人如何運用自己的人格。因此，要想瞭解個人行為，必須瞭解個人的人格特質。管理者欲做好管理工作，更應瞭解員工的人格以及個別差異，並找出行為的「內在」或「外在」原因，此有待運用測量方法測知，以為建立因事選人的人事標準。

人格測驗是近代心理科學的產物，它不僅測驗人格的個別特質，更在測得個人的整體人格結構。人格測量可經由科學的分析，找出若干測量的標準。不過，由於有關人格發展的理論很多，各家的理論根據不同，致其測量方法與重點表現有很大的差異。對於人格的測量，一方面可從個人過去發展的歷史中去瞭解，另方面也可依據現有的反應加以評價。惟有些心理學家認為：人格很難整理出統一的系統來，想要以科學的方法來研究人格是不可能的。甚而有人否認有所謂人格的存在，他們主張行為可依據刺激與反應的情況來加以解釋。然則有關人格特質的標準，仍為吾人研究心理學所要追求的。

當然，人格測量有甚多困難，其原因有二：

一、對人格構成的問題，各家迄未得到一致的看法；有的重視一般特質，有的重視特殊特質，以致測量內容未有一致的結論。

二、在人格測驗所表現的量數，到底是代表個人的內蘊特質，還是表面特質，向不能完全確知。因此，儘管目前人格測驗的應用已很普遍，但無論從效度或信度各方面來看，很難得到相當標準。

雖然如此，人員甄選有很多仍然採用人格測驗。所謂人格測驗（personality test），是在測量一個人行爲適應性的多種特質，包括：氣質、能力、動機、興趣、價值、情緒以及社會態度等。一般評定人格的方式很多，目前企業界用於甄選員工的，不外乎下列方法：

一、自陳法

所謂自陳法（self-report method），是指施測者要受測者對其自己的人格特質，依自己的意見加以描述，然後加以評鑑的方法。此種方法，通常多以文字測驗的方式行之，且屬團體的方式施測，這就是平常所指的人格量表（personality inventory），題目多採用是非法或選擇法的形式。常見的試題形式如下：

你的興趣極易轉變嗎？　　　是□否□無法確定□
你總是喜歡單獨做某件事嗎？是□否□無法確定□

上項每題都有三種可能的回答方式，由受測者按個人對自己的個性，加以選擇回答，然後由施測者評分，由量表上所得的分數，即可對個人人格獲得梗概的瞭解。不過，一個人格量表有時可以設計來測量人格中單一特質，例如，支配與順從（ascendance-submission）、內傾與外傾（introversion-extroversion）等是；有時也可以設計來測量整個的人格傾向，並用以辨別個人適應情形以及病態傾向。當一個人格測驗同時測量數個人格特質時，測量結果將得到數個分數，每個分數表示某一方面的特質，由數個分數的組合，則可得到個人人格特質的剖析圖（trait profile）。由此圖，即可概括看出個人人格的全貌。

目前自陳法人格測驗，最常見的有明尼蘇達多項人格測驗（Minesota Multiphasic Personality Inventory，簡稱MMPI）、愛德華個人偏好量表（Edwards Personal Preference Schedule，簡稱EPPS）、賽斯通性格測驗（Thurstone Temperament Schedule）、貝爾適應量表（Bell Adjustment Inventory）等，這些量表的編製頗受智力測驗的影響；惟在效度與信度等

各方面，遠較智力測驗爲差。考其原因乃爲：

（一）此種人格測驗很難找到適當的資料作爲效標，以同時建立效度；也無法確定將來應以哪些行爲作爲依據，來建立預測效度。因此，人格測驗多偏重於內容效度或構想效度。
（二）人格特質固然爲個人對環境的反應，但測驗所得的結果無法確定其代表性。
（三）人格測驗無確定的標準答案，文字又常帶有社會價值，使受測者有意做假而致測驗結果失實。

二、投射法

自陳法人格測驗很難測量到測驗題外的心理問題，故有些心理學家乃採用投射法。所謂投射法（projective method）人格測驗，乃是向受測者提供一些未經組織的刺激情境，讓受測者在不受限制的情境下，自由表達出他的反應，從而不知不覺地表露出人格特質。亦即在沒有控制的情況下，將個人的內在因素如動機、需要、態度、慾望、價值觀等，經由某些無組織的刺激投射出來，而表現在不經限制的反應上。投射法雖然編製某些投射測驗的圖畫、句子或故事等，但均由受測者依其所面對的無組織性刺激，而自由表示其反應。

目前最常見的投射測驗，有羅夏克墨漬測驗（Rorschach ink blot test）、主題統覺測驗（thematic apperception test）兩種。此種測驗的優點是不限制受測者的反應，可對個人人格獲得較完整的印象；且測驗本身不顯示任何目的，受測者不至於主動的防範而作虛僞的反應。然而投射測驗不容易評定結果，對受測者反應的解釋，幾乎要靠主觀的判斷；又它無法確定客觀的效度標準，僅能由受測者過去的背景中尋求一點可供參考的資料而已，故投射測驗的原理雖簡單，但實施起來很困難，需受過專門訓練的人才能使用。

三、情境法

人格測量的主要目的之一，是根據個人在已知情境中的反應，去預測他在另一類似情境中也將有類似的反應。情境法就是基於這種構想而設計的，由主試者設置一種情境，觀察受試者在情境中的反應，由此而判斷其人格的特質。此外，情境法常使受試者在情境中不期而然地遭遇一種挫折，以測驗其對挫折的忍受能力。

四、評定法

評定法是由主試者就受評者的某一項人格特質，按照預定的等級予以評定的方法。它與自陳法不同，後者係完全以受測者本人對試題所作的答案爲基礎，等於是自己評鑑自己。顯然地，評定法的價值常繫於兩個條件：第一，評定者必須具有觀察行爲的經驗，並需徹底地瞭解所指特質的含義與個別差異的情形；其次，評定者必須對受評者有相當的瞭解，不能單憑表面的印象，否則將難免發生以偏概全的現象，而導致評定結果的偏差。

人格與工作績效

人格既是個人行爲中習慣、特質、態度和興趣的綜合結果，也是個人的先天遺傳與後天調適的結果；則每個人都視自己的人格爲珍貴的資產，它與「自尊」有直接關係。人格決定了個人的行動，進而採取某種看法和想法。個人對外在世界的反應，就是受人格特質的影響，而人格特質就是個人行爲的工具。別人對自己的想法，是取決於個人如何運用自己的人格。因此，人格特質有時可用來預測與說明實際行爲與績效的關係。以下將就五項取向，說明人格與組織績效的關係：

一、控制焦點

所謂控制焦點（focus of control），是指個人自認爲能掌握命運的程度而言。有些人認爲自己可主宰命運，能控制命運，對命運的自主性較強，此稱之爲內控者（internals）。有些人自認爲無法掌握命運，凡事依仗命運的安排，認爲運氣和機會操弄了自己，此種聽天由命者稱之爲外控者（externals）。兩者的差異如表6-1。

表6-1 內控者與外控者的比較

向度＼類型	內控者	外控者
對命運的看法	自主性高，認爲自己可以掌握命運	自主性低，認爲環境主導自己的命運
對工作的態度	較投入，滿足感高	較難投入，對工作疏離
對人際關係的態度	充滿自信，易與人相處；但可能較持己見，而溝通不良	缺乏自信，較易妥協而聽命於他人
處理資訊能力	比較努力蒐集資訊，擅於利用資訊，常嫌資料不足	滿足於資訊的數量，不想蒐集更多資訊
動機與期望	動機較強，較能控制時間，並充分利用，常表現強烈的自我成就	動機較弱，不易表現自我成就
工作績效	若績效與報償成正比時，會表現較佳的工作績效	一般對工作績效的表現，常訴諸於組織與環境

根據研究顯示，外控者對工作較難投注，滿足感較低，工作疏離感較高；而內控者則相反。此乃因外控者自認爲對環境與組織運作的結果，無法控制之故。而內控者能面對情境，把組織的成果歸因於本身的行爲和努力。假如情境不能令人滿意，內控者只會責備自己而不會歸咎於他人；相反地，外控者卻一味地只責怪命運不好。

就工作績效本身而言，內控者與外控者之間的差異並不大。不過，內控者的績效有較高的傾向。這是因爲內控者較主動地去蒐集資料，有較高的成就意願，嘗試著去控制環境，這些特性可導致他表現良好的工作績效。惟這不能保證內控絕對是組織成員的理想性格，蓋組織存在著許多無法控制的外力。一個極度內控者常會高估自我控制環境的能力，容易導致行爲的僵化，而產生抗拒的心態，不易協調，反而造成不良的績效。

二、成就導向

成就導向（achievement orientation）是指個人追求責任、接受挑戰和自我實現的程度。一般而言，擁有較高成就導向的人，比較會努力工作，對工作總想以最佳的方式去完成。他們希望親身感受自己行爲成功或失敗的滋味，接受挑戰，力克困難。至於成就導向較低的人，則相反。

就高成就導向者而言，他們固然喜歡接受挑戰；惟組織應提供中等難度的工作，以激發他們的動機。若工作任務太簡易，常缺乏挑戰性，無法獲得完成任務的成就感。任務太困難時，成功的機會太小，同樣不具成就感；若僥倖成功，也會歸因於運氣好而非能力足。因此，高成就導向的人常逃避太難或太容易的工作任務。

假如某項工作具有中等難度，且員工的表現能迅速地得到回饋，並能自行控制工作結果，則高成就導向的員工將有較好的績效表現。由此觀之，成就導向的員工較適宜於從事挑戰性的工作，不適合從事生產線或文書性的工作。因此，吾人要評定員工是否爲高成就導向者，以預測他的工作績效時，尙必須配合任務挑戰性、回饋性和責任感等條件。

三、權威主義

權威主義（authoritarianism）是指個人追求特異地位和權力的心態，亦即個人認爲組織的各個權力地位具有差異存在的一組信念。一個採極度權威主義的人，具有僵化的行爲傾向，易於主觀評斷他人，表現媚上欺下的行爲，且不信任他人，抗拒變革。

當然，權威主義是相對性的，組織很少出現這種極端的情況。不過，當工作需要他人協助，且要求體認同事的感受，而情境又比較複雜多變時，高度權威性格者的工作績效表現較差。相反地，當工作相當結構化，規則型式簡單明瞭時，高度權威性格者的工作績效反而較佳。

四、權謀主義

權謀主義（machiavellianism）與權威主義雷同，係十六世紀義大利學者馬基維里（Niccolo Machiavelli）所闡揚的「霸權取得」與「權術操作」觀念衍生而來的。馬基維里主義傾向很高的人很獨斷，強調現實主義，抱持理性態度，維持冷漠情感，擁有「爲達目的，不擇手段」的觀點。

根據研究顯示，權謀主義較高的人喜歡玩弄權術，重視權利，喜歡控制他人，很少被人說服；權謀傾向較低的人，則相反。不過，在下列條件與情境下，權謀主義傾向者有極好的工作表現：

（一）當面對面互動機會較多時。
（二）當情境的規則與限制較少時。
（三）當情緒因素較少時。

此外，權謀主義傾向是否有助於工作績效，尚需考慮工作型態以及績效評估的道德含義。如果工作需要協商技巧，或依賴競爭成功來獲得獎勵時，權謀主義傾向較多者的工作績效較佳。相反地，若行爲有絕對標準，或採取手段不能達到目的，或上述三個情境因素不能配合時，就不容

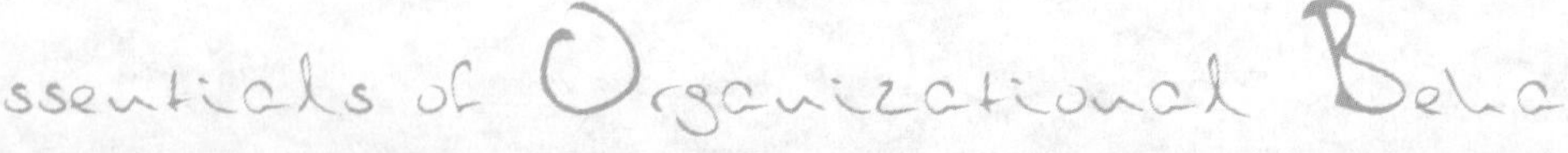

易預測權謀傾向較高者的工作績效與行爲表現。

五、冒險傾向

冒險傾向（risk taking orientation）係指決策者承擔風險的意願。此種承擔或規避風險的意願，將會影響到個人對時間知覺、訊息知覺的程度，因而影響其決策的快慢。一般而言，高冒險傾向的管理者比低冒險傾向者決策較爲迅速，所用訊息資料較少，反之則否。

就一般情況而言，組織的管理者多具有規避風險的傾向，惟這要依工作性質與個別差異而定。譬如對證券交易商而言，願意承擔風險者似乎有較佳的績效，因爲這種工作要求迅速決策。但此種人格特質對負責稽核工作的會計人員，反而是一項不利的因素；此乃因稽核工作必須小心翼翼，才不致出差錯，以致規避風險者反而有較佳的表現。

總之：人格特質會影響個人工作績效的表現。每項工作都需要有不同的人格特性，管理者在指派工作時，必須考慮工作性質與個別差異，才能作最佳的搭配。畢竟，每個人的意願不同，人格特質各有差異，只有徹底地瞭解個人人格特質與傾向，才能發揮他的才能，表現最佳的工作績效。

個案研究

能力標準的評定

天龍股份有限公司一向以人格傾向標準來評定員工的表現，公司對中層幹部在能力上的評定標準，如下：

專業知識：是否具有應用遂行職務上所需的理論性和實務性的知識。

判斷力：能否正確瞭解上級的指示或情況變化，且導出適當的結論，從而對突發事件加以應變處理。

規劃力：在遂行職務過程中，能否確實把握問題的重點，加以分析，並建立有效的辦法予以運用。

交涉力：爲完成職務，能否獲得對方竭誠地合作，並有效而適切地和公司內外交涉。

指導統御力：能否適切地指導培育下屬，並善予掌握下屬，領導其提昇團體成效。

同時，公司對上述評定分爲優秀、標準和不足等不同等級。下列即爲公司管理部門對三位中級主管人員所作的評定之例。

1.方建元被評爲「優秀」，其評語如下：

專業知識：能將高度知識充分活用於工作上。

判斷力：只作扼要說明，即能瞭解大部分，幾乎無誤判情形。

規劃力：簡單提示即能執行大部分計畫，並能研究改善。

交涉力：說服力佳，能使對方協力完成自己的意向。

指導統御力：能掌握下屬並指導之，領導效果相當可予期待。

2.歐日明被評爲「標準」，其說明如下：

專業知識：日常業務所需的知識均具備。

判斷力：對日常業務大致能有正確的理解和判斷。

規劃力：日常業務大致能按計畫執行，並加以研究改善。

交涉力：對日常業務大致能應付說明，記述或交涉。

指導統御力：能掌握下屬的培育，領導能力「普通」。

3.王明彬被評爲「不足」，其評語如下：

專業知識：稍感不足，今後仍需努力。

判斷力：很獨斷，偶出差錯。

規劃力：缺乏企劃力、創造力，仍宜訓練學習。

交涉力：欠缺說服力、交涉力，仍需訓練。

領導統御力：稍感不足，不能太期待其實績。

討論問題

1.你認爲上述評定是否正確？何故？

2.公司的評定標準，是否合理？

3.如果你是管理部經理，將如何評定？

4.如果你被評定爲標準或不足，將如何求再成長？

態度

第7章

本章重點

態度的性質

態度的結構

態度的功能

態度的測量

態度與工作績效

個案研究：不同的工作態度

態度是個體行為的心理基礎之一。蓋個人行為有取決於其態度者，而欲改變個人行為常需改變其態度。換言之，個人態度常決定其行為。固然，行為可能為個人動機、知覺、情緒、習得經驗與人格所左右；但行為是會改變的，行為的改變有賴學習與態度的改變。在組織行為上，員工動機與行為常因新的學習與新態度的形成，而有了新的作為。有關學習的心理基礎，已於第五章研討過；本章將繼續探討態度對行為的影響。

態度的性質

態度是屬於一種心理狀態，係個人對一切事物的主觀觀點，其形成受學習及經驗的影響。一個人的態度一旦形成，很難改變；個人亦習以為常，很難自我察覺到。無論態度是基於理性的與事實的；抑或基於個人的情緒與偏見，都同樣地影響個人行為。個人行為反應的指向，平時多取決於固定的態度，甚少基於健全理智的思考。由是態度常因人而異，以致形成對同一事物的看法，亦因人而有所不同。

依照菲希班（M. Fishbein）的看法，所謂態度是人類的一種學習傾向；基於這種傾向，個人對事物作反應，此種反應可為良好的反應，或為不良的反應。薛馬溫和萊特（J. M. Wright）更進而指出：態度是一種持久性的感情與評價反應系統，此種系統可反映出個人對事物的評價和看法。態度包括三個因素：感情或評價因素、認知或概念因素、行為或意欲因素。在狹義上，吾人將感情因素視為態度，本章即以此觀點為準。

根據梅義耳（N. R. F. Maier）的看法，態度是一種引起個人某種意見的先前傾向（predisposition）之心理狀態，亦即是一種影響個人意見、立場及行為的參考架構（frame of reference）。由是態度為意見的先決條件，欲改變一個人的意見，必先改變他的態度。態度必然影響意見，而意見則不一定影響態度。薩斯東（L. L. Thurstone）則認為：意見是態度的表現。

然則態度與意見有何不同呢？意見是指個人對某項論題及人物所下

的判斷與觀點的表現。態度既是一種心理狀態，乃屬於一種概括性的主觀觀點，比較具有普遍性，如喜歡或厭惡某項事物是。而意見則為對某項特殊事件所持主觀的特殊解釋，比較具有特定性，如上級對獎勵的不公是。易言之，態度是一種較為廣泛的傾向，指的是個人對所有事物及概念的看法；意見則指個人對較特定事物及概念的看法。

就基本行為的序列而言，意見是受態度的影響。蓋個人是依據一己的態度，對外在事物加以不同的解釋。例如，公司加強工廠安全規則的執行，在抱持不友善態度的員工來看，可能認為是廠方故意找麻煩；而在抱持友善態度的員工看來，則認為這完全是為員工安全著想，而全力支持。因此，欲改變個人的意見，必先改變其態度。

意見既為目睹事物的主觀解釋，則影響意見者，不僅為主觀的態度，同時亦受客觀事實的影響。只是對客觀事實的解釋，向有賴態度的決定而已。因此，意見雖不能直接形成態度，但有時可反應出態度，從而可從意見中探知態度。

此外，有人認為態度和價值有某種程度的一致性。有人則持相反看法，認為價值和態度的形式往往不合乎邏輯。事實上，態度和價值都是人對事物的認知。一般而言，價值是基本的、廣泛的認知；態度則比較直接，為對特定事物的好惡。態度屬於意識的範圍，是可以表達出來的。價值所涉及的範圍比較廣泛，也比較深入，而且包括較多潛意識的因素。如對公正、貞操……等問題的深入認知，通常都視為價值觀點。吾人可把價值視為一組普遍的、基本的態度，這些態度不一定存在於意識界。個人原始的普遍信念，就是價值。因此，價值是一組不變的信念，也是深入的科學信仰。

態度雖然很難改變，但亦非一成不變的。例如，抽煙行為源於對吸煙的喜好態度，但根據科學研究結果顯示：抽煙可能造成癌症，則個人可能減少抽煙，甚或禁絕，以求合乎身體健康的原則。換言之，改變個人行為也可以改變態度，行為固然會漸漸符合態度，而態度也會逐漸符合行為。此即說明了態度與行為之間，有重大的關係。在組織行為上，員工對工作的態度，即影響其工作行為。凡是他喜歡的工作，努力的可能性就會

提高；反之，他不喜歡的工作，其努力的程度就可能降低。

態度的結構

態度既是個人對事物主觀的觀點，也是一種對某事物的持續特殊感受或行爲傾向，其主要源自於學習與經驗。當個人從經驗中獲得態度，如果此種態度受到增強，則會繼續維持下去。態度的獲得，不外乎：

一、對事物的直接經驗，即態度的發展可能是由態度對事物的獎懲經驗而來。

二、由於對事物的聯想，即個人對某事物的態度，可能是由對另一事物的態度聯想而來。

三、學習自於他人，亦即態度的發展可能由他人對事物的描述而來。

一般而言，態度的獲得來自親身體驗者，比得自聯想或別人者更不易改變。不過，來自親身體驗以外的態度，如果是相互增強態度或價值的一部分時，也是相當穩定而不容易改變的。

當個人的態度一旦形成，很不容易改變，而形成個人習慣，以致常影響其對任何事物的決策。因此，組織行爲學家很重視態度的研究，認爲工作態度決定了員工是否努力工作，進而影響工作行爲。然則，態度是如何組成的？一般心理學家都認爲態度具有三種成分，這三種成分具有三種不同而有關的心理傾向，此三種傾向即爲情感的、認知的以及行爲的成分。

一、情感成分

是指個人對某種事物情緒上的感受，包括喜歡或不喜歡該事物。情感在強度上有所不同，可以由弱至強。情感成分可從生理指標上測量，如瞳孔的放大、眨眼、心跳快慢、血壓高低……等，都可測量出情緒的好壞；當然，情感成分也可從個人的語文陳述上看出，如喜歡或不喜歡、愉快或不愉快等是。

二、認知成分

是指個人對事物或情境的知識、信念、價值觀、意象或訊息。不管個人的信念、價值觀或訊息是否正確，這些認知都是個人態度的一部分。

三、行為成分

是指個人對某種事物產生的特定行爲傾向，這可由個人直接面臨情境或事物時，所採取的反應推測之；亦可由個人語文陳述或談話中得知。

當然，以上三種態度成分，只有態度的行爲成分，比較容易爲觀察者所能直接察覺到。至於別人好惡的感覺，只能從面部表情、語文陳述與進退舉止之中去推測。個人的認知也不能直接觀察到，只能用談話或問卷來推測。不過，嚴格地說來，個人的情感與認知成分是可以由態度的行爲來推測。因爲，這三種成分之間有一致性的存在，尤其是在情感與認知元素之間，更是如此。通常個人對事物具有良好情感，連帶地會相信該事物對自己有好處，使自己得到想要的或珍貴的事物，以及避開不想要的事物。相反地，個人對某事物有不良的情感，常連帶地相信該事物會阻撓其想得到的事物。

此外，當個人態度的三種成分頗爲一致時，則態度較爲穩定而不易改變。更有進者，態度會和其他態度或價值觀聯結在一起，成爲一種複雜且彼此相互增強的組合。例如，個人對公司的不良態度，可能聯想到該公司的不良信譽、不良生產品質、不喜歡該公司，或產生對公司的厭惡，甚而對公司的產品也有不信任感。此種態度無形中變成相互關聯系統中的一部分；而且非常穩固，難以改變。

再者，態度與態度間是相互獨立的，但構成態度的每個成分間卻是相互關聯的。例如，個人對音樂的認知，都與個人對娛樂或放鬆心情的認知有關，所以在個人的整個態度系統裡，同種態度間會形成一個態度群。依據態度結構論的說法，認為：

一、態度成分的各個單元之間是相互調和的，而不是相互衝突的。
二、各個態度成分間，如情感、認知和行動傾向，是相互調和的。
三、同一種態度群內的各個態度，是相互協調一致的。

當然，要態度成分的各個單元之間，百分之百的和諧一致是不太可能的；但至少構成認知因素的各個單元之間，必須相互調和。基於這種說法，一個抽煙的人不太可能相信抽煙會得癌症。因為「我抽煙」與「抽煙會得癌症」兩個認知單元，是互不相容的。另外，個人的情感、認知、行動傾向等三個成分之間，也是要一致的。假如個人喜歡新產品，且認為新產品優於舊產品，但卻同時對舊產品保持高度的品牌忠實性，是不太可能的。最後，組成態度群的每個態度之間也要相互調和。例如，一位教授絕不會投票給工人團體推舉出來的候選人，除非那位教授是勞工問題專家、勞工的同情者或與那位候選人是好朋友。

雖然各種態度間必須是協調一致的，但有時也會不一致。其原因甚多：

一、人性是反覆無常的，且人類的心思有其極限；由於個人常面對決策情境，且利用殘缺不全的證據去求取結論，以致常做出片面的決策，並產生不一致的行為。
二、態度強度的不同，而造成態度的不一致。
三、人類有時受情緒的影響，而難免有相互矛盾的現象。
四、人們有尋求變異及追求新經驗的傾向，在學習時喜歡翻新，以滿足新奇性。是故，態度的不一致乃為理所當然的現象。

態度的功能

個人之所以會保持某種態度，是有原因的，即態度對他有某些功能。根據態度功能論的說法，態度具有四種功能：

一、知識功能

態度可以幫助個人將個人的知識、經驗與信念組織起來，而提供一種確切穩定的標準或參考架構，使個人將雜亂無章的所見所聞，變得確切而穩當。例如，刻板印象就是一種態度，它賦予各群體不同的特性或特質，而將紛亂的經驗組織起來。

當個人發現原來具有知識功能的態度，不能說明其所接觸到的現象，或無法賦予該現象以意義時，則態度會發生改變。其實，當環境改變或新訊息輸入，以致個人無法運用現有知識來解釋時，個人的態度也會發生改變，以便能夠說明更多的訊息。當然，個人也許會儘量避免接觸到新的訊息，以避免產生衝突。

二、工具功能

態度的形成，可能是因爲態度本身，或是態度所針對的事物，可以幫助個人得到獎賞或逃避懲罰，此即爲態度的工具性功能。在某些情況下，態度是達成目的的手段。例如，一個人對老闆採取不好的態度時，他的工作夥伴會支持他、讚美他、同情他；但他對老闆的態度很好時，則工作夥伴會排斥他。於是，他對老闆會採取不好的態度。因爲此種態度使他爲人所接受，得到讚賞，而避免被排斥。

此外，在別的情況下，事物本身是達成目的的手段，此時態度就是由該事物及其後果之聯想而來。例如，汽車推銷員對藍領工人產生良好的態度，因爲他很容易把汽車推銷給他們；但對醫生則沒有好感，因爲後者總喜歡討價還價，不易推銷。因此，他將成功、利潤和藍領工人聯想在一

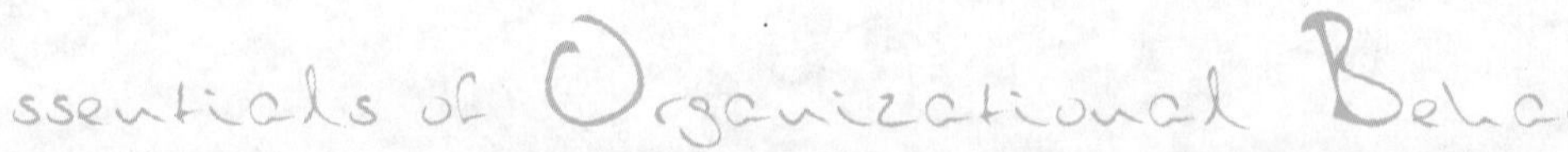

起；而把失敗、困難和醫生聯想在一起，自然對他們產生了不同的態度。

通常工具性態度的改變，是由於它無法滿足個人的需求，或其他態度能滿足個人的需求，或由於個人的抱負水準改變了。例如，當目前的工作無法滿足員工的需求時，他將主動尋求新工作，希望從新工作中得到需求的滿足。否則，他只有降低工作要求水準，並發生態度上的改變，以滿足自已的需求。

三、價值顯示功能

態度也可以直接顯示個人的中心價值和自我意象。例如，一個具有自由觀念的人，對組織的分權、彈性的工作時間，以及放寬衣著標準等，會表現出良好的態度。又如一個女權運動者，可能對傳統家庭婦女角色、服從男性，以及黃色笑話等，表現出厭惡的態度。凡此都分別顯示出個人中心價值來。因此，態度實具有顯示價值的功能。

在組織行爲上，具有價值顯示功能的態度也會發生改變。一般而言，員工會努力工作，可說是自我表現的重要部分。因此，管理者必須設法使其工作態度，直接和價值顯示功能配合起來，才會使員工發揮最大的工作潛能。蓋當個人對自己的自我概念不滿意或想追求更佳的自我概念時，則這種價值顯示的態度才會顯現出來。是故，工作必須能滿足員工的自我概念，且符合個人的自我看法，個人才會對工作的態度變佳。

四、自我防衛功能

態度可以保護個人的自我，以免受到不愉快或威脅性的刺激所傷害。當個人收受到威脅性的訊息，會產生焦慮感；而培養某種態度可以曲解或避免收受到這種訊息，則焦慮感自無從產生。一個沒有能力的醫生，可能會發展出一種態度，認爲護士訓練太差、缺乏工作動機、漠視病人權益，以求保護自我，滿足自己的優越感。一位主管可能視工作爲一種精神寄託，而企圖避開個人的負債累累，家庭負擔太重等壓力，以保持完整的自尊。凡此都是自我防衛的態度。

具有自我防衛功能的態度，通常比較不易改變。此種功能態度的改變，一般需由臨床心理學家來進行，一般主管人員幾乎沒有能力參與。蓋此種態度是自我防衛作用的結果。對組織來說，自我防衛態度的重要性，並不在於態度的改變；而是應避免利用管理或其他手法引發這種防衛功能，以免使管理工作喪失效力。

總之：態度是具有多種功能的。組織管理者必須瞭解它的功能，從而運用其功能，以改變員工的態度，進而達成組織管理的目標。

態度的測量

態度是員工對群體或組織滿足程度的一種指標，組織欲瞭解員工滿足感與其對組織目標效力的意願，惟有實施態度調查。態度雖然不能用秤去秤或用尺去量，但可用心理科學方法去調查，然後加以測量。桑代克曾說：任何存在的東西都有數量，有數量就可測量。祇不過態度比較抽象而已。惟科學方法即在找出適當的、直接的測量方法，以統計分析力求數量化、客觀化。態度調查的目的，即在瞭解員工對組織、工作環境以及上司、同仁的態度，提供管理者作爲重要參考。通常測量態度的方法很多，最主要的有下列幾種：

一、態度量表法

典型的態度量表法（attitude scale）是擬定若干陳述語句組成問題，徵詢員工個別意見，然後集合多數人的意見，可以反映出一般員工的態度。一個母體或組織員工態度分數的平均值，即代表該團體或組織員工對事物所持態度的強弱。儘管態度量表編製的方法不一，然其所要完成的目

標並無二致，該量表大致上可分爲三種：

(一) 薩斯東量表

薩斯東量表（Thurstone Type）是在一九二九年由薩斯東等（L. L. Thurstone & E. J. Chave）所發展出來的。先由主事者撰寫有關事物的若干題目，這些題目代表員工對組織的不同觀點，從最好的觀點到最壞的觀點依次排列，並以量價（scale value）表示之，此種量價事先必須加以評審訂定。在實際進行員工士氣調查時，不要將已選定的句子依一定的次序排列，而將好壞摻雜；且不可註上量價，由員工自行圈定個人自認爲適當的句子，以表達自己對組織的態度。最後由主事者將全體員工所圈定的句子，計算出量價的平均數，即爲該組織員工態度。

今以工業心理學家白根（H. B. Bergen）所編的量表之一部分爲例：

語句	量價
1.（ ）我自覺是組織一份子。	9.72
2.（ ）我深切瞭解我與主管之間的立場。	7.00
3.（ ）我認爲改進工作方法的訓練應普遍實施。	4.72
4.（ ）我不知道如何與主管相處。	2.77
5.（ ）組織給付員工的待遇少得使人無可留戀。	0.80

顯然地，員工圈選1、2、3題句子的量價之平均值，要高於圈選3、4、5題；此表示前者的態度要優於後者。因此，組織可根據該量表所測得的結果，作爲改進員工態度的參考。

(二) 李克量表

李克態度量表（Likert Type）是由李克（R. A. Likert）所發展出來的，它比薩斯東量表簡單，敘述語句中不用消極性的語句；同時事前不用評審，只列出不同程度的答案，例如：

美國應該在世界上保持最大的軍事優勢

絕對贊成	贊成	不能決定	不贊成	絕對不贊成
( )	( )	( )	( )	( )

該量表有五種答案，由絕對贊成給五分，到絕對不贊成給一分。量表全部有二十五句，每一句的計分方法相同，其總分即爲個人對該事物態度的分數。

(三) 語意差別量表

語意差別量表（semantic difference scale），通常是由許多意義相反的形容詞組合起來，且賦予不同程度的幾個數值，這些數值可顯示員工的態度。例如：

這項工作的趣味性如何？

生動的___；___；___；___；___；乏味的

在使用這種量表時，每個員工依照個人對事物的看法，在量表上打勾；量表值由5至1，表示個人態度的不同，然後將這些量表值加起來，即爲員工的態度分數。由於此種量表測量結果，和前面兩種量表相關性高，且較爲簡單。目前許多專家均採用這種方法來測量員工的態度。

一般而言，李克量表比薩東斯量表：

1.可靠、信度較高。
2.作答速度快，計分快。
3.效度與薩東斯量表相等，或較高。
4.不含「態度差」的句子，但可看出個人的不良態度。

二、問卷調查法

態度量表可以測量一個人對組織的態度，以及全體員工的工作精神，但無法找到造成不良態度的具體原因。因此，用問卷調查法（questionnaires）列出有關工作環境、公司政策、薪資收入等特殊問題，可徵詢出員工的意見，此種方法稱之為意見調查（opinion survey）或問卷調查。以下是米賽（K. F. Misa）設計有關員工的態度問卷，如下：

(一) 對上司的態度方面

1.你的上司是否關心你及你的問題？
是 □ 否 □ 無法說 □
2.你的上司對你的工作是否瞭解？
是 □ 不知道 □ 否 □
3.你的上司是否稱讚你的工作？
常常 □ 有時 □ 很少 □
4.你的上司與同一單位的人是否相處融洽？
是 □ 否 □ 無法說 □
5.你的上司和顏悅色規勸你嗎？
是 □ 有時 □ 否 □
6.你的上司即時注意你的不高興嗎？
是 □ 否 □ 無法說 □
7.你對你的直屬上司印象如何？
很友善 □ 平常 □ 不友善 □

(二) 對公司的態度方面

1.你覺得你服務的公司與其他公司相比如何？
非常好 □ 差不多 □ 不太好 □ 不知道 □
2.你的公司對員工利益照顧的情形如何？
非常照顧 □ 差不多 □ 不太照顧 □ 無意見 □
3.你曾否建議你的朋友也加入本公司工作？
是 □ 否 □
4.你覺得你在公司的前途如何？
很好 □ 平常 □ 不太好 □ 不知道 □
5.你是否充分瞭解公司的各項措施？
充分瞭解 □ 還可以 □ 不瞭解 □ 無意見 □
6.你是否充分瞭解公司高階層的各項重要決策？
是 □ 有時 □ 否 □
7.你覺得你在公司裡的發展機會如何？
比其他公司好 □ 差不多 □ 比其他公司少 □ 不知道 □

(三) 對收入的態度方面

1.你的收入與其他公司職位相同的人比，你覺得如何？
多 □ 一樣 □ 少 □ 不知道 □
2.你公司的薪水政策與其他公司比較，你覺得如何？
非常好 □ 很好 □ 平常 □ 稍差 □ 不知道 □

此外，可在問卷備註說明：「如果你有其他寶貴意見，請寫在以下各欄內」等字樣。該項建議常可反應一些態度，提供管理階層的參考。

三、主題分析法

主題分析法（theme analysis）爲美國通用公司（General Motors Corporation）員工研究組（employee research section）所倡導的。該公司以「我的工作——爲何我喜歡它」爲題，向全體員工徵集論文，除了審查作品給予優良作品獎金外，並從應徵作品中依據幾項主題分類整理出員工意見。

在徵集函件中，雖然反映的多爲對公司的積極建議，但對函件中普遍未提及的事項亦加以注意。經過嚴密的統計分析，將第四十八工作單位的員工對各項主題反應的態度，與公司全體員工平均態度加以比較，其所得結果如下表（請參閱**表7-1**）。

如**表7-1**，數字表示員工對各主題滿意程度的等第。由**表7-1**可看出：第四十八單位員工對前六項主題的態度，與全體員工的看法完全一致；而對以後各項的看法，則稍有差異。例如，晉升機會在全體員工中列十四等第，而第四十八單位員工的態度中則列爲第八等第，此表示第四十八單位員工升級的機會比其他單位爲佳。相反地，醫療服務在全體員工中列第十五等第，而第四十八單位員工中卻列爲第二十三等，此即表示該單位所受醫療服務較其他單位爲差。

主題分析法是由員工自行陳述，可從受測者獲得較多的情報資料，其與前述兩種方法由主測者編撰題目比較，在範圍上較不受限制。同時，主題分析法將各單位對各項主題的態度，與全體員工的態度加以比較，可看出各單位的優點與缺點，以便作爲管理上改進的依據。惟該法結果的整理較爲複雜困難，一般較少採用。

表7-1 美國通用公司我的工作主題分析表

主題	全體員工對各主題滿意度	第四十八單位員工對各主題滿意度
1.監督	1	1
2.助理	2	2
3.工資	3	3
4.工作方式	4	4
5.公司榮譽	5	5
6.管理	6	6
7.保險	7	9
8.產品榮譽	8	11
9.工資利益	9	13
10.公司穩定	10	12
11.安定	11	16
12.安全	12	10
13.教育訓練	13	7
14.升級機會	14	8
15.醫療服務	15	23
16.合作工作	16	14
17.工具設備	17	17
18.假期獎金	18	20
19.清潔	19	24
20.職位榮譽	20	15

四、晤談法

晤談法（interview）是面對面地查詢員工態度的方法。該項面談最好請組織以外的專家或大專學者主持，並保證面談結果不作人事處理上的參考；且予以絕對保密，以鼓勵員工知無不言，言無不盡。通常晤談又可分爲有組織的晤談與無組織的晤談。

有組織的晤談是事前擬定所要徵詢的問題，以「是」或「否」的方式來回答，有時可稍加言語補充，也可說是一種口頭的問卷調查。無組織的晤談不擇定任何形式的問題，只就一般性問題，誘導員工儘量表達個人意見。有組織的晤談可迅速掌握員工態度的一般傾向，惟兩者的花費太大，不如一般問卷的經濟；且無組織的晤談易使主事者加入主觀的評等，很難得到適中公允的標準。

此外，組織亦可利用員工離職時舉行面談，稱之爲離職晤談（exit interview）。該法徵詢離職員工，較能取得中肯的意見，充分地反映員工不滿與離職原因；蓋離職員工顧忌較少，可暢所欲言，作爲組織改進的參考。但離職員工亦可能夾雜私人恩怨，表達個人的偏見，需愼重加以判斷。

態度與工作績效

員工個人的態度，常會影響其工作行爲。任何在組織內工作的人，都很快地就會發展出一套工作態度，此種滿意或不滿意的態度會直接影響到他的生產力。例如，快樂的員工比不快樂的員工，更有效率，具創新性、細心，更能獻身於工作。同時，員工的滿足感，是維持低缺勤率與流動率的關鍵性因素。

就態度與滿足感的關係言，一般評量員工的態度都以滿足感來表示。如果員工具有滿足感，吾人認爲員工具有良好的工作態度；相反地，如果員工不具滿足感，就會被評量爲不具有良好的工作態度。因此，態度常以滿足程度爲指標。工作滿足感和其他態度一樣，是由情感、認知與行爲元素所組成的。有關工作特性包括：公司政策、督導、同事間關係、工作安全、薪資、工作條件、地位、成就、賞識、升遷、責任、專業與個人成長機會，以及工作本質等都會影響個人滿足感。

此外，員工個人在組織階層內的職位和工作滿足感也有很大的關係：

一、管理人員比非管理人員有更大的滿足感。

二、高層管理人員比低層管理人員更感到滿足。

三、白領工人比藍領工人更容易滿足。

再者，當個人在組織階層往上爬時，他的工作將愈來愈有趣味，而具有挑戰性，薪水高，同時可得到適當資源的供應。因此，對個人的職務就愈感到滿足。以上都是組織特性對滿足感的影響。

當員工在組織內愈感滿足，就會愈投入工作。所謂工作投入（job involvement），就是測量個人對其工作的認同、主動參與，以及自認爲工作績效對自我價值重要性的程度。但組織行爲學家認爲員工若有較高的工作投入，就可提高生產力，對工作滿足而少有離職的現象。

又個人有工作滿足感，會對組織作承諾。所謂組織承諾（organizational commitment），是指個人對組織的忠誠、認同和投入的程度。一個具有較高承諾的人，認爲自己和組織是一體的，工作績效較高，離職率較低；相對地，對組織有較低度承諾的人，其行爲恰好相反。

綜觀上述，當吾人討論工作態度及其對行爲的影響時，就是指人們對工作和組織的正負向評價。工作滿足只是組織最常測量的態度，近來組織行爲研究很重視工作投入和組織承諾的觀念。測量這些態度的目的，是爲了預測人類行爲，諸如：缺勤率、離職率與生產力等的高低。

根據傳統研究，認爲員工滿足感和缺勤率具有負相關，亦即員工在工作上表現愈滿足，其缺勤率愈低。相反地，若員工在工作上無法獲得滿足，或感到不快樂時，個人會逃避或拖延工作，缺勤率較高。惟最近研究發現：工作滿足感與缺勤率無絕對的關係。因此，認爲以工作投入和組織承諾的觀點，來預測員工行爲較爲正確。

再就滿足感和流動率的關係看，工作滿足感低的員工，其離職的機會較大；相反地，工作滿足感高的員工，其離職率較小。因此，工作不滿足和高流動性是有連帶關係的。早期的研究即證實員工的滿足感和離職率具有負性相關。目前的研究大多也支持這個論點。當然，此種論點也受到

個別差異的影響。隨著個人的職業觀念、年齡、性別、教育程度的不同，其間關係也有相當的差異。

最後，就滿足感和生產力的關係言，浩桑研究的結論，是員工對工作感到滿足，生產力較高。因此，只要改善組織士氣，就可提高生產力。但到目前為止，個人的態度是否影響他的工作生產力，在許多研究中並未獲得一致的結論。固然有些研究指出：滿足感和工作績效有正性相關，但相關性很低，然許多研究則顯示其間關係並不很明顯。甚至於認為增加員工滿足感、歸屬感或組織承諾，並不能導致較高的生產量。

總之：員工態度和滿足感有相當的關係，且滿足感是態度良好與否的指標。惟滿足感對績效的關係，是相互影響的。有些研究發現績效可以影響滿足感，而滿足感也左右了績效表現。其間關係常受到職業、組織階層、激勵系統以及技術水準的影響。因此，隨著狀況的不同，滿足感與績效間的關係，可能是正相關、負相關、或完全沒有相關。此則有賴於組織管理者管理技巧的運用。

個案研究

不同的工作態度

王友誠、陳瑞文、林文彬是大學時代的同班同學。在學生時代，王友誠的學業成績最好，可說是班上的佼佼者。陳瑞文和林文彬常向王友誠請教課堂上的問題，三人的友誼非常深厚，故而相約應徵到同一家公司服務。

此時，剛好有一家頗具規模的電子外銷公司要招考職員，三人同去報考。幸運地，三人同時被錄取了，而錄取成績又以王友誠最高。巧的是，三人同時被安排到秦主任的部門上班。

當三人在公司工作了八個月後，累積了不少工作經驗，表現甚為優異。依規定，公司每半年作一次績效考核。當成績公布後，以林文彬最高，王友誠最低，眞是出乎意料之外。有位資深幹部深表不解地請教秦主任。

資深幹部：秦主任，對這次三人的考績評分，我有點疑惑。他們同是大學畢業，對新知識都頗能接受，理解力也很強，且從不缺席、不遲到、不早退，按理說三人的績效評核應該是一致的，怎會有這麼大的差距呢？況且王友誠的錄取成績最高，在校成績也最好，理應王友誠的考核最高才是，可是結果卻非如此。

秦主任：不錯，他們三人的表現都很好，但是在校成績和錄取分數並不能作為評核的標準。剛好我有件事要他們三人去處理，你只要看看結果，就會明瞭。

於是，秦主任把三人找了來，說：「有三批貨後天要出口，你們三人分別去看一下貨裝好了沒有，回來後把出口報關的資料整理好，以備後天使用。」

一個小時後，王友誠回來了，馬上開始著手整理所需的資料。

過了五分鐘，陳瑞文回來了，就到秦主任的辦公室報告這批貨已經裝好了，即回去整理資料。又過了十分鐘，林文彬到秦望任辦公室報告貨已經裝好，並把一些需注意的細節及問題作了詳細的說明，使秦主任對這批貨有了詳盡的瞭解。

隨後，秦主任對這位資深幹部說：「現在結果你都看到了，你對我的評核不知還有什麼高見否？」

討論問題

1.你認爲秦主任對三人不同的評核標準是什麼？

2.上述評核結果是否會影響三人的工作態度？

3.如果你是秦主任，應怎麼做才是最適當的？

挫折肆應

第8章

本章重點

挫折的涵義

心理衝突

挫折的反應

個人順應

管理措施

個案研究：我們一向這麼辦

個體行爲乃是由動機、知覺、學習、人格和態度等基本元素所構成的，然而個人在追求自我目標的過程中，都難免會遇到挫折。此種挫折可能是在追求目標的過程中，直接受到阻礙的狀況；也可能來自於自我心理衝突的狀況。不管挫折的來源爲何，它隨時隨地都會影響個人的行爲表現，進而影響組織的整體表現。因此，吾人在研究組織行爲時，必須重視員工的挫折行爲，以免其影響到組織的績效。本章首先將探討何謂挫折，同時探求影響挫折的心理衝突，然後據以窺知挫折所可能引發的一些行爲反應，依此而瞭解個人應如何順應挫折，以及組織應如何採取適宜的管理措施。

挫折的涵義

個人不論在日常生活中或在工作上，隨時都可能遇到挫折。所謂「人生不如意事，十之八九」，可見挫折隨處可生。此乃人類都有慾望，而此種慾望並不是隨時隨地都可滿足的。在此種情況下，自容易產生挫折。不過，挫折（frustration）一詞含有兩種意義：一爲指阻礙個體動機性活動的情況而言；另一則指個體動機受阻後，所產生的情緒擾亂狀態而言。前者實爲刺激情境，後者則屬個體反應。此處所指乃爲個體從事有目的的活動時，在環境中受到障礙或干擾，致使動機不能獲致滿足的刺激情境與行動反應而言。

人類的一般活動，大部分是依循例行常規而進行的。當個體爲了謀求某種目標而受到阻礙，終至無能應付，以致使其動機不能獲得滿足的情緒狀態，即稱之爲挫折。美國心理學家羅山茨維格（Saul Rosenzweig）說：「當有機體在尋求需要的滿足過程中，若遇到一些難以克服的妨礙時，就產生了挫折。」故挫折行爲乃來自於挫折情境。大致言之，挫折情境可分爲兩大類：一是屬於外在的因素，來自於自然環境或社會環境的限制；一則屬於內在的因素，起自於個人能力及其他條件的限制，或由於個人動機的衝突。

所謂自然環境的限制，乃是空間或時間上的限制，致使個體動機不能獲致滿足。而社會環境係指個人在社會生活中，所遭受到的人為因素之限制而言。其中包括一切政治的、經濟的、種族的、宗教的、家庭的以及一切風俗習慣的影響在內，如初生嬰兒不能自求飽食，必須依賴成人的照顧，一旦成人予以延宕，即造成嬰兒的挫折行為。

此外，個人的內在因素，也是造成挫折行為的原因。如個人的能力、容貌、生理缺陷，都使得自己所欲追求的目的不能達到。這些主要係來自於自我的心理衝突，衝突是挫折的特殊類型，將在下節討論之。

挫折有時可引導個人產生創造性的變遷，增進解決問題的能力，以更好的方法滿足自己的慾望。但有時挫折太大，會引起心理上的痛苦、情緒上的騷擾、行為上的偏差，甚而導致身心上的疾病。因此，個人對挫折的認知方法不同，其心理感受亦有很大的差異。是故，挫折實為一種主觀的感受，對某人來說是一種挫折情境，對另一個人也許並不構成挫折，此即牽涉到挫折忍受力的問題，將於後續討論之。

心理衝突

衝突是造成挫折的原因之一。個體在有目的的活動中，常因多目標而有兩個或兩個以上的動機，若這些動機無法同時滿足，甚或互相排斥，就會產生衝突的心理現象，此即稱為心理衝突（mental conflict）。衝突在近代人格心理學上是個很重要的概念，嚴重的衝突為人格異常與心理疾病的最重要原因。它可能混淆、遲延、疲勞一個人的身心，迫使個人做出許多適應不良的反應。換言之，衝突是由於相互矛盾的反應，互為競爭的結果。它乃為挫折行為的主要來源。當然，衝突不一定會形成挫折，而挫折也不一定會造成衝突；但彼此可能互為因果。

一般而言，所謂心理衝突乃指個人內心有兩個或兩個以上互相阻礙的動機或需求而言，此不僅出自於目標的差異，也可能源自於不同任務或角色的差異所造成的。這些差異所形成的衝突狀況，至少有下列三種主要

情況：

一、雙趨衝突

所謂雙趨衝突（approach-approach conflict）係指個體在有目的的活動中，兩個並存的目標對個體具有相等的正向吸引力或相同強度的動機，使個體無法抉擇，而產生的衝突而言。雙趨衝突的產生，主要是因爲兩個目的物對個人具有同樣的吸引力，亦即引起個體對兩者有同樣強度的動機，以致無法作出抉擇的情況。假如個體對兩者有強弱之分的動機，自然會選擇強者而放棄弱者，就無所謂雙趨衝突的現象了。我國諺語有云：「魚與熊掌，不可兼得」，是最好的說明。

二、雙避衝突

所謂雙避衝突（avoidance-avoidance conflict）是指個體在活動過程中，有兩個目標同時對個人具有同樣的威脅性，而無法解脫，以致引起內在的心理衝突之謂。雙避衝突的產生，乃爲兩個目的物對個人都具有同樣強度的威脅，而個人極力想逃避。但因迫於情勢，個人必須接受其一，始能避免另一，則在抉擇時便會遭到雙避的心理困擾。如個人不想太早上床睡覺，也不想做功課，但迫於形勢，只好選擇較安逸的睡眠即是。惟有如此，才能解除衝突的困擾。

三、趨避衝突

另外一種情境是趨避衝突（approach-avoidance conflict）。在此情境下，個體對單一目標同時具有趨近與躲避兩種動機，產生所謂「既好之又惡之，既趨之又避之」的矛盾心理。易言之，個體在處於一種兼具正向吸引與逆向排拒的環境時，若欲實現某種理想，必須付出相當的痛苦代價。趨避衝突之所以令人困擾，乃爲它所促成「進退維谷」的心境。此種情況，在日常生活中是屢見不鮮的，同時也是最難解的。譬如，兒童對父母的既愛又恨之情緒困擾，即爲其例。

總之：個人的心理衝突是屢見不鮮的。不論在日常生活中或在工作上，個人常會遇到心理衝突的情況。此乃因個人在社會團體或工作群體中，都要扮演兩種或兩種以上的角色，或擔任兩個或兩個以上的任務之故。此時，個人在內心中乃存有兩個或兩個以上的目標或需求；而這些目標或需求有時是正向的，有時是負向的，有時卻是正負並存的，以致造成抉擇上的困擾，管理者或員工個人都必須面對之，且採取最佳的因應措施。

挫折的反應

不論個體挫折的來源爲何，在人生的際遇中隨時都會遭遇到挫折。至於個人對挫折的反應，常隨著個人或環境的不同，而有極大的差異。一般言之，挫折行爲的反應，不外乎積極適應與消極防衛兩方面。

一、積極適應

由於個人所處環境與遺傳因素的不同，再加上後天教養的差異，有些人能忍受挫折的打擊，有些人則否；前者稱之爲積極適應，後者則只能作消極防衛。凡是一個具有挫折忍受力的人，在遭遇挫折時，常能採取積極的適應方式。挫折對這種人來說，可能產生積極而富有建設性的意義。亦即富有挫折忍受力的個體在遇到挫折時，常能夠面對現實，排除困難，解決問題。當一個人利用積極的反應解決挫折後，可能增強其自我信心，鍛鍊個人克服困難的意志。有時挫折亦可改變一個人努力的方向，使他在另一方面取得成就，所謂「化悲憤爲力量」即是。此種個人代替性的努力，仍不失爲積極性的適應。

二、消極的防衛

積極適應乃爲應付挫折的良好方法，然而有時個人對挫折無法作適當的正面反應，且爲維持其自我的統整與身價，必然消極地在生活經驗中，學到某些應付挫折的方式。這些適應方式基本上是防衛的，一般通稱之爲防衛方式（defensive mechanism），或防衛機制、防衛機構、防衛機轉。消極防衛方式對客觀的解決困難，雖於事無補，然亦不失爲一種權宜之計，以調和自我與環境間的矛盾。一般最常見的防衛方式有：

(一) 攻擊

當個人受挫折時，常引起憤怒的情緒，而表現出攻擊性的行爲。攻擊（aggression）可爲直接攻擊，也可爲轉向攻擊。直接攻擊乃爲對產生挫折的主體，作直接的反應。轉向攻擊則在兩種情況下產生：其一爲當個人覺察到對某人不能直接攻擊時，把憤怒發洩到其他人或物上去；其二爲挫折的來源曖昧不明，並沒有明顯的對象可資攻擊時。不過，通常攻擊的主要對象，是阻礙個人動機滿足的人或事物；然後才是周圍的人或事物。至於攻擊的方式，可爲身體上的，也可能是發自於口頭上，也可能僅止於表現在面部表情或動作上。一般攻擊行爲很少表現在實際行動上，而以口頭的辱罵方式居多。在管理上，公司若以高壓政策，實施不合理的管理政策，員工懾於解職，常採取間接的口頭抱怨或造謠等方式，以作爲攻擊的手段。

(二) 退縮

退縮（regression）是指當個人受到挫折時，既不敢面對現實，亦不能設法尋求其他代替途徑，而退到困難較少，比較安全或容易獲取滿足的情境而言。退縮可說是復歸於原始的反應傾向，形成一種反成熟的倒退現象。有時表現是回復到個體幼稚期的習慣與行爲方式，有時則表現出採用幼稚而簡單的方式，以解決所遭遇的挫折性問題。成人一旦採取退縮行爲，很自然地就建立一種幻想的境界，自求滿足與安慰，而缺乏責任感。退縮行爲的另一徵象，乃是易感受他人的暗示，盲目追隨他人。凡事畏縮不前，缺乏自信心，喪失理智，對客觀環境缺乏判斷力、創造力與適應力。在組織中上級人員的退縮行爲是：不敢授權，遇事敏感，易接受下屬的奉承，無法鑑別部屬的是與非。下級人員的退縮現象，則爲：不接受責任、盲目服從與效忠、惡作劇、常告病請假、易聽信謠言、無理由的惶恐、盲目追隨他人、情感易失控制等。

(三) 固著

固著（fixation）是說一個人遇到挫折時，受到緊張情緒的困擾，始終以同一種非建設性的刻板行爲重複反應。此種現象說明了個體適應環境缺乏可變性，容易犯上同一錯誤而無法改正。即使環境改變，已有的刻板反應方式仍盲目的繼續出現，不肯接受新觀念，一味地反抗他人的約束或糾正。造成此種現象的原因，厥來自於個人的態度。態度是一個人對客觀事物的主觀觀點。凡主觀觀點適應於環境者，行爲即呈現易變性，以達到目標爲中心；若主觀觀點不能適應於環境者，其行爲便呈固著現象。固著是一種變態行爲，一經形成很難改變。在組織中員工一旦有著固著行爲，常不肯接受他人指導，盲目排斥革新，實有賴作心理上的特殊輔導。

(四) 屈從

當個人遭遇到挫折時，常表現出自暴自棄的行爲傾向，此稱之爲屈從（resignation）。當個人在追求目標，遇到阻礙而無法達成時，雖經過長期的努力而所有途徑皆被阻塞，以致無法克服，很容易失掉成功的信心。於是灰心失望，但爲了避免痛苦，乾脆遇事不聞不問，隨其自然，終於陷入消極、被動的深淵。有了這種行爲的人，常在情緒與意見上呈現冷漠的現象。在組織中，這種人多失掉改善環境的信心，完全服從上級的要求，對現行的一切措施，都予以容忍。凡事得過且過，不求上進，以致喪失生氣，陷入呆滯狀態。

(五) 否定

否定（negativism）是個人在長時期受到挫折後，失掉信心，形成一種否定、消極的態度。一個人若長期地未被接納，可能對任何事情常持消

極態度，此種成見一旦形成，不容易與他人合作。否定與屈從一樣，都是長期挫折後的行為反應。然而屈從為消極性的順從，而否定則為消極性的反對。否定可說是故意唱反調，為反對而反對，提不出適當解決問題的方法，而一味地採取阻礙行動。在組織裡，持否定態度的人不肯尋求諒解，也不與別人合作，遇事且持反對意見，很容易影響團體士氣。

(六) 壓抑

壓抑（repression）是個人有意把受挫折的事物忘掉，以避免痛苦。易言之，即想把受挫折時的痛苦經驗，在認知的聯想上排除於意識之外，故壓抑又稱為動機性遺忘。事實上，這些經驗並無法消失，反而被壓抑成潛意識狀態（unconsciousness），對個人行為的影響更大。依據心理分析學派的看法，壓抑作用係由不愉快或痛苦經驗所生的焦慮所引起。當個人的意識控制力薄弱時，潛意識就支配著個人的行動。「夢」就是個人入睡時，意識作用鬆弛，受壓抑的潛意識乘隙而表現出來的。此外，日常生活中偶爾信口失言、動作失態與記憶錯誤，均為壓抑的結果。因此，壓抑在知覺上的特性，是份外的警覺與防衛，警覺可增加吾人感覺的敏銳性，而防衛則拒絕承認客觀不利因素的存在。一般組織員工表現的壓抑反應，乃為漠視事實、放棄責任、容易接受暗示與聽信無端的謠言。

(七) 退卻

退卻（withdrawal）是個人受到挫折時，在心理上或實質上完全採取逃避性的活動。退卻與退縮不同，退卻是完全逃避的；而退縮則為行為的退化，反覆到幼稚的原始行為方式。換言之，退卻有種逃避現實的意味。在組織中，持有退卻行為的員工都儘量設法逃避困難工作，不願與人相處，喜歡遺世而孤立。

(八) 幻想

所謂幻想（fantasy）就是個人遭受挫折時，陷入一種想像的境界，以非現實的方式來應付挫折或解決問題。幻想又稱白日夢（daydreaming），即臨時脫離現實，在由自己想像而構成的夢幻似情境中尋求滿足。幻想在日常生活中偶爾為之，並非失常。它可使人暫時脫離現實，使個人情緒在挫折時得到緩衝，有助於培養挫折忍受力，並提高個人對未來的希望；但幻想並不能實際解決問題，幻想過後仍需去面對現實，以應付挫折。否則如一味地沉迷於幻想，非但無補於事，且於習慣養成後，將有礙於日常生活的適應。一般常持幻想的人，容易流於浮誇不實，妄自尊大。

(九) 理由化

當個人受到挫折時，總喜歡尋找一些理由加以搪塞，以維持其自尊的防衛方式，稱之為理由化（rationalization）。個人平時在達不到目標時，為了減免因挫折所生焦慮的痛苦，總對自己的所作所為，給予一種合理的解釋。從行為動機的層次來看，理由化固可能是自圓其說的「好理由」，卻未必是「眞理由」，只不過是解釋的幌子而已。所謂「酸葡萄」心理與「甜檸檬」心理，即是自我解嘲的最佳方式。在組織中，一般人尋求理由化的原因，無非是強調個人的好惡，或是基於事實的需要，或是援例辦理，以求達到他推卸責任的目的。我國諺語：「文過飾非」，即是理由化的最佳例證。

其他，諸如：投射作用（projection）、補償作用（compensation）、昇華作用（sublimation）、化替作用（displacement）等，有時都可轉移受挫折的目標，或逃避現實的壓迫，以求自我的安定。

個人順應

挫折行為基本上是屬於個人的，因此順應挫折乃是個人的責任。挫折既是無可避免的，則個人必須學習去面對它，或避免可能引發挫折的原因或情境。至於個人順應挫折的方法，至少有如下諸端：

一、調整自我心態

挫折既是隨時隨地都會發生的，則個人應如何去面對或處理是相當重要的，此則有賴於個人作自我心態的調整。蓋任何事物的好壞，往往只有個人才能決定；倘若一件很好的事物，個人認爲不佳，將變爲很壞；相反地，一件不是很好的事，而個人認爲情況尚佳，也可能由壞變好；這些都依靠個人的自覺。因此，調整個人的自我知覺，往往能將挫折化爲無形。它是個人順應挫折的不二法門。

二、適應環境變遷

環境的變遷往往是個人挫折的來源，此乃因個人常習於慣常的習性，而一旦環境有了變遷，個人就必須改變原來的習慣；此時若有不能適應的情況發生，自易產生挫折。因此，爲了避免挫折，個人必須學習不斷地適應環境的變遷。蓋許多環境的變遷並非個人所能掌握，此時只有個人具有適應環境變遷的能力，才能克服因挫折所產生的壓力。

三、避免人際衝突

個人不管在日常生活中或工作上，都必須與他人接觸；然而在接觸過程中，不免會有相互扞格的情況發生，如此自易發生衝突。此種人際衝突往往會造成個人很大的壓力，甚或形成重大的挫折。當個人處於人際衝突的情況，必然要時時設法解除其所造成的傷害，以免永無寧日；否則，一旦無法克服此種困境，自常產生挫折。是故，吾人寧可於平日多表現善意的行爲，與人和睦相處，避免一旦發生衝突，而造成個人的挫折感。

四、培養溝通能力

個人的挫折感有些是來自於與他人相處的情境，因此培養個人的溝通能力，不但可避免其中所產生的挫折，甚且可在一旦有了衝突時，因有良好的溝通而得以化解。此種溝通能力是個人生活的基本技巧之一，有了良好的溝通能力，常可造就個人愉悅的生活，並改善個人的生活品質。惟有個人不斷地訓練自己的溝通能力，才能審視環境的變化，勇於面對人群，化解各種可能造成挫折的情境。

五、訓練諮商技巧

當個人在處於衝突或挫折的情境中，有時可依靠協商談判的技巧，來化解其中的危機。就事實而論，所謂協商或談判不一定指很正式的會商形式，有時簡單的會面而能講究交談的技巧，也能顯現協商談判的意涵。因此，吾人必須在平時就多予不斷練習與培養。此用來克服挫折的情境，尤為有效。此外，在諮商時，保持平穩的情緒是相當重要的。惟有如此，才能化解挫折情境的發生。

六、培養挫折忍受力

挫折忍受力的培養，是個人面對挫折尋求解決的最直接方法。若個人能經得起挫折的打擊，不致造成心理上的不良適應，即稱之為挫折忍受力（frustration tolerence）或挫折容忍力。換言之，挫折忍受力，即指個人在遭遇到挫折時，有免於行為失常的能力；亦即為個人經得起打擊或經得起挫折的能力。挫折忍受力與個人的人格有密切關係。若個人的挫折忍受力低，即使些微的打擊即可能造成人格的失常或分裂；相反地，若個人挫折忍受力高，則挫折對他的行為將不致發生影響。質言之，能忍受挫折的打擊，保持個人人格的統整，是良好適應或心理健康的標準。一個心理健康的人，應隨時在日常生活中體驗挫折的涵義，自可面對健全的現實生活。

總之：一個人應隨時隨地面對挫折的環境，抱持著樂觀的心理與態度，採取合理的方式解決困難問題，以實現自我的理想。個人必須調整自我面對環境的挑戰，採取彈性的作為以順應環境的變遷，且不斷培養自我的溝通能力與諮商技巧，避免人際間的衝突，更直接地培養忍受挫折的能力，瞭解滿足需求的限制，寓自由於紀律之中，則可克服挫折的阻撓與壓力的重擔。

管理措施

員工有太多的挫折行爲，是不正常的現象，對組織來說具有危險性，管理人員必須設法加以改善。通常對挫折行爲的處理，並沒有一定的法則可循，蓋任何方式都無法適用於各種情況。惟處理挫折行爲必須從各種情況中，尋找比較合理而適當的解決途徑。當然，在管理過程中能先預防挫折行爲的發生，是最好的途徑，所謂「預防勝於治療」即是。一般預防與處理挫折行爲的方法，可歸納如次：

一、改善環境

挫折行爲很多是環境的不當所引起，因此處理挫折行爲的最有效方式，乃爲改善環境。一個人處於良好的環境中，常能得到潛移默化，變化氣質的效果。當然，所謂環境並不單指物質環境而言，實涵蓋精神與社會環境。譬如人際相處之道，即屬於社會環境。改善環境的措施，並不是管理階層的個別責任，而是全體人員的共同責任，因此相當不易付諸實施。惟管理人員可運用管理的手段，來達成環境變遷的效果。例如，推行健全的升遷制度，使應獲升遷的人員能夠升遷，即可改變他的態度，消除挫折行爲。

誠然，爲求改善人員的挫折行爲，必先確定引起員工挫折行爲的眞

正原因，然後再行變換環境，才能獲致效果。一般管理者往往對挫折行爲存有成見，一味地採用責備、懲罰的措施，而不去探求員工何以有此種挫折行爲的原因，以致處理不當，形成更大的困擾。因此，管理者對挫折行爲的一般態度，應是包容的，擴大自己的心胸，運用良好的領導態度。

二、情感發洩

根據精神病學的研究，挫折乃是精神疾病形成的原因，個人一旦遇到挫折，應使其發洩出來。組織管理者應安排使員工有適當發洩情緒的場所，則可避免員工對挫折行爲的壓抑，造成更嚴重的弊害。所謂情感發洩就是給予受挫折人員以發洩情感的機會，使其內心的壓力與悶氣，得以充分傾吐，終致其挫折的感覺在無形中消失。

情感發洩的作用，乃在創造一種情境，使受挫折的人得以發洩淤積的情感。蓋挫折使人產生緊張的情緒，而有喪失理智，容易衝動，使行爲失掉控制的現象。情感發洩可說是一種對挫折的治療方法，使受挫的人返回理性的自我。有關情感發洩的作法，管理者可安排一種團體遊戲，使一群受挫折的員工彼此自由的交談，由於同病相憐的關係，可以彼此道出內心的痛苦。另一種可能的方式，乃設定一些假人假物，讓受挫折的員工自由攻擊，以紓發其悶氣。

三、角色扮演

角色扮演（role-playing）是美國心理學家墨里諾（I. L. Moreno）所創。意旨爲編製一心理短劇，影射問題事實的本身，使受挫折者扮演個別角色，將個人的態度與情感，在模擬的劇情中充分地表達出來。角色扮演可使每個人員有機會充分瞭解或體驗他人的立場、觀點、態度與情感，進而培養出爲他人設想的情操與設身處地的胸懷。個人藉著角色扮演，除了得以瞭解他人的困難與痛苦外，尙可發洩自己的挫折情緒，紓暢身心，改善自己對挫折的看法。

四、寬懷容忍

挫折行為乃為行為者基於內心的鬱悶，而產生的一種自衛行為。管理者應當原諒此種無理的行為，並對他的人格予以同情。蓋人類往往對身受攻擊的行為，常予以反擊。身為一個主管以其個人的地位之高，需有高度容忍的雅量。在處理部屬的挫折行為時，切忌感情用事，對部屬的無禮或攻擊行為，應力求化解，瞭解其眞正的原因，才能平心靜氣地化於無形。在考慮或處理問題之前，宜先控制自己的情緒，避免激動，始能對部屬的挫折行為有充分的瞭解。如主管人員以反擊的方式處理，只能使問題更為嚴重。

五、積極勸誡

挫折行為在人類活動的過程中，是普遍存在的現象。挫折問題的產生，多始自於誤會。不甚嚴重的問題，常因時間而自行消失；而嚴重的問題必須設法解決，否則易招致嚴重的後果。主管人員在處理員工挫折行為時，除了予以容忍外，宜提出一些積極性的建議，使員工瞭解其問題的所在，自行調整其可能引起挫折行為的困擾。如此不但可協助員工疏導其怨懣的情緒，並可避免員工與主管或員工之間的隔膜與裂隙；非但在消極地處理既存的挫折行為，更在進一步積極地杜絕挫折行為的發生

六、善用賞罰

管理人員在運用各種方式處理挫折行為時，似亦可用「論功行賞，以過行罰」的方式。蓋「賞罰分明」亦是管理的手段。惟在運用懲罰方式時，宜以非公開的方式行之，避免傷害到員工的自尊心，形成更大的挫折行為。懲罰手段的實施，應只限於對員工不當行為的一種小小刺激，使其瞭解行為的不當而已，而不是管理的最終目標。因此，在管理過程中，宜隨時以獎賞的方式配合之。即使是給予一點讚賞，亦可滿足一下員工的自我尊嚴與價值。總之，管理者相機地運用適當的賞罰方法，可鼓勵受挫折

者採用正常的行爲，放棄不當的挫折行爲。

總之：挫折雖然是屬於員工個人的行為，然而員工是組織內部的成員，倘若員工有太多的挫折，將妨礙到組織的正常運作。因此，站在組織的立場，如何協助員工克服內心的挫折，乃是管理上的一大課題。組織管理者必須隨時隨地注意員工的挫折行為，協助其解決困難問題。如此，才能贏得員工的心，使其採取協同一致的行動，用以提昇組織的績效。

個案研究

我們一向這麼辦

春雨鋼鐵股份有限公司，在董事長王春雨先生經過五十年的慘淡經營下，已由草創時期的幾位員工，發展到今日將近五百位員工的規模。該公司以生產螺絲、螺帽爲主。

王董事長有三個兒子，長子王友智在高中畢業後，就進入公司，由基層作業員幹起，如今已任廠長。次子王友仁在高職畢業後，也進入公司，現擔任業務經理。三子王友勇，自大學畢業後，赴美深造，取得企業管理碩士學位。兄弟三人感情很好，兩位哥哥很高興弟弟取得企管碩士，深信公司將有更好的發展。

王董事長自幼失學，靠苦幹實幹起家，對三子能受高等教育，很是欣喜，並寄以很高的期望。在王友勇回國後，立即派他擔任研究發展部門的主管。王友勇每天梭巡於各生產單位之間，手裏拿著碼錶到處走動，給予生產線上的員工造成很大的心理壓力。好幾次，他糾正員工的操作動作，可是員工已習慣於以往的操作方式，不願接受他的糾正，致有過多次的爭執與衝突。其中已有三位員工受不了壓力，已離職他去。

有一天，王友勇又拿著品質管制圖要領班們作品質管制圖表，可是領班之一劉志清嫌麻煩，就生氣地說：「以前我們從不作這些圖表，還不是生產得好好的。」可是，王友勇堅持領班非做這些圖表不可，不久，劉志清就辭職了。

由於王友勇到公司後，公司已多人離職。王董事長遂召集會議，討論此事。大哥王友智說：「小弟！理論是理論，實務是實務，你就不要再胡搞了！」

王友勇生氣地說：「什麼胡搞？公司如果不採取新措施，怎麼求長遠的發展呢？」

二哥王友仁則反駁道：「過去你還沒到公司，公司還不是經營得好好的。現在你來了，反而搞得一團糟，弄得雞飛狗跳的。」

於是，兄弟三人吵成一團。

討論問題

1.本個案中，在組織上出了什麼問題？如何解決？

2.依公司目前的情況來說，有哪些情況可能造成員工的挫折？

3.如果你是劉志清，你是否會選擇辭職呢？

4.該公司是否有變革和員工挫折上的兩難？如何做較佳？

第3篇

群體

組織是由個人所組成的，惟個人基於心理需求或工作關係，常形成一些群體。這些群體與個人或組織相互作用，交互影響，卒而影響整個組織的運作。易言之，群體在組織中居於橋樑地位，媒介了個人與組織行為，並形成自身的行為。因此，本篇即將探討群體的形成基礎，進而逐次討論群體動態、溝通、決策，以及群體間的衝突，這些都是群體的動態活動。在組織中，此種群體動態活動才是組織行為的重心。故而，各自構成本篇的研討主題。

群體的基礎

第9章

本章重點

群體的意義

群體的分類

群體的心理基礎

群體的發展

群體的特性

個案研究：凝結在一起的心

自有組織以來，群體的存在是個相當普遍的現象。通常，組織中的個人常基於自然的結合而形成群體。此種群體常依附於組織內部，對整個組織發揮其影響力。在大組織中，群體所佔的地位是相當重要的。個人要進入組織，或組織要吸收個人，往往就是透過群體的關係。一方面，個人的社會需求如歸屬感與自重感，往往都自群體中得到滿足；另一方面，群體動態力量的運作，常助長個別活動的整合，而達成集體成就的實現。是故，群體處於個人與組織的中介地位。因此，吾人研究組織行為，必須探討群體行為。本章將先研討群體構成的基礎。

群體的意義

在現代社會中，人們隨時都可能是群體的成員，或許是家庭的成員，或許是委員會的委員，或者是工作小組的人員……，這些組織通常稱為群體。然而群體具有何等特徵？要界定「群體」一詞，並非易事。群體的界說，在社會學上運用甚廣。就一般觀點而言，可以說是以某種方式或共同利益連結的許多人所組成的集合體，如家庭、政治黨派、職業群體等是。李維斯（Elton T. Reeves）說：群體乃是由兩個以上的人，基於共同的目標而組成，這些目標可能是宗教的、哲學的、經濟的、娛樂的或知識的，甚且總括以上諸範圍。

不過，本文所用的「群體」，特別強調群體成員間的相互關係，不只是集合體的構成而已。蓋集合體所構成的行為，只能說是集體行為，這種集結的人員不得稱之為群體。因他們彼此沒有相互認知與交互行為，並進而產生共同意見，如街道上的群眾、客機上的旅客是。雪恩（Edgar H. Schein）曾謂：群體乃是由「一、交互行為；二、心理上相互認知；三、體會到他們乃是一個群體」的許多人員所組成的。克列奇等（D. Krech & R. S. Crutchfield）也說：群體乃是兩個或兩個以上的人相互坦誠的心理關係；換言之，群體的成員多多少少具有直接的心理動向，他們的行為與性格，對群體內的個人具有相互影響力。因此，群體的組成強調相互認知與交互行爲的程度與其結果。

當然，群體的組成也具有相當的結構特性。誠如麥克大衛（J. W. McDavid）與哈瑞里（H. Harari）所說：群體乃是兩個或兩個以上相互關係的個人，所組成的一種社會心理系統；在這個系統中，各個成員間的角色有一定關係；同時它有一套嚴密的規範，用以限制其成員行爲與群體功能。薛馬溫也說：群體乃是一種開放的互動系統，系統中各種不同活動決定了這個系統的結構；同時在這個系統的指涉下，各種活動是相互影響的。顯然地，群體有一定結構。質言之，具有特定的持續目的，又有一定組織的個人集合體才稱之爲群體；而偶然的、一時的和無組織性的個人集合體，只能稱之爲群眾。後者具有衝動性、動搖不定、容易興奮等特質；前者則否。

此外，群體的形成必基於成員間的共同意識。費德勒（F .E. Fiedler）就認爲：群體是一群具有共同命運的人，基於相互依賴的意識而相互影響的組合。因此，群體是兩個或兩個以上的個人具有共同的二個條件：一爲群體成員關係的相互依賴，即是說每個成員的行爲影響其他成員的行爲；二爲群體成員有共同的意識、信仰、價值及各種規範，以控制他們相互的行爲。

群體的組成除了受上述因素的影響外，尚需經過相當時期的認同與共同行動。邱吉曼（C. W. Churchman）特別重視群體內的觀念認同性（identificability）；他指出：一個群體乃是任何多方人員，經過一段時期的認同與完全的整合，而使得其行動與目標相互一致者。此外，白里遜（B. Berelson）與史田納（Gary A. Steiner）更強調面對面關係之重要性。他們認爲「群體」乃是兩個以上至不特定，而非太多的成員所構成的組合體。他們經過一段時期的面對面關係之聯合，使別於群體外人員，而在群體內相互認同彼此的成員關係，以實現群體的目標。換言之，個人之間必須有交互行爲，包括任何方式的溝通，直接的接觸，以獲致種種的反應。群體如無這些關係存在，將呈靜止狀態，必不能成爲群體。

當然，群體常因工作性質、工作情況與群體自我目標而有所差異。此種群體至少有一定的組織結構，其成員顯現相當程度的交往，在心理上

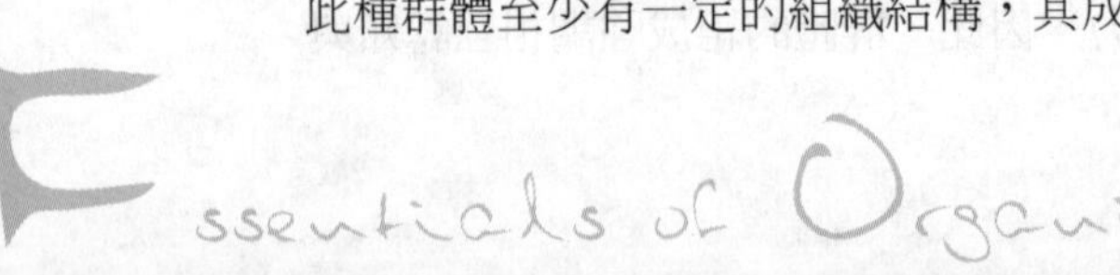

互相認同，具有共同意識：在行為上表現互相依賴，建立共同規範，而欲達成共同目標。總而言之，群體至少包括下列要素：

一、群體目標

目標是一個群體成立與存在的必要條件，也是成員活動的指針或努力的標的。此種目標可為追求共同利益，或爭取組織中的地位，或為推展社會活動，或為滿足心理需求。群體有了目標，群體成員的活動才有固定方向。一個群體若無目標，群體力量必然分散，成員的工作也會失去重心，必無法成為一個群體。因此，群體目標實為維持群體活動的基石。惟有群體目標，成員才能團結合作，相互砥礪，彼此砌磋琢磨。

二、群體規範

群體的構成，除了需具有群體目標外，尚需有群體規範。所謂群體規範，是指群體具有規制成員行為的準則，是群體成員行為的依據。一個群體如有共同行為規範，則個人行為才能有所遵循，不致於脫離群體行為途徑。群體行為規範的強弱，決定於群體的一致性。凡是能夠表現一致性的群體，其行為規範較強；反之，其行為規範則弱。蓋群體行為規範的作用，即在使群體成員能持相同的意見，而且行為型態亦趨於一致。群體如無規制成員行為的規範，必然分裂為許多小群體，則無以成為一個完整的群體。

三、群體意識

當群體成員交互行為時，即產生了群體意識。群體意識即由成員的共同信仰、價值及規範所形成。群體信仰是群體意識的一部分，對群體成員有一種整合作用。群體價值亦是群體意識的重要部分，對群體成員提供一個大的信仰系統，是群體的財產。至於群體規範則由群體價值而產生，是群體行為的準則，決定何者是正當的，何者是不正當的；同時，也規定成員遵守或不遵守規則時所應得的賞罰。據此，群體意識是群體得以存在或成長的要素之一。雖然群體成員各有其慾望，但群體意識會減少成員行爲的差異。群體意識之所以能夠減少成員行爲的差異，是因爲它創造了成員共同慾望的核心，且提供了表示共同慾望的方法。

四、群體的凝結力

所謂凝結力是指促使一個群體結合的力量。它是群體成員基於相互吸引力，或群體與其活動對成員具有吸引力所形成的。凝結力本身是原因，又是結果，也強化了群體的凝結力。通常，影響群體凝結力的因素很多，諸如：群體大小、領導型態、外力威脅、成員對目標的認同性、群體成就表現等，都與群體凝結力有關。雖然，各個群體可能基於上述因素，致其凝結力有大小之別；然而，群體凝結力無異是群體存在的基本條件之一。否則，群體必不能成爲群體。

五、群體制約力

每個群體皆有制約力的存在，以懲處一些破壞群體目標或排斥與群體目標不一致的成員。群體制約力是迫使成員接受群體規範的力量。群體制約力可促使成員團結一致，用以符合群體行爲規範與目標，並維持群體的穩定性。此種制約力的來源，一方面始於個人接受群體要求的慾望，另一方面則爲受他人行爲與意見的影響而產生。因此，群體制約力的存在，顯然是群體賴以生存的基本條件之一。

總之：本文所謂「群體」，乃指兩個以上但非太多的成員，在一定的組織結構中，經過相當時期的交互行為，在心理上相互認同，產生共同的意識與強固的凝結力，以建立共同的規範，而欲達成共同目標的組合體。

群體的分類

群體的分類在社會學上，極為紛歧。本節將分述如下：

一、初級性群體與次級性群體

群體若以成員關係的密切與否為劃分標準，可分為初級性群體（primary groups）與次級性群體（secondary groups）。初級性群體又稱為直接群體或基本群體，意指成員間以面對面為基礎，而直接發生交互行為關係的群體。它是個人人格發展的孕育所，個人在此種群體中形成社會個性、價值觀，是社會化最早的場所。因此，個人和群體情感十分密切、親近，且對這個群體忠心耿耿，行為表現會儘量合乎群體要求。一般而言，此種群體包括：家庭、幼時的玩伴、鄰居等。透過這些群體的影響，個人行為逐漸社會化，以滿足其生理的、社會的、經濟的與心理的各項需求。

至於所謂次級性群體，又稱為間接群體或衍生性群體，是指成員間的交往是間接的，且其規範較大，較疏遠，經由契約關係而產生的群體。此種群體大多基於效用或利害關係而成立，透過這種群體的作用，個人得以達成特定目標。此種群體包括：宗教群體、政黨群體、職業群體……等。當然，次級性群體也可規範個人行為，但其力量遠較初級性群體為小。

二、正式群體與非正式群體

群體若以自然組合與否為劃分標準，可分正式群體（formal groups）與非正式群體（informal groups）。所謂正式群體，是以群體的組合以正式規章，或為了執行某種特定目標而組成。此種群體包括各組織的工作部門、委員會、管理小組、球隊……等，其性質大多與前述次級性群體類似。

非正式群體是一種自然的結合，而不必依據任何程序來組合；它乃係基於交互行爲、人際吸引與個人需求而形成的。份子間的關係既無成文的規定，其組織也無一定形式；這種群體有的是暫時性的，有的是永久性的；其分子間的關係可能是緊密的，也可能是偶然的。其成員在非正式結構中，常顯現出非正式規範，有忠貞合作的基本態度，接受「社會控制」與非正式權威。這是順應人類心理需求而產生，並不是實現某種任務而形成，可證之於友誼關係與非正式聯絡。

三、臨時性群體與永久性群體

群體若以組合時間的久暫，可分爲臨時性群體與永久性群體。臨時性群體乃是一種暫時的組合，爲一種實現短暫特定目標的群體，該特定目標一旦完成，群體隨機解體。所謂暫時性，乃指一種偶然的相聚，或極短暫的臨時組合。永久性群體則爲一種實現長遠目標，或永久地完成某些任務的群體。就組織行爲而言，永久性群體有較長之時間的相處，故比臨時性群體在組織行爲的影響上，較爲深遠。

四、開放性群體與封閉性群體

群體若以成員能否自由參加來區分，可分爲開放性群體（open groups）與封閉性群體（closed groups）。前者是指群體成員可自由參加或退出的群體，後者指成員不能自由參加或退出的群體。前者如一般非正式群體，成員有充分的自由參與，故比較類似於非正式群體；不過，有些正式群體如政黨、公司組織，有時也可自由參加或退出。後者如家庭，是無法自由參加或退出的。其身分地位都是一定的。

五、大群體與小群體

群體如以組成分子的多寡與人數的多少，可分爲大群體（host groups）與小群體（small groups）。一般學者通常將人數在二十人以上者，稱之爲大群體；而人數在二十人以下者，稱爲小群體。事實上，人數的多寡並沒

有一定的數目，此種區分並不具特別的意義。不過，小群體比較強調面對面溝通、密切的交互行爲與相互的認知等。因此，小群體著重心理運作的層面上，其成員間的相互影響力較大，關係極爲密切，故而對組織行爲的影響較大。

六、同質群體與異質群體

群體若依成員是否具有一致性的特質來區分，可分爲同質群體（homogeneity groups）與異質群體（hetrogeneity groups）。凡是成員具有一致性特質的群體，稱之爲同質性群體，例如，家庭的夫妻具有共同興趣、態度與價值觀即屬之。但有些成員並不具備相同特質，而係基於互補作用，仍能組成群體，即稱之爲異質群體。異質群體雖不具備共同興趣、態度與價值，但彼此的需求與願望卻相互依賴、相互協助；如領導者的支配性與被領導者的服從性相互配合，也能構成密切的異質性群體。在組織行爲上，同質群體固可決定共同態度與行爲；而異質性群體也可因被領導者向領導者學習與模仿，而達成某些決策與過程。

七、心理群體與社會群體

群體若以某些特定因素來劃分，也可分爲心理群體（psychological groups）與社會群體（sociological groups）。所謂心理群體，是成員基於心理上的需要而組成的群體。此種群體的構成份子，必須具有共同的意識、信仰、價值與各種規範，以控制他們相互的行爲；而成員間有心理上的認知，相互坦誠的心理關係。至於社會群體，是指基於社會性需要的結合。此種群體的社會性，可以是政治的、宗教的、經濟的。該兩種群體對組織行爲的影響，都各有其範疇，且是深遠的。

八、水平式群體、垂直式群體與混合式群體

有些心理學家或社會學家，將群體依其組成份子的縱橫面關係，分

爲水平式群體（horizontal groups）、垂直式群體（vertical groups）與混合式群體（mixed groups）。所謂水平式群體，是指成員都處於平行地位，相同階層所構成的群體。垂直式群體，是指成員具有上下階層地位關係所組成的群體。至於混合式群體，則指成員具有上下、平行等交錯關係所組成的群體。基本上，該三類群體都對組織行爲產生影響。

總之：群體的種類極為紛雜，其對組織行為的影響程度也各有所不同。其中正式群體、次級性群體、大群體、社會群體等在性質上極為接近；而非正式群體、初級性群體、小群體與心理群體相當，以致於它們對組織行為的影響，也大致類似。其餘各類群體對組織行為也有不同程度的影響。此外，尚有一種群體並不屬於某種群體的分類，但對組織行為概念的影響很大，此即為參考群體。

所謂參考群體（reference groups），是指個人用來評價自己價值觀、態度與行爲的群體。它可能是個人所屬的群體；也可能是個人心嚮往之，但未正式加入的群體。易言之，個人行爲、信念與判斷等，都受參考群體的影響，其群體規範常爲個人行爲的準繩。當然，每個人的參考群體不只一種，而且不同的參考群體都具有不同的功用，可以從不同的方向來指導個人。

對個人而言，參考群體具有兩種作用：其一爲社會比較（social comparison），即個人透過和別人的比較，來評價自己；另一爲社會確認（social validation）即個人以群體爲準則，來評價自己的態度、信念、與價值觀。基於這兩種功能，參考群體對組織行爲的影響力頗大。員工個人對工作的偏好、刻板印象與從眾行爲，都由參考群體中表現出來。

群體的心理基礎

在組織中，個人需透過正式程序工作，而與他人交往；惟他們更喜歡進行非正式的溝通與行動，以致有群體的產生。當個人之間彼此互動而產生友誼時，群體便逐漸形成了。因此，個人之所以參加群體，實是建立在個人需求與人際影響上。本節將就這兩方面加以探討。

一、內在需求方面

個人之所以參加群體，常是基於個人的內在需要。此種內在需求，依馬斯勞的需求層次架構而言，可概分為下列各項：

(一) 安全需求

個人之所以參加某種群體，有時是基於安全需求（safety needs）。一般而言，群體常給予個人較大的安全感。當個人感受到外界強大的壓力時，為降低孤獨的無力感，或者抗拒強力的威脅，此時他可透過群體的參與，而尋求安全感。同時，個人在參與群體後可透過和他人的交往，而逐漸肯定自己，這就是安全感的理由。一般員工在組織中，由於無法瞭解組織的運作，以致常有焦慮感的出現。在此種狀況下，員工乃另外參與群體，以尋求安全的滿足。

(二) 親和需求

群體可提供個人與他人交往，建立友誼的機會。個人之所以參加群體，部分是因為群體可使成員產生隸屬感，提供相互認識的機會，而共享經驗，彼此接受對方，因而感受到親和需求（affiliation needs）的滿足。就大多數人而言，個人之間的友誼，都是透過群體關係而產生的。因此，群體可滿足個人的交友與社會關係的滿足。

(三) 認同需求

群體之所以形成，乃係基於成員間的相互認同。大凡人類都希望接受他人的接納、友情和情誼，同時也給予他人接納、友情和情誼。換言之，人類都有合群的本性，都有追求群體認同的需要（identification needs），所謂「同類相聚，物以類聚」即是。凡是具有相同信念的人都喜歡相聚成群，相互慰勉，彼此砥礪，而產生結合力，增進彼此的信心和感受，這就是一種歸屬感。此爲構成群體的心理基礎之一。

(四) 尊重需求

個人參加某種群體，可增進其自尊需求的滿足。在群體中，個人常積極奮發，力爭上游，以爭取榮譽與自信心；同時，群體也會提供讚美、景仰，以增強個人的自我價值。通常，尊重需求可分爲兩方面：一爲個人求取自我尊重，一爲他人給予聲譽。是故，個人參與群體可得到自尊需求（esteem needs）。

(五) 權力需求

權力是一種個人的能力，而每個人都有想表現能力的慾望。當個人參加了群體，可使個人擁有對他人行使能力的機會；透過此種能力的行使，個人會得到滿足感。此外，個人透過群體的結合力，可增強自己的控制力，由此而獲得尊榮與地位。是故，權力需求（power needs）爲個人參與群體的心理基礎。

(六) 成就需求

每個人都有表現自我成就的需求，而此種成就需求（achievement needs）在群體中較容易顯現。個人在群體中，常不斷地追求自我發展，表現自我成就，發揮創造潛力，希求得到群體成員的讚賞與支持。當群體成員透過群策群力地達成任務時，可分享成就的果實，而得到自我成就的滿足。因此，個人的成就需求，就構成群體產生的心理基礎之一。

總之：個人之所以參加群體，主要係基於某些需求的滿足。畢竟人類是社會的動物，合群性本是天生的本能。此種合群的實現，本質上乃建立在個人需求的基礎上。人類若失去合群的本能，將無法獨立生存。因此，許多個人組成一些群體，乃屬必然之事。

二、人際影響方面

群體的形成基礎，一方面固來自於個人的內在需求，另一方面則爲人際間相互影響所形成。當個人與他人發生交互行爲時，基於相互認同與相互吸引而形成群體。個人之間的相互吸引，實係基於下列基礎：

(一) 交往機會

很明顯地，交往機會乃是人際吸引與群體形成的最重要基礎。彼此沒有任何交往，是不可能相互吸引的。同時，提供交往機會的環境因素，也影響到人際吸引與群體形成。在其他條件相同的情況下，住得較近或工作較近的人，交互作用的機會較多，關係也較密切；而距離較遠的人，交往機會減少，關係也較疏遠。易言之，物理距離、交互作用與吸引力間呈正的鏈鎖關係。此外，建築上的安排也會透過交互作用的機會，而影響到人際吸引。如住家或辦公室門口相向，能促進人員間的交互作用與吸引力；相背則減少交互作用，造成物理或心理的隔閡。

(二) 身分地位

一旦個人有了交互作用的機會，身分地位常是決定某人吸引他人的主要因素。一般身分地位的吸引力有兩種傾向：一是身分地位相似的人會相互吸引，一是如果有機會的話，個人喜歡和身分地位高的人交往。前者乃是相互認同的關係；後者則爲身分地位低的人希求向身分地位高的人認同，以求提高自己地位，因此相互吸引的成分較少。

(三) 背景相似

一般而言，背景相似的人會相互吸引，此乃是基於「物以類聚」的道理。根據研究顯示：年齡、性別、宗教、教育程度、種族、國籍、以及社經地位等人口統計特性相似性，與吸引力間具有相當的關係。不過，吸引力卻不完全受相似性所影響，也不一定必然受相似性所影響。決定人際吸引力的個人因素，可能隨著情境而變。例如，個人在工作時，可能爲工作年資相似的人所吸引；但在工作外，則受宗教信仰相同的人所吸引。

(四) 態度相同

凡態度相同的人，比較容易相互吸引。個人的經驗，以及別人對個人的經驗，是個人態度的主要來源。背景相似的人，經驗相似和接觸的可能性較大；而背景不相似的人，可能性較少。因此，背景相似可能意味著態度也相似，彼此間也比較具有相互吸引力。此種態度相似性可能越過其他社經因素的差異，而相互吸引。其原因乃爲個人認爲支持自己的態度，就是一種最大的增強，尤其是當個人態度具有價值顯示，或自我防衛功能的本質時，更是如此。

(五) 人格特性

人格特性之所以形成人際間吸引力的因素，主要來自兩方面：一爲人格的相似性，一爲人格的互補性。根據研究顯示：人格的共容性（compatiblity）是決定人際關係強度與持久性的重要因素。共容性可能來自相似的人格，如兩個獨斷性高的人之間具有吸引力。此外，人際吸引也可能來自補償性格（complementary personality），如支配性高與服從性高的個人之間的相互吸引，這就是人格因素的作用。基此，一個有受人支配需求的人，會被支配性高的人所吸引。

(六) 卓越成就

成就是單方面吸引的基礎，一個比較有成就的人會吸引他人。成功的群體比成就不大的群體，容易吸引新成員，更能留住舊成員。此外，人們喜歡和有成就的人交往，而不喜歡和沒有成就的人交往。其他，如外表、才幹、熟悉、與相悅都能構成人際吸引力。

總之：人際吸引的基礎，大都可用簡單的增強論或期望論來解釋。身分與成就之所以具有吸引力，乃是身分高、有成就的人，能提供金錢或社會性酬賞。至於態度與背景相似的人之所以相互吸引，乃是因為這些相似性可以增強個人現存的態度與價值觀。當然，這些條件都必須建立在有相互交往的機會上，否則人際吸引必不存在。基於人際吸引，人際溝通才能進行，卒而完成人際影響力。

群體的發展

個人之間有了相互吸引的條件，自然容易構成群體。惟群體的形成是循序漸進的，它要經過一些不同的發展階段。當個人基於內在的需求，經過與他人交互行爲，而有了相互吸引的基礎後，自然就容易組成群體。換言之，群體的形成是基於個人強烈的目的與崇高的意圖。一般而言，群體在形成之前，必須經過下列三個階段：

一、發展權力結構

一個群體之所以成爲群體，必須有群體的定向與組織結構。在群體成熟以前，群體成員必須解除對權威的不確定性以及權力分配問題。此種不確定的解決又分爲三個步驟：

(一) 定向

在群體尚未組成之前，群體內即充滿了混淆與不確定性。此時成員最想澄清的乃爲群體的目的，成員所應扮演的角色，個人在群體內所應分擔的任務，以及群體應如何結構等問題。群體成員會花費許多心血與時間來釐清群體目標，並將個人經驗與群體聯結起來，而形成一套行事規範。當未成熟群體的成員在找尋群體方向時，他們常依賴著正式領袖或非正式領袖，從中得到指導，以便掌握方向，並將它組織起來。

(二) 衝突

未成熟群體的成員在定向的過程中，常會發生衝突。有些成員在嘗試領導者的權威、權力和決斷力，有些則可能向領導者挑戰。群體成員在向領導者挑戰後，而能服膺領導者的權威、權力與決斷力時，將會接受其領導，而成爲群體的一份子。有些成員若不支持領導者，將離開群體或爲群體所排斥。

(三) 凝結

當未成熟的群體經過內部衝突後，成員若克服了權力與權威的差異和不確定性時，將逐漸發展出大家所同意的群體結構，這是經過衝突所產生的結果。凝結階段的主要特徵，乃為成員的心胸釋然，有勇於承諾的感覺和表現，且開始有了「我們是一個群體」的意義。

二、發展人際關係

當發展中的群體建立起初步的權力結構後，群體成員便開始發展其人際關係。此種人際關係的發展，主要為釐清成員之間接近或親蜜程度的問題。此時群體成員的重點，乃在瞭解彼此的個別差異，從而建立起密切的情感。此種過程又可分為三個次階段：

(一) 妄想

發展中的群體有了粗略的權力與權威結構後，群體成員開始產生了妄想，而忽視或掩飾群體內部成員間的人際衝突或差異。他們不願承認這些問題的存在，而設法加以掩蓋；同時犧牲彼此間的認同，或壓抑了個人的特質，以免製造問題。

(二) 覺醒

發展中的群體成員在經過一階段的妄想之後，便開始瞭解問題的確實存在。有些成員希望大家開放，並接近群體；但有些成員則抗拒增進親蜜與認同的意圖；於是各自形成更小的群體。某個更小的群體可能是由想表現個人特性，或想處理人際差異的人所組成；而另一個更小的群體則主張維持相等關係，拒絕增加對其他成員的承諾。此時，領導者的影響力又增加了，用以處理上述的人際問題。

(三) 接受

當發展中的群體越過了覺醒的次階段時，該群體將能夠處理並克服人際差異。一般而言，此種差異的克服，是透過非正式領導而來。一個發展中的群體若能開誠佈公地討論差異，並加以調適，則更小的群體將會消

失。此時，群體的任務將逐漸發展出來，成員間的溝通會趨於頻繁而實在，則群體將邁入成熟的階段。

三、發展成熟群體

一個群體一旦發展成熟，必然具備開放與實在的特性。這些特性爲：

（一）個別差異都被接受了，無所謂好壞之分。
（二）衝突只限於和群體任務有關的實質問題，而不是有關群體結構或過程的情感性問題。
（三）群體決策都經過理性的討論，且具有包容性和鼓勵異議性；強迫作決策或表示虛僞贊同的現象也消失了。
（四）成員瞭解群體的過程，以及應該投入群體的程度。

由於群體充分運用群體的資源，故成熟的群體可提高群體的績效。此時，個人的才智與能力不會因恐懼、惡意、或忽視，而被摒拒於群體任務之外。同時，個人的努力已成爲群體努力的一環，而不會變成內部權力鬥爭、派系傾軋的來源。

此外，群體在發展過程中，群體的權力結構有時不是群體所自行決定的，而是由外力而形成的。因此，有些群體成員會接受此結構，有些則不置可否，有些則忽視之，並積極地想推翻它，或是破壞權威者的決策。然而群體的開放性，鼓勵異議的提出，眞誠的意見溝通，沒有虛僞的附和等特性，對有效的群體決策是特別重要的，這些都是群體決策的主題。有關群體決策將在另章討論之。

總之：群體的發展正如個人一樣，是逐步建構而成的。首先，群體必須建立它的結構，在此結構中成員逐漸發展他們的關係，一旦其間關係穩固之後，才能形成一個堅實的群體。

群體的特性

群體一旦形成，必有它本身的特性。根據前述，群體的組成乃是基於一種人類需要的結合，也是一種個人交互行爲的關係網，此種群體容易產生高度的共鳴與一致的行動。它與個人一樣，具有本身的特質，這些特質如下：

一、強固凝結力

所講凝結力，就是一種迫使群體內部聯結的力量。凝結力的轉變有甚多因素，諸如：群體大小、領導型態與領導權力的變遷、群體內爭或外力威脅、成員對群體目標的認同性、群體的成就表現……等，在在足以左右凝結力的強固與否。

群體大小能決定群體凝結力的強弱。根據一般研究顯示：較小的群體自四人至二十四人間者，常比大群體更富有凝結力。

群體的領導類型與領導權力，也能改變凝結力的大小。一個更具有溝通能力與強化群體目標的領導者，更能促成群體凝結力的增強。同時，凝結力與工作群體的效率間存在著密切的關係，這也是領導者所應注意的一大問題。此將於第十章討論。

群體紛爭也會影響群體凝結力。群體內部成員的偏差行爲，可能促使其餘成員凝結在一起；而當群體有外力威脅時，群體凝結力可能增強。此種凝結力往往持續到威脅的解除，方才逐漸消失。假如目標都被達成，而沒有外在或內在的威脅時，凝結力往往比較鬆弛。因此，有些領導者爲了增強凝結力，常巧妙地設計群體與其他群體相互競爭，以免該群體凝結力鬆弛。

凝結力與群體成員對主要目標的認同性成正比。假如成員爲了達成群體中心目標，而值得作相當犧牲，則群體休戚感愈高，它的凝結力也愈強。

此外，群體的成就表現往往與凝結力大小息息相關，且成正比例。由以上因素的探討，吾人雖無法絕對測知群體凝結力的大小，或難以對凝結力加以量化（quantification）的可能，但至少可作比較性判斷。群體領袖可就各種因素作一考慮，以決定有利策略，使群體凝結力化而爲群體目標而努力。

二、規範性活動

群體雖沒有正式規章制度，然而常有一些規範存在；後者有時會帶動前者，甚或彌補前者的缺憾。群體規範是由群體價值而產生的，是群體行爲的標準，決定何者是正當，何者是不正當的。同時，它規定成員遵守或不遵守規範時所應有的賞罰，而發展爲群體成員合作活動的最高型模。

通常，規範的來源有五：

（一）由傳統習俗所保留下來

規範乃是經由傳統累積而形成的，亦即是約定成俗的，並不是有意創造的。西諺有云：「制度是成長出來的，不是創造出來的。」每種文化類型都有萬千個規範，制度如此，文化型態如此，群體亦然。群體的規範通常都在群體形成之時，而逐漸產生的；且經過成員不斷地交互行爲，而鑄造成各式各樣的規範。

（二）由最高權威者所訂定

群體規範有時是由最高組織當局所限定而形成的，蓋群體既存在組織中，有時正式規章也能鑄成群體規範。例如，公司的某些群體政策，常常依據最高長官的決策而衍生的。

（三）由工作群體的直屬長官所制定

工作群體的成員可能不喜歡此種規範，但因直屬長官與群體的密切關係，隨時有可能形成某些規範的機會。

(四) 由群體領袖與成員共同開展

群體有時在群體領袖的誘導下，由領袖與群體成員合作而約定某種規範。此即領導者使成員體認接受群體規範的價值性，然後引導群體變換行爲的類型，而逐漸形成規範性行爲。

(五) 由群體成員的交互行爲所發展而成

群體規範的特性乃是由成員的交互行爲所構成的；而成員行爲有時也是依循群體目標，經過抉擇的過程，而表現出一定的行爲模式。

> 總之：群體一旦組成，必有規範性的活動，使群體成員心理上相互認同，產生一致性的共同意識，逐漸建立共同態度；否則，群體必不能成為群體。

三、強烈制約力

任何法規若沒有權力的支持，就站不住腳；而群體規範有如法規，群體制約力才是群體權力的動態表現。

每個群體皆有制約力，用以懲處一些破壞群體目標，或排斥與群體目標不一致的成員。至於制裁有多種方式，其途徑不外乎迫使脫離群體，或迫使與群體目標尋求一致性。但一個冒犯者如在群體中地位甚高，或受群體成員所景仰，其可能帶動群體規範的改變；惟若此種偏差行爲發生在地位低的成員身上，此種制裁的行使有時常超出其應得的懲罰。制約力運用得當常能增強群體規範活動，並反應出群體的同質性（homogeneity），與形成群體成員與領導者的交互行爲；而當所有成員對某項偏差行爲採取一致看法時，群體制約力最有效而明確。

群體制約力與有形組織的正式法規兩相比較，固然法規有武力爲支柱，而產生相當的阻嚇力；然群體制約力常透過心理上的譴責，而迫使違規成員自動離職，故其力量有時會超過有形武力而無不及。例如，許多機構的員工雖經扣薪或降職處分，仍不肯自動離職；但如受到群體的唾棄，

在精神上往往覺得痛苦而不敢上班，其故在此。

四、功能性目標

任何組織或群體通常都有一個或許多獨特的目標，然而所有組織或群體都無法維持相同的固定目標。即使是正式組織也必須隨時變換它的目標，以保持與環境的和諧一致，並適應競爭的動態環境與調整組織本身的內在變遷。至於，群體既是成員的自然組合，常為迎合群體成員的需求，而隨著群體內在變遷或適應外在競爭，來調整群體的目標，以謀目標的達成。

群體目標除了需迎合成員需求外，尚需以溝通為達成群體目標的手段。蓋溝通是促成群體目標的一種重要方法，溝通的有效性有助於目標的一致。如群體內成員對目標有兩種解釋，則整個群體必由於目標的歧異而陷於紛亂狀態。因此，群體常因目標的變更而遷移，對群體來說，目標乃是功能性的。

五、多元化領導

群體內多元領導產生的因素，即為群體本身情況與外在環境所促成的。就內在情況言，一個群體不只是該群體內所有成員的總和而已，它實包括了個人，且並未消滅了個人的特性，並增加了群性，而發展出群體的人格；此種群體既係自然的結合，成員甚是自由，他們各具專長，且成員的角色、地位也可能是重疊的，故可能引起多元化領導。換言之，群體成員都可能是任何方面的領袖，且每個領導者的態度都可能影響群體成員的任何行為。

此外，外在環境的刺激也會促成多元化領導。誠如前面所言，群體成員多各具專長，當他們參加外界各種活動時，該群體內某種方面專長的成員，將是群體該活動方面的領袖。職是觀之，另一種活動的熟識者，又是此種活動方面的領袖。由此，外界環境的介入，亦可能形成群體的多元化領導。

總之：多元化領導在群體內，包含一些相當複雜的變數，而這些變數的交相錯雜，也影響了群體領導的多元化。

六、面對面溝通

群體爲迎合成員需求的滿足，加上本身體系不大，很容易發展溝通系統與孔道。此種溝通完全是面對面的體系，它係建立在成員的社會關係上，由成員間交互行爲而產生，不是組織的正式結構所能完滿達成，這種直接性溝通係群體所專有的特性之一。

面對面的溝通方式，通常係指非正式的交談，一舉手、一投足、頷首、蹙額、手勢、頓足……等，都足以表達個人的心思，引起群體的共鳴。此種溝通方式與群體領導有密不可分的關係。通常，在群體內溝通愈多的成員，往往就是該群體的領袖；而溝通愈少的成員，則爲被領導者。

總之：群體具有它的獨立特性。通常，群體為了維持生存，必然具有強固的凝結力；並且以某些工具發展成自己的一套規範，此種規範最重要的必須為群體成員所共同接受，並由領導者所把持，以用來制裁那些破壞一致性的成員。惟制約力往往依所違犯的規範的嚴重性，與發生偏差行為者的地位與受人尊敬的程度而異。此外，群體通常都隨時保持目標的彈性，以適應環境的變遷，故其目標乃是功能性的。且群體成員都各具專長，致形成多元化領導。又群體體系不大，成員的意識是透過最捷徑的面對面溝通而形成的。以上這些特性，乃是群體所特有的。

個案研究

凝結在一起的心

旺昌鋼鐵工業股份有限公司因業績的成長和產量的增加，使得品保處兩位負責檢驗的小姐吳秀娟、邱美芳逐漸有不勝負荷的感覺。此時，公司決定對外招募品管人員，以補充人力的不足。

公司招考員工的條件，限定爲專上相關科系畢業的人員，且需具有鋼板品管經驗者。經過一段時間後，陳小姐、林小姐成爲公司的一員。

由於品管處增加了兩位人手，品管主管將吳秀娟和陳小姐安排在同一組，而把邱美芳和林小姐分派爲同一組，希望藉著資深員工的帶領，讓新進人員能迅速掌握狀況，以期達到預定的工作目標。

由於吳秀娟、邱美芳原本感情就不錯，彼此個性、興趣都甚爲投合，經常一起共同午餐，工作上時常相互支援。當來了兩位新手之後，雖然每人帶領一人，但彼此仍然合作無間，工作密切。由於吳、邱的領導得法，在工作量大的時候，經常主動彼此協助；而在工作餘暇，四人更是玩在一起，生活上也能相互照應。因此，四人相處頗爲愉快，工作品質高，很能得到上級主管的賞識。

討論問題

1.你認爲上述四人工作表現優異的主要因素是什麼？

2.你認爲促使四人和諧相處的因素又是什麼？

3.上述四人群體形成的心理基礎是什麼？

4.你是否能指出形成上述四人群體的過程。

群體動態

第10章

本章重點

群體的動態結構

群體行為的測量

群體行為的特性

影響群體行為的變數

群體動態與組織效能

個案研究：堅實的工作夥伴

群體是由許多人經過交往而形成的，此種群體具有相當的動態性。所謂群體動態（group dynamics），乃爲研討群體情境中的社會狀態，此種狀態取決於群體成員的交互行爲。由於群體成員交互行爲的結果，而形成互動的理論與法則，由此吾人可據以推斷群體的績效。本章將依序討論群體的動態結構，進而探討群體行爲的測量，群體行爲的特性，然後分析影響群體行爲的變數，最後研討其與效能之關係。

群體的動態結構

群體的形成並不拘於一定的形式，換言之，群體的結構是屬於動態結構。所謂動態結構，是指一個社會系統中，已經成爲標準化的任何行爲模式而言。其間成員的交互行爲，並無一定的模式可言。不管群體有無一定的制度程序，其結構乃是由群體成員的交互行爲所決定的。

至於交互行爲的要素，主要爲個人在群體中的地位、角色與勢力所決定。易言之，個人是否爲群體的一份子，胥視此人在某種群體內的地位、角色與勢力而定。如某人在任何群體中，均無任何地位、角色與勢力可言，他必是該群體外的孤立份子。因此，地位、角色、勢力發展爲一套系統，三者結合起來構成了群體的結構。

一、地位

地位乃是在社會體系中人員的層級。費富納（John M. Pffifner）與許爾伍（Frank P. Sherwood）認爲：地位是數種社會體系中成員依其位置的比較性尊嚴。社會地位是社會的階級以及一個人的相當位置，它依據許多因素，如年齡、體力、身高、智慧、職業、家庭背景以及人格特質等，綜合而成一個人在社會體系中的一般地位。它們的增減足以訂定個人無數的地位特質表。

然則，群體如何依其活動，而形成其社會地位特質表？何門斯

（George C. Homans）認爲：個人在群體內的行爲，具有三個概念：活動、互動與情感。群體內成員的活動愈多，互動的可能性就愈大；同時在某種活動範圍內，互動常使不相關聯的活動相互結合，增進彼此的情感，甚且培養成相同的價值系統，組合而成一個群體。相同地，共同的情感亦能提供群體活動或互動，予以和諧的氣氛，並排斥群體外在環境或其他群體。

爲了瞭解成員交互行爲關係·吾人可用「社會測量圖」（sociometry）來加以解析（參閱圖10-1）。

依據圖10-1所示，A乃是群體的領袖，處於初級群體的中心地位，B、C、D、E、F則依交互行爲的程度而處於A的周圍，在群體內進行面對面的活動。K與L完全脫離群體關係，是群體外的孤立份子。G、H、I與J處於初級群體的邊緣地位，與群體成員進行或多或少的交互行爲，可能偶然地在活動過程中，與初級群體稍有接觸或永久地居於邊緣地位分享部分活動，有時是屬於群體的，有時則否。由此，吾人可看出某人是否屬於群體的一份子，並窺知其地位的高低。

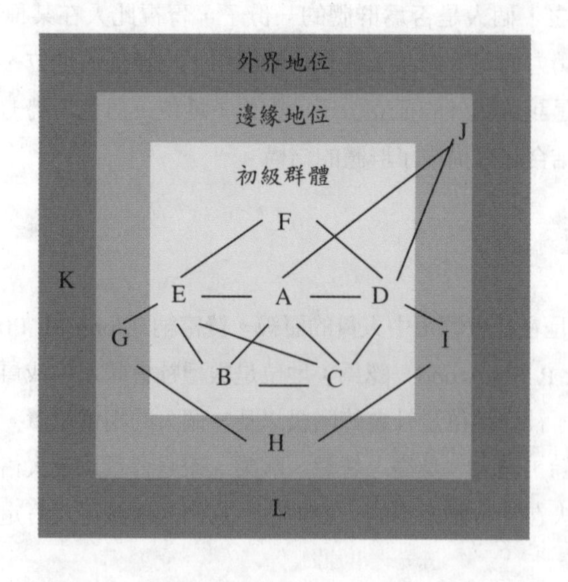

圖10-1 社會測量圖

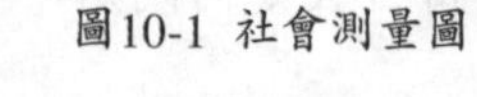

然而，決定群體成員地位高低的因素有哪些？凱斯特（Fremont E. Kast）與羅桑維（James E. Rosenzweig）認爲影響個人地位有諸多因素，例如，年齡、體力、身高、智慧、家庭、職業與人格特質等，這些因素的整合可造就一個人在社會群體中的地位；而帕森司（T. Parsons）則認爲影響地位體系的因素有五：家世、個人特質、成就、所有權與權威。當然，決定個人地位高低的因素甚爲複雜，吾人欲認定群體成員的地位，應多考慮各種因素，才能得到正確結論。

二、角色

「角色」一詞原本是指在戲劇中，據有某種地位或位置而加以扮演而言。扮演小生就是小生的角色，扮演小丑就是小丑的角色。如今社會學、社會心理學上應用角色的名詞，乃表示個人在社會互動關係中擔當某種任務而言，亦即是一個人在特殊位置上的種種活動。在家庭中作父親的在行爲上像個父親，作母親的像個母親，他們都依群體規範而行事。費富納與許爾伍即認爲：角色是指在某種特殊職位上的人員，不管該人是誰，都依被期望的方式而行事的一套行爲。因此，角色與交互行爲的關係極爲明顯，角色一般都被界定爲一套行爲，這些行爲被與某種特定位置有關係的任何人所期望。

沙謹特（S. S. Sargert）與威廉遜（Robert C. Williamson）也認爲：一個人的角色乃是在情境中適合他的一種社會行爲型態，這種行爲需合於他所屬群體人員的要求與期望。換言之，社會上對每類人都有一種期望或規範，關係佔據某種位置的人，在行爲上應有的表現與行爲，此種與該位置有關的期望或規範，即稱爲一個社會角色。

由此可知，角色是不能單獨存在的。它必然涉及他人期望或群體規範，且依其社會地位而行事。又角色與地位是不可分的，無地位則無角色可言，無角色的運作殆無穩固的地位；然兩者尚有差別，地位是指一個人在社會群體中的位置，是較具靜態的象徵；而角色是代表動態的一面。吾人前已言及：群體強調交互行爲的特質，而交互行爲厥爲角色運作的結果。因此，角色成立的要件有二：一為所佔的位置或地位，一為他人的期望。

角色在群體行為中，需涉及他人期望，而每種期望即代表一個角色，這些其他角色與該角色就構成角色群（role sets）的概念，吾人欲瞭解角色就必須連同角色群一併觀察。所謂角色群，是指組織內的某一特定職位彼此相關的數種定向（orientations），也就是說「某種佔據某一特殊社會地位所有的相關角色，彼此具有互為補足作用的關係人物。」然而這個概念與多元角色（multiple roles）是不相同的，後者係指在不同社會體系中同一個人所扮演的所有不同角色。例如，在家庭中父親的角色，在教育群體中是教師，在政治群體中是立法委員，在宗教群體中是牧師，則他在以上各個群體中所扮演的這些角色便是多元角色。至於在該家庭群體內，妻子、子女等與父親所共同扮演的個別角色，便同屬於一個角色群。同樣地，多元角色與角色群概念，亦適用於其他社會群體的成員。

顯然地，在群體中角色的運作，往往是該群體的動態結構。蓋地位乃代表個人的階層，而角色與交互行為的關係更形密切，即角色運作愈多者常是該群體的領袖，而角色運作愈少者往往成為追隨者。因此，角色的運作足以造成個人在群體中地位的高低。當然，地位的高低有時亦影響角色運作的多寡，故角色與地位同為構成群體結構的因素。

三、勢力

所謂勢力就是在社會體系中，個人據有某種地位或扮演某種角色，足以改變或影響其他人員行為的力量。勢力是自然成長的，非為強迫的力量，故與權力不同。權力是根據某種法定的職位，用以改變或影響他人行為的力量。因此，勢力具有非正式的性質，權力則屬於正式結構的範圍。群體既是自然結合而成的，其成員的交互行為是出自於彼此的認同，是心甘情願的，而非層級節制體系所能完成的。就實際作用而言，勢力有時較能改變或影響成員的實際行動，故又可稱為實際影響力。質言之，改變或影響群體成員行為的力量，大致上皆來自於勢力。勢力的大小，亦決定或

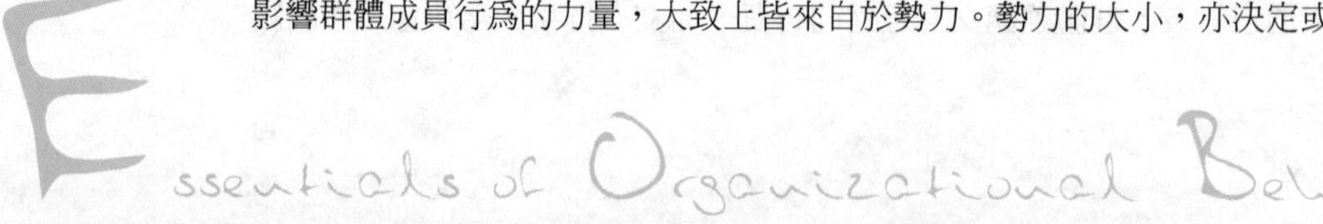

取決於成員地位的高低與角色運作的多寡，三者自成分支系統，且相輔相成，並進而形成群體結構的三大支柱。

依據前述「社會測量圖」顯示：A、B、C、D、E、F在初級群體內進行面對面的接觸，故是相互影響，相互領導的，係同屬於群體的成員；而G、H、I、J只與初級群體內部成員偶然地相互影響，而處於邊緣地位，對初級群體並無發生更大而實際的影響力。換言之，彼此具有實際影響力的成員是屬於同一群體，然而居於群體中心地位或角色運作較多的成員，對其他成員的影響力較大，而其他成員間的勢力較小。因此，勢力與成員的地位或角色的關係極爲密切，在群體內地位高，角色運作多的成員，其勢力愈大；反之，其勢力愈小。總之，在群體內交互行爲頻繁的成員，其勢力或影響力愈大。

綜合言之，群體的動態結構，是由群體成員在一定社會系統中的地位、角色與勢力所構成的。此種地位、角色與勢力的交互影響，不僅構成動態結構關係，並且建構了成員間的溝通關係與人際關係的緊密性。有關群體溝通將於另章討論之。

群體行爲的測量

群體的結構是由群體內部成員的交互行爲所構成，然爲瞭解成員間交互行爲的程度，就必須透過測量技術而測知。此種測量的方法依學者們的研究，大致可分爲下列方法：

一、社會測量法

社會測量法（sociometry）爲一九四七年莫里諾（J. L. Moreno）所提出，意在測量群體成員間的交互行爲，藉以分析成員間彼此的好惡程度。由社會測量圖中，可窺知某些成員喜歡或討厭的工作對象，而發展出成員間相互吸引的等級，其圖示如圖10-2。

圖10-2為九個人相互吸引與拒絕的偏好關係。其中A與B、B與D、D與C、C與A、H與I都相互吸引；又C吸引E、F、H等人，而成為群體鐘的領袖。G為群體外的孤立份子（isolate），而D又吸引F，F吸引I。由此吾人可看出各個成員在群體中的地位，並分析成員間吸引、排拒與偏好關係。

此外，透過社會測量法的運用，吾人可衡量出群體動態偏好型態，亦即瞭解成員間偏好對象的改變，及其對目標達成程度的影響。亦即社會測量法可被當作動態而隨時改變的模式。當群體成員關係改變時，個人的偏好隨之變化；目標不同，其偏好自然會產生變動。

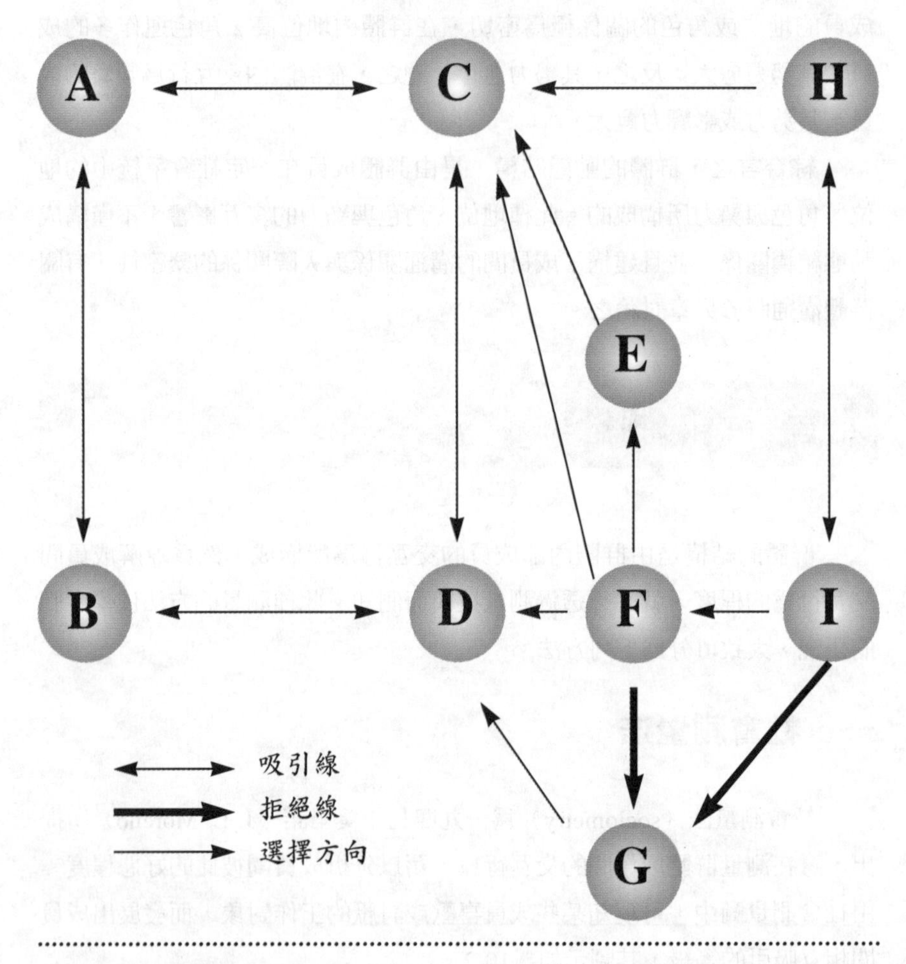

圖10-2 社會關係圖

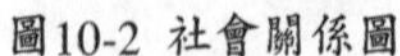

二、互動分析法

互動分析法（interaction analysis）爲貝勒斯（Robert F. Bales）所提出的群體分析法。該理論是以場地理論（field theory）爲基礎所發展出來的。由於它是觀察群體成員交互行爲的關聯程序，又稱爲互動過程分析（interaction process analysis，簡稱爲IPA）。

根據貝勒斯的看法，群體要努力解決的四個主要問題爲：

（一）對群體外在影響因素的適應。
（二）對與完成任務有關因素的工具式控制。
（三）對成員情感的表達。
（四）對成員與整個群體整合的發展和維持。

由於上述四項主要問題，而發展出一項觀察群體的溝通行動模式（a model of communication acts）。其圖示如下（參閱圖10-3）：

在溝通行動模式中，行動（act）是一個很重要的概念。貝勒斯將行動解釋爲一個人語言或非語言的行爲，可傳達至群體中的他人，並由此觀察出行動的開始和結果。因此，每項行動都包括：

（一）由何人發動該項行動。
（二）該項行動的性質爲何。
（三）該項行動是針對何人而發。
（四）該項行動是何時開始的。

貝勒斯依據行動的觀察和分類方法，發展並建立起小群體理論。他認爲群體成員因相互溝通，解決問題，並完成共同目標，而成爲一個堅實的群體，在群體中，由於任務的達成與團結的發展常相互對立，以致經過互動而產生了動態的平衡。在某一段時期，群體活動的重點爲任務的達成；另一段時期的重點，則在加強團結。此種動態的均衡性，是因時制宜的。

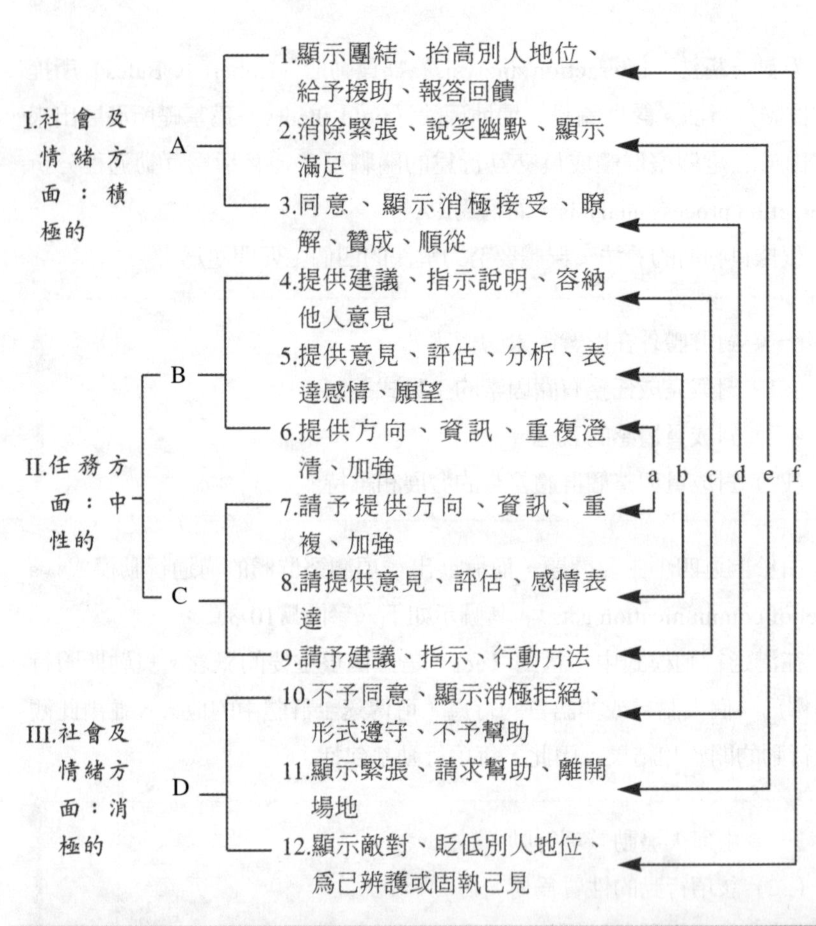

（說明）：

A.積極反應
B.嘗試答覆
C.問題內涵
D.消極反應

a.溝通問題
b.評估問題
c.控制問題
d.決策問題
e.緊張消除問題
f.重新整合問題

圖10-3 溝通行爲模式

三、系統分析法

何門斯在《人類群體》(*The Human Group*)一書中，提出了小群體的系統理論，用以說明群體的行爲。群體本身的構成要素，包括：活動(activities)、互動(interactions)、情感(sentiments)與規範(norms)等。由於對這些因素的瞭解，可使吾人明瞭群體成員的行爲。其模式如圖10-4所示：

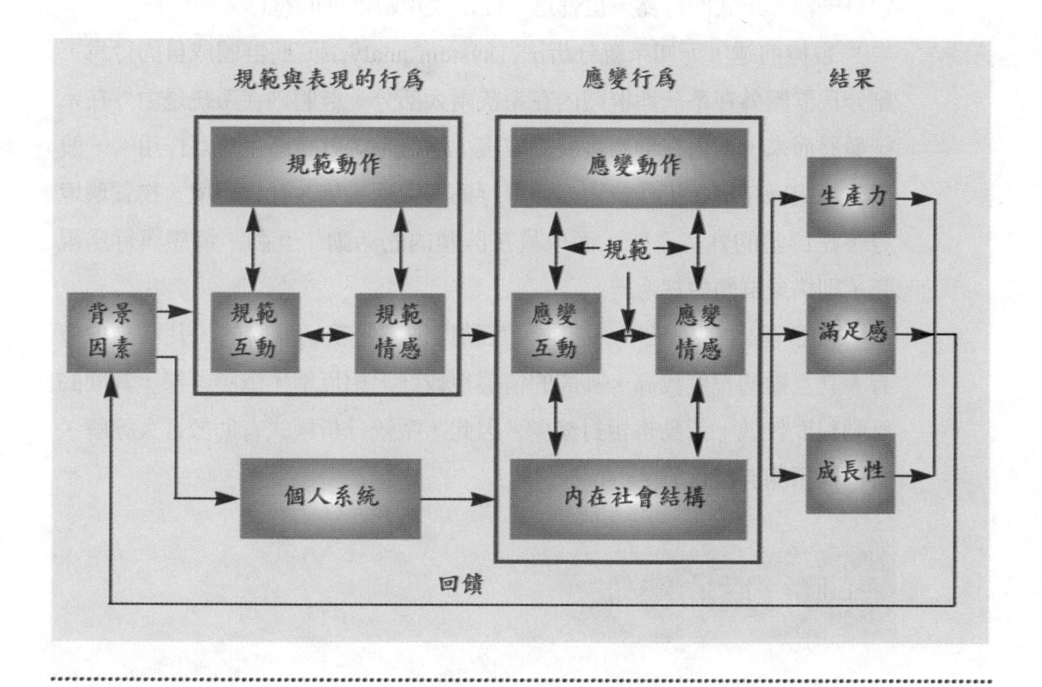

圖10-4 系統行爲模式

在群體系統行爲模式中，群體背景因素加上所需要的活動、互動、情感以及成員個人特質，將建構群體內部系統，進而決定工作任務的完成，內在滿足的獲致與個人的成長。該模式所涉及的幾個概念爲：活動、互動、情感、規範行爲(required behavior)與應變行爲(emergent behavior）。

所謂活動，是指個人身體的動作，即可由他人觀察到的個體活動。互動是指人與人之間實際所發生的活動，包括語言與非語言的聯繫與接觸。情感爲個人的價值、態度與信念，包括所有群體成員對他人正性或負性的感覺，可由活動與互動的表現中推測而得。規範行爲，是指群體的領袖與群體成員爲實現正式工作任務，所表現的活動、互動與情感。至於應變的行爲，則爲滿足成員心理或社會需要，所表現的活動、互動與情感；它是一種非正式的行爲，也就是一種正式規範之外的行爲。

根據前述，可知系統分析法（system analysis）將群體成員的行爲，劃分爲群體外在系統與群體內在系統兩大部分。群體內在系統是由外在系統發展而來，當內在群體發展完成後，兩個系統就會產生交互作用。一般而言，組織結構、工作技術、領導行爲、管理措施、社會環境、物質環境等，是群體的外在系統；而成員在群體內的活動、互動、情感與行爲規範，則構成群體內在系統。

在群體內在系統中，活動、互動與情感是密切關聯的。凡活動愈多者，其互動的程度較高，其間的情感也較好。相反地，情感不深，其間的互動程度較低，活動也相對減少。因此，系統分析模式有助於吾人瞭解、解釋與預測群體行爲。

群體行爲的特性

群體一旦形成，其成員常依社會關係網而進行交互行爲，並表現它本身的獨立特性。當然，每種群體或因工作性質、結構大小、組織份子……等不同，而有所差異。然而，一旦由許多個人組成了群體，在本質上亦具有相當的共同性。此種共同的行爲特性如下：

一、頻繁的交互行為

群體行爲並非基於程序與規則而顯現，而是個人直接的、自然的、情緒的交流所形成的狀態。因此，群體是一群人的組合，且必然有成員間交互行爲，而相互影響與彼此滿足。易言之，成員間的交互行爲，並不是來自彼此的訂約或公式化的，而是彼此心理需求、個人態度與情緒交流的心理狀態。個人間爲了能獲得較大的安全感與身心需求的滿足，及彼此社會需求的適應，相互間的溝通必多，接觸聯繫必繁，互動頻率必高。

根據何門斯的研究顯示，成員間的交互行爲愈頻繁，個人對群體的依賴性愈大，群體對成員的影響力亦愈深。同時，個人對群體的依附力亦愈強，其團結程度亦愈增。反之，亦然。準此，個人間基於共同動機與相同興趣等因素，而導致頻繁的交互行爲，不獨可滿足個人的心理需求與社會需求，更可能以團結態度對抗管理者。管理者不可忽視它的存在。

二、互惠的互助行為

根據社會學者的研究，在各種社會關係中，如果沒有相互義務存在的話，該社會不免解體。此表現在群體中，尤然。一般而言，群體成員間彼此互惠互助的行爲，如金錢上的接濟、物品的借用、經驗的交換、相互的信託、正義的伸張、相互的慰勉……等，不獨增進了彼此的友誼，更導致愉悅的情趣。

同時，群體爲庇護成員的錯失，及保護其利益，不免對破壞成員權益的其他工作者、群體或管理者，加以監視、批評、謾罵，甚或滋事生非。凡此皆顯示出一條規則：不論在任何情況下，與群體保持同甘共苦，是成員應履行的義務或代價。在組織中，若上級人員與下級人員共組成一個群體，不免爲表示對其成員的利益與好處，而多少造成在懲罰、升遷、輪調、公差等正式管理上的偏失，將引起其他工作者或群體的不滿或怨懟。

三、重疊的參與行為

群體是人們基於個人需求而結合的。一個組織若不能滿足成員的需求，則非正式的結合愈多，組織內部必然存在著許多相互重疊的群體。此乃因工作者參與群體的動機與需求不同，以致群體成員的非正式關係，往往是多重參與的。沙利士（Leonard R. Sayles）與司措士（George Strauss）的研究顯示，群體成員具有不同深淺的關係與不同親疏的態度，常導致成員的重疊性參與。

此外，管理方面的措施，如升遷、調職、部門的增設或裁併、產品變換、業務更動及政策修改等，都足以導致成員間接觸的中止，群體隨之而產生變化；而成員間再基於利益與目的的組合，加上機遇與態度的變化，都使成員間的重疊參與愈形顯著。本質上，吾人無法否認，個人總是將私心和自己的願望列爲首位，以致對有關自己利益的事，常加培養與把持；而對本身無利可圖的事，常加以逃避，故而不斷地尋求參與新的群體。因此，成員的重疊參與，乃成爲群體行爲中，明顯而又具體的事實。

四、主觀的領導行為

群體的領導權，是由成員交互行爲而產生的，故對群體成員具有決定性的影響。它是成員間自願給予的，而非由上級授予的；是由下而上的擁戴，而非依法令而得的。因此，群體成員在某種程度內都可能成爲領導者，此乃因群體成員皆具有專長，並在所長範圍內去影響其他成員。有時，群體遭受外來威脅，也常由較具德高望重者出而領導，直到危機解除爲止。是故，在群體中非正式領袖的出現，常受不同外在環境與成員間主觀的內在情緒所決定。

根據本章第一節所言，群體內成員的地位愈高，角色運作愈多，勢力愈大，愈有可能成爲群體的領導者。依此，當正式組織不能滿足成員需求時，成員爲獲致安全感，或尋求工作行爲上有所依歸，可能由具有影響力的非正式領袖，出而領導群體。因此，群體領導行爲是相當不穩定的，

且往往取決於主觀情感而難以控制。

五、團隊的工作行為

群體一項最顯著的行為，乃是有著內部團結的團隊精神表現。工作者如果各自分立，壁壘分明，自然較難形成關係密切的群體。心理學家的研究業已顯示，人類具有強烈的親蜜與情愛的需求。事實證明工作者經由合作所建立的認同感，實有助於工作者形成情感的交融，並尋求滿足這種需求。因此，團隊精神的表現，不僅有助於共同目標的達成，更是一種成員相互需求的高度合作本能。

一般而言，工作者加入群體，他的行動便會尋求與群體規範一致。至於群體本身為求生存與發展，更會緊密地結合成員的力量，對於任何問題，均能集合眾人的意見與態度，始決定其作法，以便共同採取一致的行動，來達成群體目標。一旦成員的行為有所偏差，其他成員便會施加群體壓力，迫使其就範。因此，團隊精神的表現，無異是群體生存的命脈。

六、自願的從眾行為

個人一旦參與群體，常表現自願的從眾行為。此乃因個人希望得到別人的接納，一部分係起因於成員的自衛作用，一部分則為群體本身的團結作用所促成的。個人只有和自己想法一致，具相同評價、相同意見的人在一起，才有安全感，才能得到喜悅；否則，他將受到排斥，為他人所厭惡。因此，他們必須建立一個群體標準，每個人都必須遵守這項標準；否則，群體必不能成為群體。

當然，吾人很難肯定地說個人不想出類拔萃，不想表現非凡的性格與能力。實際上，個人常表現他的才能，並希望別人能看重他的才能。惟這些情況需在群體有限度的認可下，才容易實現。個人若經常表現出他的特殊才能，將很難得到其他成員的認同。著名的浩桑研究業已證實：個人工作量的限制，常需要配合群體的一致要求與行動。

七、默契的溝通行為

群體爲了迎合成員需求，和讓成員瞭解現在發生什麼事，通常都會提供一條迅速而有效的溝通路線。因此，群體成員往往發展出一套簡捷的方法，如用一個眨眼、一項動作、一種隱語，來作爲他們溝通的工具。此種溝通方法往往具有排他性，而不爲其他群體成員所瞭解。社會心理學家的研究指出，人類用語言或肢體爲工具，藉此而在人與人的交互行爲中，交換彼此的思想、情感與意向，此表現在群體行爲中，尤爲明顯。

一般而言，群體內的語言或肢體溝通最具有社會性與自然性。此種特性使工作者更容易獲致共同的認知。蓋導致群體成員堅強凝聚在一起的最大原因，多半是由於彼此有我群的意識。因此，面對面的口頭接觸、聳肩、點頭、眨眼、口哨、手勢等種種特殊語言或暗號密語，乃成爲成員間共同經驗的產物，更反應出他們共同的意識。

八、主觀的規範行為

群體行爲的特色之一，乃是成員間彼此親蜜的交往與相互依存。因此，群體一旦形成，常會發展出一套自己的習慣與做法，以求有別於其他群體。然而，有時群體規範的形成，往往具有主觀的情緒色彩，無關乎正義，以致常不顧及客觀的事實或道德。他們所認爲正當的行爲，幾乎是不可言傳的，且係由相互默認而形成的一套不成文法。同時，群體成員爲了加強凝結力，對於他們所認同的行爲規範，通常都不會放棄或改變。

再者，群體的形成有時可能既無目標，又顯得零亂；然而，當它要達成某種特定目標時，可能作有效的結合，希求能影響管理措施，或對抗其他群體。因此，群體常以主觀的行爲規範，來對抗組織管理者或其他群體。何門斯即認爲：群體是一種以情感爲基礎的結合，故群體行爲實缺乏客觀的標準。

九、自訂的規律行為

群體爲了維持內部團結與維繫成員的相互依存，常備有某些紀律與獎懲。對於懶散的、輕忽的、善良的、善體人意的，均有各如其分的獎懲措施。由於群體行動的目標、態度，是相互默認的，故成員接受紀律規範，乃視爲應該而必要的。同時，群體成員亦能心悅誠服地遵守此種規範：如有違背或拒絕，亦常受他人的批評與攻擊。同樣地，若成員有特殊困境，大家也會立刻集合在一起，共同決定一個辦法去解決。

群體內部成員都難免有困難、怪癖、特殊嗜好、意志不堅、不切實際，或多或少的不安與衝突等現象，這些都足以擾亂群體工作的一致性，使和諧關係瀕臨破裂。所幸在群體中有不成文的規律，可使成員間的騷動消失於無形，這就是群體成員自訂的紀律規範。

十、多變的複雜行為

群體既是自然形成的，它有時像原子一般，不太容易分裂；但有時卻在環境的調整下，忽然起了很大的變化。因此，群體所表現的行爲，也是複雜而多變的。組織內工作者相互間的接觸，最初純屬機遇，奇妙而複雜，且基於相同利益與目的而結合；惟一旦彼此間的利益與目的發生變化，他們的態度也可能隨之改變。

當然，群體在內部相當穩定時，些微的變動可能不致影響其存亡。然而管理方面的措施，如組織部門的重組或新技術的引進，都可能使成員間的接觸中止，致使群體的組合隨之發生變化。不過，群體雖可能因組織結構的變化而解體，但成員間有時仍可保持接觸，繼續維持原有的關係。準此，群體行爲是複雜而多變的。

總之：每個群體都會有興亡盛衰之跡，所謂「合久必分，分久必合」，全視群體成員情感的好惡、個性人格的交互作用、共同利益的是否堅固、工作關係與性質，以及群體成就的大小而定。由於群體本身所具有的共同特色，以致常顯現出上述的行為特徵。當然，由於各群體類型的不同，其間內容或有些微的差異，然而其本質是相當一致的。

影響群體行為的變數

群體一旦組成，常表現一些行為特性，已如前節所述。惟群體行為是變化多端的。群體常因成員性別、成員性格、群體大小、成員異質性、群體凝結力等差異，而影響群體行為。本節擬討論如下：

一、性別差異

根據許多研究證據顯示，男性較富攻擊性、自我肯定，較無顧慮畏懼；女性較為體卹、心細、富同情心，但比男性富情緒化。男性對事物較憑判斷，女性較憑直覺。因此，在群體中，男性的表現較富攻擊性，也較主動而積極；女性則較容忍、被動，態度較退縮。

就群體的從眾行為言，男性通常比女性較有影響力，女性則傾向於從眾性。然而最近的研究顯示，這乃是研究者所採用的工作性質，都是屬於男性所認同的型態，以致得到男性較富有影響力的結論。事實上，如果研究所採用的工作型態不強調性別差異，則兩者之間沒有明顯的差別。

依此，近代許多行為科學家都認為：兩性差異乃是文化中性別角色差異所形成的。在傳統社會中，男女兩性所接受的禮教與社會化過程，有極大差異。然而，近來思想已大為開放，性別差異已逐漸侷限於生理差異，以致男女差異正逐漸消退。

二、成員性格

群體成員性格與群體行為特質有相當的關係。根據研究顯示，人格特質會影響個人的態度與行為。此種許多人的人格交互作用的結果，即代表群體行為特質。一般而言，在社會文化中，具有正向屬性的性格，如社會化、自信、獨立等，都和群體生產、士氣與親和力具有正性相關；相反地，負性評價的特質，如權威性、專斷、叛逆性等，則與群體產量、士氣等有負性相關。

當然，單一人格特質並無法作為預測群體行為的變數。蓋群體成員本身是互動的，任何單獨的人格特質對群體的影響不大；但就整體而言，整合的人格特質將產生極大的影響力。因此，群體成員的人格特質，是決定群體行為的重要因素。

三、群體大小

顯然地，群體大小將影響群體行為。此乃因群體大小會影響群體的凝結力。一般而言，群體愈小，其凝結力愈大；群體愈大，其凝結力愈小；亦即群體大小與群體凝結力成反比。當然，這要依各種情況而異。此已於前章，有過討論。

就群體任務的完成而言，小群體完成任務的速度，比大群體為快。然而，就決策品質而言，大群體由於有較多的成員，可以得到廣博周知的效果，致其有較優異的成果。

有關群體大小的重要發現之一，乃為凌格曼效應（Ringelmann Effect）。所謂凌格曼效應，乃為一九二〇年代德國的凌格曼所提出的觀點，認為群體的表現比個人為好，但隨著群體成員的增加，成員的個人表現反而降低了。考其原因有二：一為相互模仿，即個人認為他人不夠努力時，就不再那麼熱切，以求取「平衡」。另一為責任分散，由於個人責任無法確定，以致彼此推諉，形成效率的降低。凌格曼效應推翻了「群體整體產量至少應等於群體中個別產量之和」的看法。

準此，在組織行為中，管理者若以群體成效來評估群體工作，就必須同時提出可辨別個人工作成效的方法，否則將無法提昇群體產量。

四、成員異質性

所謂異質性（hetrogeneity），是指群體成員表現不同的態度、興趣與價值觀……等特質而言。在群體中，異質性的群體成員，可提供許多技能、知識、資訊等；而許多群體正需要這些技能、知識與資訊，才能發揮效率。一般而言，當群體成員在人格、意見、能力，以及感受上各不相同時，更有可能提出各種解決問題的方案，將有利於群體任務的達成。因此，異質群體在解決共同問題上，比同質群體更為有效。然而，群體的異質性也可能提出許多不同立場而難以權宜行事，以致在群體中造成衝突的情況。是故，群體成員的異質性，將影響群體行為。

五、群體凝結力

群體凝結力是群體成員相互吸引，並共享群體目標的程度。群體凝結力的大小，將影響群體行為；而凝結力的大小，與交往機會、加入難易、群體大小、外在威脅、過去成就等有關。凡群體成員交往的機會愈多，其凝結力愈強；沒有過交往的成員，將無從產生凝結力。又越難加入的群體，凝結力愈大；較易加入的群體，其凝結力愈鬆散。群體凝結力與群體大小成反比，此已如前述。又群體有外在威脅時，其凝結力最強；惟有外力威脅而群體無能應付時，則凝結力可能會分散。最後，有成就的群體比較能吸引成員，而表現較強的凝結力。綜觀上述，可知群體凝結力，是影響群體行為的重要變數。

> 總之：群體的構成，乃係基於群體成員的共同心理基礎；惟群體一旦形成，常表現某些行為特性。這些行為特性，則受到群體成員的性別差異、成員性格、群體大小、異質性與凝結力的影響。組織管理者要瞭解群體行為，必須掌握影響群體行為的變數，從而採取因應措施。

群體動態與組織效能

群體動態行爲對組織效能的影響，是深遠的。蓋群體動態乃取決於群體內部成員的交互行爲。誠如前面各節所言，群體成員的交互行爲正足以形成群體的動態結構，此由成員地位、角色、勢力與行爲規範所構成。本節將逐步敘述其對效能的影響。此外，群體凝結力是群體行爲的指標，其與效能之間的關係，也不容忽視。

一、群體結構與效能

群體結構爲群體成員透過交互行爲而構成的，而交互行爲乃爲成員依其地位、角色與勢力的運作，而形成一定的行爲規範。因此，規範、地位、角色、勢力等對工作績效與成員滿足感，都有相當的影響。

(一) 規範

群體規範是群體成員行爲的準則，吾人瞭解群體規範，有助於瞭解成員的態度與行爲。一個要求高產量的群體規範，其成員自然表現優良的工作績效；相反地，群體自限產量的規範，將使成員無法產生較高的績效標準。通常，群體本身的規範固會影響其成員的行爲，惟群體目標與組織目標是否一致，也會形成某些群體規範，並影響其成員行爲，以達成其績效要求。當群體目標與組織目標一致時，所形成的群體規範，對成員的制約力最強，其工作績效最佳；否則，反是。

(二) 地位

地位較高的成員，其滿足感較高，比較有良好的工作表現，這已由許多研究結果得到了證實。另外，地位較高，其權力也較大，此將化爲工作的動機。地位是群體所賦予的，是一種價值的知覺。在不同群體、不同時空中，便有不同的地位。個人在群體中爲求穩固地位，或提高其地位，必然要全力以赴，努力提高其工作績效；否則，很難表現良好的工作績效。

不過，在群體中地位的不公平容易使人產生挫折，對產量、工作滿足感和留在組織中工作的意願，有負面的影響。組織成員處於不同群體間，或群體成員的背景過於歧異，可能產生對地位評價的衝突。此時，不管居於組織成員的身分，或群體成員的身分，都很難整合，因而可能造成衝突。在此種情況下，無法希求成員發揮其工作績效。

(三) 角色

每個成員在群體的不同角色中，表現的行爲並不相同，其工作績效自然有所差異。凡角色運作較多的成員，有可能是群體的領導者，其地位愈高，影響力愈大，自尊心愈強，個人的滿足感較高，容易有優良的工作表現。相反地，角色運作愈少者，其地位愈低，影響力較小，比較不會有滿足感，工作表現也愈差。當然，這仍要看當時個別情境的差異而定。

此外，瞭解個人在不同群體中的角色，可比較他的行爲，從而預測和瞭解他的期望，或別人對他的期待。這就牽涉到角色認同（role identity)、角色知覺（role perception)、角色期待（role expectations）和角色衝突（role conflict）等問題。所謂角色認同，就是成員採取與角色相符的態度與行爲之謂。角色知覺，爲成員在群體中扮演某種角色，而自認爲應表現何種行爲的觀點。角色期待，則爲群體其他成員期望某成員表現的行爲。當角色認同、角色知覺與角色期待都相符合時，群體成員較容易表現合作的行爲，其績效必高；相反地，若三者之間相互矛盾，則常形成衝突，很難有良好的工作表現。

至於角色衝突，乃爲個體面臨著不同的角色期望，而各項期待相互矛盾的狀態。此時，符合一種角色的需求，會使另一個角色行爲需求難以達成。當個人面臨角色衝突時，也會增加其內在的緊張與挫折。在此種情況下，個人很難表現正常的工作績效；只有消除角色衝突的困境，才有提昇個人表現良好績效的可能。

總之：當個人認同他的角色，且此種角色符合他人的期望，並不發生角色衝突，較能全力表現良好行為，增進工作績效。

二、群體凝結力與效能

群體凝結力，爲群體動態中最重要的因素。所謂群體凝結力，是指群體成員間相互吸引，並共享群體目標的程度。當群體目標與成員個人目標愈一致，成員間相互吸引力愈大，則凝結力愈強，工作績效愈顯著，個人的滿足感也愈高。

一般研究顯示，凝結力愈高的群體，其生產力要比凝結力低的群體爲高。當然，此種凝結力與生產力之間的關係，仍然受到許多因素的影響。首先，高凝結力是高生產量的因，也是果。在群體中，成員間的凝結力高，則其間的友誼也較爲濃密，此可降低彼此的緊張，並提供支持的環境，使群體目標更易達成，如此則有助於提高群體產量。從另外一個角度來看，群體產量提高，或群體目標成功地達成了，也會增進成員間的情誼，加強彼此的凝結力。

此外，影響凝結力與生產關係的最重要因素，乃爲群體的態度與組織目標一致的程度。凝結力愈大的群體，其成員越能遵從群體規範。此時，群體態度與組織目標一致時，則凝結力足以提高產量；相反地，若群體態度與組織目標不一致，則高凝結力反而會降低產量。再者，如果員工態度支持群體目標，則凝結力高者，其產量將高於凝結力低者。假如凝結力低，員工態度也不支持組織目標，則對產量的影響不大。其關係如圖10-5所示。

總之：高凝結力可提高員工的滿足程度，並降低曠職、怠工與離職率。然而，高凝結力的群體不一定會提高生產，這得看群體目標與組織目標是否一致而定。

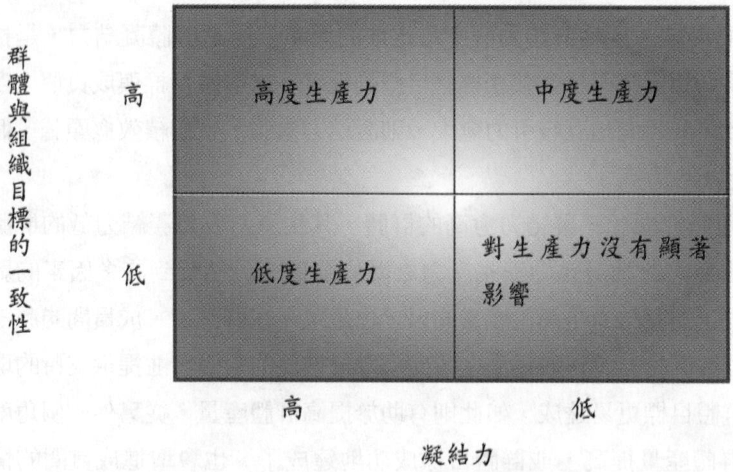

群體與組織目標的一致性 ＼ 凝結力	高	低
高	高度生產力	中度生產力
低	低度生產力	對生產力沒有顯著影響

圖10-5 凝結力與生產力的關係

個案研究

堅實的工作夥伴

雄興公司生產線上第二組，今天充滿著低氣壓，原因乃是該組組長楊秋月被課長責備了一頓。由於平日楊秋月對組員的充分照顧，組員們對她特別尊敬。在組裡，只要楊秋月一句話，大家無不全力以赴，她不僅是一位組長，而且儼然是一位老大姐。年齡最長，工作能力也強，只是個性倔強，不喜歡被管；但對屬下同仁卻很和善。這次就是不服課長的指正，而爆發了衝突，導致整組員工的抵制行動。

談到課長，組內同仁一向把他看作是個「惡煞」，因為他對部屬要求太過嚴苛，員工們感到很難適應。某次，課長到組裡來巡查，倪秋滿首先發現，只是打了一下暗號，就被課長訓斥一番。為此，該組同仁早就對課長不滿。至於第二組內部員工在平日即常相互幫忙，如張素秋是從中部南下工作的，由於家境清寒，每月幾乎將所得寄回家用，自己所留不多，遇到有事就出現窘狀，組內同事都相當瞭解，偶有接濟行動，尤其是楊秋月更常常給予援助，張素秋平時對大夥兒即常存感激之心。

此外，在工作餘暇，老大姐常帶領大夥去打打牙祭，看看電影；組內同仁相處甚為融洽，情同姐妹，可說已達到心靈上交融的地步。在工作上，彼此經常交換經驗，相互慰勉，偶有同仁生病，都能相互照應。第二組是公司內大家所公認最為堅實的「死黨」，對外來的壓力會加以抵制。

討論問題

1.通常「堅實的工作夥伴」會出現哪些行爲特徵？

2.一個心理群體一旦形成，其內部將有哪些行爲出現？

3.一個心理群體一旦形成，是否一定會對抗外來的壓力？

4.個案中，楊秋月對群體成員有重大影響力的主要原因爲何？

第11章

群體溝通

本章重點

意見溝通的意義

群體溝通的模式

有效溝通的障礙

群體溝通網絡

群體溝通與組織效能

個案研究：不加班的惡作劇

群體結構是由成員間的地位、角色與勢力而建構成的，惟地位、角色與勢力則透過成員間的交互行爲而形成。所謂交互行爲，乃爲一種不拘任何形式的溝通，此種溝通可以是語言的或非語言的。因此，任何群體必然有溝通，才會存在；群體若無溝通，即無存在的可能；甚而若缺乏有效的溝通，都會抑制群體的表現。是故，群體溝通乃爲維繫群體命脈之所在。本章將研究群體溝通的意義、模式，進而分析有效溝通的障礙，並討論群體溝通網絡，以及其對組織效能的影響。

意見溝通的意義

意見溝通（communication）一詞，含有告知、散佈消息的意思。其字源爲commue，意指「共同化」。在溝通過程中，溝通者意圖建立共同的瞭解，並使採取相同態度。故本質上，意見溝通就是一種意見的交流。站在組織的立場言，所謂溝通，就是使成員對組織任務有共同的瞭解，使思想一致，精神團結的方法與程序。其主要目的是要使各個人對共同問題有心心相印的瞭解，對工作職權有相互的信賴與一致的認識。換言之，意見溝通是人員彼此間瞭解和訊息傳遞的過程。

芬克與皮索（F. E. Funk & D. T. Piersol）說：「所謂意見溝通就是所有傳遞訊息、態度、觀念與意見的過程，並經由這些過程提供共同瞭解與協議的基礎。」

梅義耳（Fred G. Meyers）也說：「意見溝通就是將一個人的意思和觀念，傳達給別人的行動；欲求溝通之有效，必須具有充分的彈性與活力。」

拉斯威爾（H. D. Lasswell）認爲：意見溝通是「什麼人說什麼話，經由什麼路線傳至什麼人，而達成什麼效果」的問題。

布朗（C. G. Brown）界定意見溝通爲「將觀念或思想，由一個人傳遞至另一個人的程序，其主旨是使接受溝通的人，獲得思想上的瞭解。」

詹生等（Richard A. Johnson, Fremont E. Kast & James E. Rosenzweig）

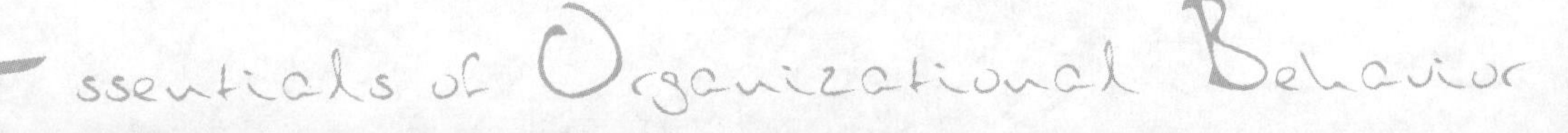

的看法：「意見溝通是牽涉一位傳遞者與一位接受者的系統，並且具有回饋控制作用。」

綜合上述各家的看法，意見溝通可視爲影響群體認同（identification）的重要因素之一。戴維斯（Keith Davis）稱：「意見溝通是將某人的訊息和瞭解，傳達給他人的一種程序。意見溝通永遠涉及兩個人，即傳達者和接受者。一個人是無法溝通的，必有一個接受者，才能完成溝通的程序。」因此，意見溝通必須具有兩大因素：「傳達者」與「接受者」，並兼具所有預期的效果。它是群體人員爲完成群體目標，彼此有效地傳遞訊息的過程，是雙向的，而不是單軌的。是故，意見溝通不僅在正式結構上，鼓舞員工的工作情緒；並且在非正式結構上，是一種滿足心理與社會需求的手段。

群體溝通的模式

所謂溝通（communication），即含有告知、散佈訊息的意思。在溝通過程中，溝通者意圖與被溝通者建立共同的瞭解，並使其採取相同的態度。故意見溝通就是一種意見的交流。早期的基本溝通模式，爲亞里斯多德（Aristotle）所提出，認爲溝通的要素有三：發言者（speaker）、講詞（speech）、聽眾（audience）。

直到一九四七年電子通訊方面發展出所謂先農魏夫（Shannon-Weaver）模式，認爲溝通有五要素：

一、源流（source）。
二、傳達者（transmitter）。
三、符號（signal）。
四、接受者（receiver）。
五、目的（destination）。

其次，謝拉姆（W. Schram）提出溝通模式的五要素，爲：

一、源流。
二、表示作用（encoder）。
三、符號。
四、收受作用（decoder）。
五、目的。

白庫克（C. Merton Babcock）則認爲溝通的五要素，是：

一、行動（action）。
二、情境（situation）。
三、參與者（participant）。
四、媒介（channel）。
五、目的。

伯勒（David K. Berlo）更提出溝通模式有九要素：

一、源流。
二、表示作用。
三、訊息（message）。
四、媒介。
五、接受者（receiver）。
六、收受作用（decoder）。
七、工具（meaning）。
八、回饋（feedback）。
九、干擾（noise）。

綜合上述學者的見解，整個意見溝通過程的模式，主要包括有：源流、訊息、媒介、干擾、收受者、所期望的目的。除干擾一項待下節討論外，其餘先論述如下：

一、溝通源流

所有群體溝通的源頭，大多為來自於個人。個人的溝通技巧、態度、經驗、知識、環境和社會文化因素，都會影響群體溝通的有效性，溝通技巧包括：傳達者的發音、字彙、說話的結構、思考、談吐能力，甚至於姿勢、手勢、面部表情等肢體語言均屬之。態度則為傳達者個人的個性、信心，以及對傳達主題的看法等。經驗為個人過去的知覺歷史。知識則包括對傳達主題的瞭解程度，以及對接受者接受能力的辨識。此外，意見溝通無法孤立於社會系統之外，個人的溝通常顯現出個人的社會文化與環境的地位，包括：社會地位、群體習慣與社會背景等。

二、溝通訊息

溝通傳達者將態度、觀念、需要、意見等，經由口頭或書面表達出來，就成為訊息。訊息是源流的實質產物，例如，說出的語辭、寫出的字句、繪出的圖形、面部的表情、手勢等是。溝通訊息主要有三項內容：一為所用的符號，符號可能是語文或音樂、手勢、藝術等。二為訊息的安排，將雜亂的觀念按所欲傳達的目的加以組織化，如文字的起承轉接、層次傳達是。三為訊息的取捨，訊息應為傳達者和接受者雙方所瞭解，否則溝通的正確性將降低或干擾性將提高，故溝通時宜考慮取材用字。

三、溝通媒介

溝通媒介是源流與接受者的聯結體。媒介主要有五：景物、聲響、知覺、嗅覺、音波。當個人欲表達某種意見時，必賴溝通的媒介。溝通傳達者有了溝通需要時，將他所希望與對方共享的訊息或感覺，製成各種記號直接傳達，或用各種表情、姿態表現出來，其所憑藉的身體各器官、各種視聽工具就是溝通媒介。根據心理學家的研究，不管溝通的媒介是什麼，都會產生下列情形：

（一）意見溝通所用的方式愈多，效果愈強，此乃因視聽並用而產生增強作用的結果。
（二）感官的感覺愈爲直接，其刺激與反應也愈強。
（三）所用傳達的方式愈多，強度愈深，而接受者愈少，溝通效果愈大。
（四）溝通媒介會影響溝通方式，也會影響接收者的態度。

四、溝通接收者

溝通的接收者是意見溝通的對象，它可能是個人或群體。溝通的接收者會受溝通的技巧、態度、經驗及社會文化系統等的影響。接收者的個人特質與群體關係，亦能決定其接受溝通與否，或瞭解溝通的能力。個人之間存有心理距離，必然排斥意見溝通。且若群體關係良好，個人接受群體規範，亦較易接受群體內的溝通。此外，溝通若能適應接受者，溝通成功的機率也較大。

五、期欲的反應

溝通的目的就是希望能得到所希望的反應，反應是意見溝通過程的最後步驟。當然，反應可能改變成爲第二循環的訊息源流，使原來的傳達者變成接受者，則可使溝通傳達者知道訊息是否被接受，或作正確的解釋，甚而使原傳達者修正溝通的方式與內容。

總之：研究意見溝通不能不注意上述五大要素。此外，作意見溝通時，也必須注意表示作用、收受作用、干擾或阻礙、群體情境等因素的影響。通常，我們依個人的感觸、態度、情緒來表示意見，故必須隨時注意到誰在溝通，表達什麼思想、觀念或意見，以什麼方式對什麼人，而希望得到什麼效果，才能做好意見溝通的工作。

有效溝通的障礙

完整的溝通只是一種理想，實際上是無法做到的。蓋意見溝通不僅是一種意念的傳達，而且要尋求雙方的共同瞭解。然而，在意見溝通的過程中，難免產生溝通的干擾。此種干擾常來自於傳達者與接受者雙方語文上、地位上、知覺上、心理上的障礙。

一、語文上的障礙

意見溝通最主要的工具，不外乎語文。然而，語文僅是代表事物的符號，其所要表達的意義很有限；加以語文排列上的次序，偶爾也造成語意上的混亂，內容的不明確；且接受者的領會不同，解釋各異，而引發誤解。通常語文在意見溝通上所造成的障礙，有以下幾種狀況：

(一) 語文造成語意上的困難

語文主要爲表達「意見」，而意見本身極爲主觀，與個性、人格無法分開，不同的人格對相同的事物常有不同的知覺和看法；甚而個人常以其主觀的意見，將印象所得的聯想構成事實。故有人認爲：人們所傳達的，實際上是對「實體」(reality) 的解釋，而不是「實體」本身。

(二) 相同的語文在不同的地方，常具有不同的意義

語文是較固定的，而眞實事物是變動不居的。在此種情況下，相同的語文實不足以說明不同的事物，以致各含不同的意義。費富納 (John M. Pfiffner) 曾說：語文是使人爲難的工具。眞實事物具有動態性，並不斷地在改變；而語文卻具靜態性，並欠缺彈性。

(三) 語文在不同教育程度的人之間造成差別

一般言之，教育程度高的人較易瞭解語文的含義，但在心理上反而較不願意接受，並欠缺彈性。

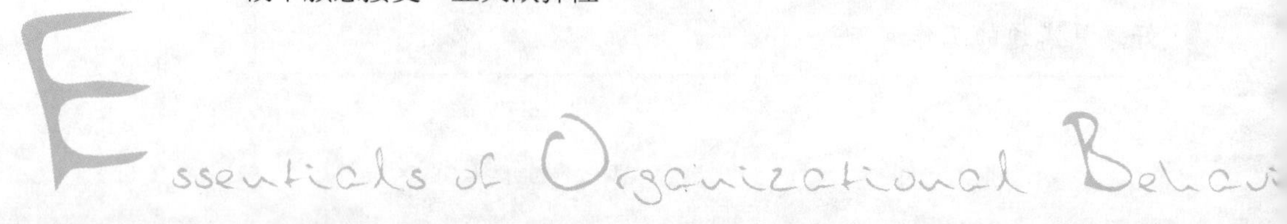

二、地位上的障礙

在群體結構中，每個成員的地位並不相同。此種不同的地位，將引發不同的情感，造成對事物不同的看法與知覺。此種不同的知覺會產生對同樣問題或事物的不同解釋，卒而形成溝通的障礙。固然，群體成員的地位相當，本質上差異不大；然而無形的層級節制體系，仍然存在。

根據研究顯示：群體成員的地位，是屬於社會地位，此種社會地位常因人格特質、成就等因素，而透過交互行為的影響，而造成個人的不同地位，此在「社會測量圖」中已充分顯現而得到證實。當然，由於群體是成員基於許多共同的基礎而形成，此種因地位而造成的溝通障礙不會太大；然而地位所形成的干擾或障礙，多少總是存在的。

三、知覺上的障礙

群體溝通的障礙，大部分來自於成員間知覺上的差異。一般而言，知覺是決定個人行為的因素之一。在溝通行為上，個人的知覺往往決定其溝通的意願與對溝通對象的取捨。當個人對某人有了良好的知覺時，他比較願意與之溝通；相反地，個人對他人產生了不良知覺，便捨棄與他人溝通的機會，甚而拒絕與其溝通。

此外，個人在與他人溝通時，常不能保持理性的客觀態度，而依個人過去的知覺經驗與歷程，貫注於他人的談話之中；或將個人的情感或情緒介入，以判斷代替理性的事實評價。易言之，個人常將自己所知覺到的訊息，投射於自己的價值系統中，以致形成刻板印象，終而阻礙意見的交流。

四、心理上的障礙

群體溝通的障礙，除了來自成員間知覺上的差異之外，尚來自於彼此間不同的情緒、態度、動機、人格等心理因素。由於個人情緒、態度、動機、人格特質的不同，往往會造成對意見解釋的差異。此種心理上的差異，常造成心理的隔膜，而不願進行有效的意見溝通。凡此種種，皆形成溝通上的心理障礙。

在群體生活中，有些人可能樂於接受別人的溝通；有些人則自以爲是，在心理上設定一種藩籬，處處防範別人，則必無法與他人眞誠相處，更遑論作意見交流了。因此，意見溝通的先決條件，乃爲個人之間必須有坦蕩的心胸，不作歪曲的解釋；尤需基於心理上的健全，情緒的穩定，良好的人群關係態度。當然，群體的構成是基於許多相同的基礎，尤其是心理的基礎，故而心理上所形成的溝通障礙，應不足爲慮。然而由於個人心理條件的不同，吾人很難克服個人間心理上的差異。

總之：群體的構成主要建立在成員交互行為的基礎上，而其間的交互行為實以充分溝通為要件。惟意見溝通常限於種種因素的差異，而產生一些干擾和阻礙。群體成員必須設法掃除這些障礙，才能凝結成一個堅實的群體。此種群體的建立，常由它的溝通網絡而達成。下節將繼續討論群體溝通網絡。

群體溝通網絡

群體結構決定了成員間傳遞訊息的難易和有效性。群體溝通網絡則影響群體成員溝通的方向，從而構成群體的結構。因此，溝通在群體動態結構中扮演極爲重要的角色。此乃因群體成員間關係常受彼此溝通型式的限制，此種溝通型式即是群體溝通網絡。

一般而言，群體的溝通關係取決於溝通網絡、溝通內容、溝通干擾及溝通方向。其中尤以溝通網絡對群體的結構，最具影響力。溝通網絡也是一種群體的基本形態，會影響群體解決問題的方式，此種型態告訴我們一個群體是如何聯繫在一起的。一般群體的溝通網絡有下列五種代表類型：

以下圖形是假定有五個群體，均由五人所構成，其中線段代表溝通路線，則各個群體溝通路線的安排與數目都不相同：

一、網式溝通網

是指群體成員都直接與其他成員溝通；亦即每個成員的地位相當，角色運作相同，其影響力相等。此種群體溝通網路對解決問題的時效較慢，但處理問題較爲周延；其成員溝通士氣最高，處事最熱忱。在群體組織結構方面，沒有比較明顯的程序。實際上，此種群體溝通網絡較不易存在，因爲群體中的每個成員很難同時與其他所有成員作相等互動的關係，尤其是群體成員愈多，其存在的可能性愈小；只有群體成員最少時，才有存在的可能。且此種群體溝通網絡，沒有明顯的群體領袖出現。

二、圈式溝通網

是指群體成員都只與兩個成員進行溝通，致形成圓圈式的溝通網絡。此種群體溝通網絡，正如網狀式溝通網絡一樣，每個成員的地位、角色、勢力的運作都相同，且沒有足以領導群體的領袖出現。每個成員在群體中的滿足感相同，但在解決問題的時效上較爲迂迴緩慢。在實務上，此種群體溝通網絡較少有存在的可能，因爲每個成員很難只固定與其他兩個成員溝通。不過，較常與某些固定成員溝通是可能的。

三、鏈式溝通網

此種溝通網構成了群體的無形層級節制體系，有了明顯的中心領導人物，也有一些群體的追隨分子（follower）。通常，處於鏈式結構中心的成員，是個領袖份子；他在群體中的地位最高，權力最大，最具滿足感。至於處於鏈式結構兩端的成員，其地位在群體中最低，權力最小，較少有滿足感。在解決問題方面，此種溝通網絡的群體較具時效性；此乃因成員在溝通過程中有一定的程序，避免一些訊息的迂迴之故；且領導人物處於中心位置，可優先得到訊息，掌握決策的先機。一般而言，此種群體溝通網絡較有存在的可能。

四、Y型溝通網

此種溝通網和鏈式溝通網一樣，在結構上有一個群體領袖。處於交叉點位置的領袖份子，比其他成員較早掌握訊息，所負的責任較重，擁有較多的權力，最具獨立感和滿足感，有可能形成功能上的領袖；而其他成員則不然，其中尤以處於各頂端位置的成員為最。此種溝通網會形成成員不同的地位、權力與滿足感；但對解決問題方面較具時效性。此種溝通網絡的群體，在實務上較有可能存在，此乃基於人類自然劃分階級的本能以及長期互動的結果所形成的。

五、輪式溝通網

輪式溝通群體是一個有秩序的群體，每個成員都只與中心人物溝通，可避免不必要的訊息傳達。此種群體在解決問題方面，最具時效。群體領袖處於群體的中心位置，最優先得到訊息；他在群體中地位最高，角色運作最多，是個最具影響力和權力的人物。在個人滿足感方面，群體領袖最有滿足感，其他成員較差。此種溝通網絡的群體，在各種群體中較可能存在；此乃為群體成員常自限溝通對象的結果。

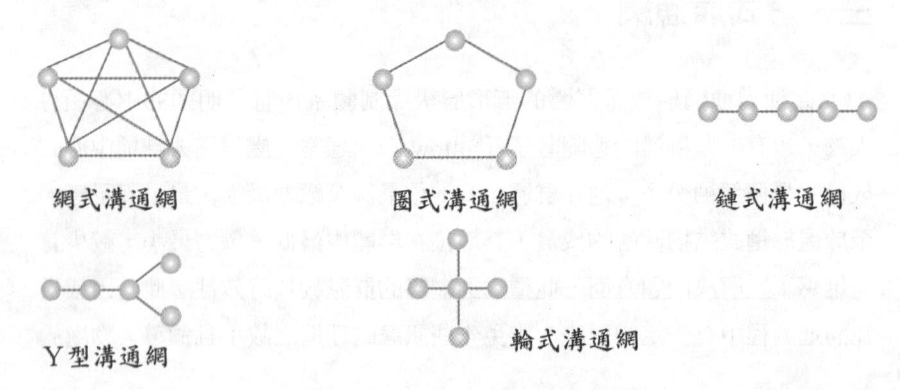

總之：各種形式的群體溝通網絡不同，其間溝通的效率也不同。一般而言，網式與圈式溝通群體的溝通時效較差，但所有成員的滿足感相當。鏈式、「Y」型、輪式溝通群體的溝通時效較佳，但彼此成員間的地位較不相同，其成員滿足感也不甚一致。惟群體的溝通形態並不是固定的，通常群體成員都會自限溝通對象，且群體中都會有某個具相當特質或影響力的人，出而領導群體；加以群體成員的溝通，也可能受到環境的限制，致很難出現網式或圈式的溝通網，尤其是群體愈大，此種溝通網愈難存在。

群體溝通與組織效能

群體溝通是一種群體成員的意見交流。群體溝通的有效性與否，不僅決定群體績效的高低，甚而影響組織績效與個人的工作滿足感。因此，建立群體溝通的有效模式，消除群體溝通的障礙，與發展有效的群體溝通網絡，乃是提高組織效能的必要工作之一。本節將就群體溝通模式與群體溝通網絡，討論其與組織效能的關係。

一、溝通模式與效能

群體溝通的模式與效能之間，有相當密切的關係。就訊息本身而言，當個人需要某些訊息，而訊息的來源充足，且能提供明確的資料，則員工較有安全感，且能滿足於他的工作。相反地，若訊息資料不足，或訊息被保留，或傳遞訊息模糊不清，或帶有威脅性時，個人心理較不安定，則其滿足感較低，離職率較高。因此，群體內訊息暢通，有助於個人提高參與決策的興趣與意願。此乃因訊息是個人作決策的基礎。

再就訊息回饋與效能的關係言，個人工作的滿足感是受到個人對公平判斷的影響，而此種判斷則爲對顯著訊息評估的結果，以及他所接受到有關工作社會性線索是正向或負向的影響。若個人知覺到溝通是帶有威脅性的，則不管對方的目的爲何，他都會增強自我的防衛，不服從領導，表現較差的工作績效，因而降低他的滿足感，甚至積極地尋求另外的工作機會。

此外，有效溝通和工作的生產力有正性相關。選擇正確的溝通管道，澄清溝通所用的術語，和利用回饋，可使溝通更有效。當然，在溝通過程中，人爲因素的扭曲常足以破壞溝通的有效性。且收受者所得到的訊息，並不等於傳達者所發布的訊息，此乃受到個人知覺或其他心理因素的影響。蓋無論傳達者的期望如何，接受者所解釋的信息即代表他的知覺，此種知覺加他的動機常左右他的工作滿足感，進而影響他的工作表現。

根據期望理論的研究，個人努力的程度常與努力、表現、酬賞、滿足的聯結有關。假如個人無法獲得所需的訊息來確定其間聯結的可能性，則其工作動機自然就降低了。因此，在決定個人或群體動機的程度上，意見溝通實扮演了重要的角色。

二、溝通網絡和效能

根據前述，群體溝通過程的各個要素，是會影響個人滿足感和工作績效的。至於群體溝通網絡，正如本章前節所言，也會影響群體結構和效率。一般研究顯示，網式和圈式溝通群體成員的工作滿足感較高；且由於此種群體的民主性較高，對於解決複雜問題較有效率，但時效性較差。輪式、鏈式與「Y」型群體的結構較爲嚴謹，其工作表現較佳，解決簡單問題的時效較快；惟成員的滿足感方面，則相當不一致。

當然，各種溝通網絡對效率的影響，只是一般性的比較狀況。有些群體溝通結構較爲明確，溝通速度快，但成員士氣較低。有些群體溝通結構較不明確，成員的士氣高，心情愉快，能夠歷久不衰；但溝通速度緩慢。此種「士氣」與「效率」之間的衝突，不是一件容易解決的問題。其中所牽涉的問題相當複雜，絕非本文所能釐清的。況且到目前爲止，還未

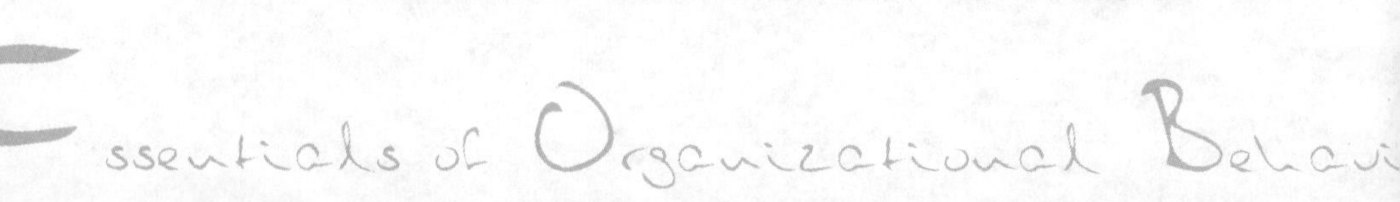

發現一種溝通網絡能同時增進溝通的速度、精確性，且加強溝通者的士氣與彈性的。

個案研究

不加班的惡作劇

張俊宇這次眞的惹禍了，原來他只是想給老財福一點教訓而已，沒想到卻出了這麼大的亂子。

老財福是他的老闆，因爲視錢如命，又特別喜歡斤斤計較，故大夥兒給他此一綽號。由於這只是一家小型工廠，員工七、八人，人數不多，彼此很能合作無間。雖然他們知道老財福有這麼一點小毛病，但也不以爲忤，工作仍然挺賣力的，這得歸功於張俊宇這個人了。張俊宇在這一夥人裡，是最早來到工廠的，年紀也最長，平日說話很幽默，很有吸引力，大夥兒滿喜歡他的，所以他說話的份量很重，員工很聽他的，大夥兒給他的綽號是「廠長」。不但如此，老財福也滿怕他的，因爲他能力強，員工對他有向心力。老財福一向依賴他慣了，久而久之，老財福也把他視爲得力的左右手。

這一天・老財福一如往常找來張俊宇，告訴他這個月爲了趕貨，第二天假日，請員工務必要加班。或許是老財福那天心情不好，說話的口氣不佳，張俊宇有些不耐。當張俊宇回來後，大夥好奇地問：「老財福找你做什麼事？」張俊宇漫不經心地吐出一句話：「沒什麼！明天要加班，假的！」由於張俊宇平日也滿愛開玩笑的，大夥兒也沒放在心上，張俊宇也因事忘了解釋，就這樣第二天竟只有兩個人來上工。

爲此，老財福簡直是氣炸了，因爲這批貨若不如期交出，工廠將會有很大的損失。至此，張俊宇也才眞正地知道已經闖禍了。

討論問題

1.你認爲張俊宇在群體中影響力，是如何得來的？

2.張俊宇在這次群體溝通中犯了什麼錯誤？

3.你認爲這次溝通產生了什麼障礙？

群體決策

第12章

本章重點

群體決策的意義與需要

群體決策的要素

群體決策的過程

群體決策的方法

群體決策與組織績效

個案研究：獎工制度的確立

群體決策是屬於群體動態力量的運作之一。群體決策的良窳不僅會影響到群體內部的運作，而且會影響組織的整體績效，尤其是組織高層的群體決策更維繫著整個組織的命脈。因此，群體決策乃為研討組織行為的一大課題。本章將分別討論群體決策的意義與重要性，其次研析群體決策的要素、過程及其方法，最後探討其與組織績效的關係。

群體決策的意義與需要

一、群體決策的意義

決策（decision-making）是組織的重要課題之一，許多組織的行動都是透過決策的引導而完成的。本質上，組織為了達成工作任務，常在實際的活動過程中，就若干可能的行動和方案作最佳的抉擇。簡言之，決策就是不同行動途徑的一種選擇。一般而言，不論個人或群體在作決策之前，都必須先有一定的選擇標準或規範，以供作決策的依據。易言之，決策是以某些規範為基礎的一種選擇；也就是從若干種可供選擇的方案或事件中，決定一個最適宜的方案。

由於決策是個相當複雜的程序，涉及事實的瞭解與搜集和價值的分析與判斷，更要顧及未來可能的發展。因此，組織有必要集合許多個人的智慧，以求能集思廣義地作完整的決策。此種透過群體動態力量的運作，以便在諸多方案中選取最佳方案的行動過程，就是群體決策。是故，群體決策實為一種群體動態的運作。

就決策本身的意義而言，它是指就數項方案中選擇其一。在選擇方案的過程中，其具體的步驟乃為：第一、先認定問題的存在。第二、診斷引發該問題的各種情況。第三、搜集與分析對問題有關的資料。第四、提出可能解決問題的解答。第五、分析各項解答。第六、選擇其中最有可能解決問題的一項解答。第七、將該項方案付諸實施。

賽蒙（Herbert A. Simon）即曾將決策分爲下列三項程序：

（一）在環境中發掘出有待決策的情況。

（二）思考可行的行動方案，並予以推演及分析之。

（三）就各項行動方案中作一個選擇。

若就活動過程而言，第一步爲智力活動，第二步爲設計活動，第三步爲選擇活動。

就時間架構而言，決策的各項步驟均在一定的時間進行。例如，認定問題和診斷問題，時間層次在於「過去」；列舉解決及選擇方案，在於「現在」；而決策的實施與實施成果的檢討，則在於「未來」。因此，決策乃爲審視過去問題，實施現在方案與評估未來成果的過程。

至於群體決策是由群體成員進行上述行動的過程。任何組織都存在著若干問題等待解決，群體成員必須依所期望達成的目標，就現有的環境、資源，作出數種可行的解決途徑，以便採擇實施。一般管理的成敗，往往取決於此種決策的良窳。當然，決策的最後權力可能操在個人手上，但決策的運作實爲全體群體成員共同努力的結果。

總之：群體決策就是群體成員就數項方案中選擇一項最佳方案的過程。

二、群體決策的必要性

現代組織愈來愈龐大，組織變遷迅速。因此，群體決策愈顯得重要。一般決策有走向群體決策的趨勢。一般而言，群體決策有優於個人決策之處。今日大部分組織認爲：群體決策比個人決策要好。其理由不外乎：

(一) 群體決策比個人決策較為正確

通常群體決策是透過多人相互激盪的結果，故有較好的判斷；尤其是當組織變得複雜，問題牽涉較廣，具有不確定性，且複雜性不斷增加時，個人決策很難運作自如。此時，群體決策是必要的。蓋一群人在知識、經驗與技能上的交換，總比個人作決策來得周全，從而提供了改正錯誤的機能。

(二) 群體決策比個人決策更有創造性

當組織面臨複雜決策時，需要有創造性的解決方法；而群體決策是由一群背景或經驗不同的人共同來解決問題，正可增進彼此的創造力。易言之，群體決策即為孕育創造力與想像力的一個群體過程。

(三) 群體決策可提昇個人參與意願

組織實施群體決策將可促使個人在執行決策時，投入更多的努力。群體決策就是一種提高員工對決策的參與感、關心，以及承諾的有效方法。因此，群體決策可提供參與機會，成員較易接受決策；同時，由於對決策結果的理解，較能順利地執行決策，提高成員的工作績效。

(四) 群體決策比個人決策較不具成見

群體決策是經過一群人共同討論的結果，個人的偏見常在群體互動過程中被稀釋過了，以致群體決策中不容易出現偏見喜好。

(五) 群體決策可提供個人的社會支持

當個人有了強力的主張，在經過群體認同時，可得到他人的支援。易言之，當個人發表意見在得到他人認同時，可能得到強有力的支持，從而建立起團隊精神。

基於上述觀點，群體決策在組織行為中是必要的。然而群體決策也非萬靈丹，它也有一些限制。諸如：群體決策較為迂迴緩慢，不容許個人的獨特見解，討論冗長，易使人疲倦、厭煩和感覺沒效率。話雖如此，群體決策乃是現代急劇變化社會中的必然趨勢。吾人很難在複雜而多變的社會中，單獨作理想的決策，此時只有選擇群體決策一途，以力求決策之完整性。

總之：任何群體決策對大多數個人而言，都有其相同的好處和壞處，就是較準確的答案，較少的錯誤和較慢的決策速度。

群體決策的要素

群體決策是由群體成員爲解決某項問題，而在許多方案中選擇一項最佳方案的過程。因此，若就群體決策的構成而言，它至少包括五大要素：決策群體、問題、環境、過程，以及決策本身。除決策過程留待下節討論外，本節先行研討其餘四項。

一、決策群體

決策的群體常掌握決策的過程，此受到兩項因素的影響，一爲群體成員的特性，一爲整個群體的特性。就群體成員來說，個人常將自己的知識、經驗、價值、目標、知覺、態度、動機等，帶到決策過程裡。這種成員間的異質性，是大部分群體決策更爲正確，更具有創造性的源頭。此外，個人的人格特性以及生理因素，也會影響決策，前者如信心、自尊以及獨斷性等是，後者如疲勞即屬之。有信心和高度自尊的人處理訊息的方式，比沒有信心和自尊的人，在決策上較爲明快。獨斷性強的人似乎比獨斷性弱的人，更易接受權威。獨斷性強的人傾向於接受新資料，獨斷性低的人則傾向於拒絕專家的意見。至於一般處於疲勞狀態下的人，很難處理決策的問題，尤其是複雜的決策。

其次，就是群體本身而言，群體會發展出特定的特性，如群體的規範、價值、目標、地位、層級、溝通型態、領導和權力關係等。這些特性

也會影響到群體決策。群體規範限定了群體決策的範圍，群體價值和目標決定了決策的方向，群體地位、層級則決定了群體決策權力的大小。此外，群體溝通型態、領導方式和權力關係，影響群體決策的效率和士氣的高低。

當然，群體是許多個人所組成的，整個群體的決策是許多個人特性相激相盪的結果。因此，決策群體的特性是所有群體成員特性的總和。

二、決策問題

所有決策都是源於問題的發生，問題可能是相當特定的，也可能是較爲籠統的。就決策觀點而言，所謂問題乃是達成目標途中的障礙。此種觀點能幫助決策者區別徵候與問題，也可提供效標給決策者評估解決方案的有效性，並提供多項可能的解決方案，以避免只考慮某些方案而已。

通常，問題的新奇性、不確定性以及複雜性，對決策本身以及決策方式，都有重大的影響。問題的新奇性與否，常影響決策的過程。如有些決策非常的例行化，且深爲決策群體所熟悉，較容易發展出一套成功可能性高的計畫、經驗法則或決策過程。倘若問題的新奇性高，或有急劇性的變化，則需要有全新的觀念；亦即問題充滿著新奇性，可能導致決策過程的遲緩與不確定性。當新奇問題產生時，決策群體必須驗證例行的程序或方式；如果驗證失敗，就必須尋求其他驗證，直到尋找出新方案爲止。

問題的風險與不確定性，也是決策上的重要變數。通常對決策群體較不重要的決策，群體較願意冒風險，且決策的後果也會影響所冒風險的大小。依研究顯示，當決策後的正負效果同時發生時，對決策群體而言，決策的負效果較具重要性。此外，問題的不確定性也影響決策群體所願冒風險的大小。當面臨的決策不確定性很高時，群體決策者會投下金錢與時間，來尋求減少不確定性的發生。

最後，決策的複雜性或難度，具有一些可預期的影響效果。人們對複雜的決策，總要比簡單的花費更多的時間。其原因乃爲：（一）做決策時需處理的資訊較多，（二）人們對複雜的決策常感到較沒把握。

三、決策環境

決策是發生在複雜的環境之中，環境與行爲過程及行爲後果之間，都會相互影響。有關決策環境的研究，大多集中在探討妨害或干擾決策過程的因素上。一般決策環境可分爲物理環境與社會環境。物理因素包括時間壓力，以及噪音或溫度等所造成的不舒適感或分心。

時間壓力常導致決策過程的改變；決策群體受到強大的時間壓力時，會將不利的訊息資料看得較爲重要，而忽略了有利的訊息資料；而受壓力較小或完全沒有時間壓力時，則沒有此種現象。此外，決策時間與信心也會相互影響。當決策時間很短，人們只能評價可用訊息資料的一部分，以致對自己的決策較沒有信心。假如沒有時間壓力，則缺乏信心的人在決策時會拖延決策，以尋求和評價新的訊息資料，並求取更正確的方案。易言之，決策時的信心常隨著可用資料的增加，以及決策時間的增加而增加。

另外，在噪音的環境中工作，常造成身體的不舒適感與分神，使決策者疏忽有關的訊息資料，於是妨害到決策行爲。同時，噪音及振動太大，也會造成心理壓力或過度亢奮，而妨害到決策。其中複雜性的決策較簡單的所受影響更大，誠如哈德斯頓（H. F. Huddleston）所說：「人類只有有限的能力用來處理訊息，如果有一部分能力消耗在不斷的焦慮中，則能留下來處理工作的能力就更少了。」

決策時的環境不僅是物理性的，而且也是社會性的。社會環境在許多方面，可改變、助益或妨害決策。在決策群體擬出的諸多方案中，有些方案常受到社會環境的限制，諸如：法律、道德、規則，以及規範等，都是決策時所應遵守的；而且社會往往期望人們遵循一定的理性觀念，凡此種種都影響到決策。再者，社會回饋的訊息常使人們改變原來的決策，當群體再設定目標時，常會受到先前訊息的成敗所影響。失敗的結果，往往使群體決定降低或維持先前的目標；而成功的結果，則會使其在作下一次決策時，提高未來目標的難度。

不過，社會對群體決策的影響，並不只限於提供績效的回饋給群體

而已。正如其他行爲一樣，決策也會受社會增強物（social reinforcers）的影響。他人的讚賞與批評，都直接影響群體決策。對大多數人而言，批評會造成壓力，如果壓力太大，就會干擾到某些行爲。又決策也受到某些社會影響過程所控制，如模仿或仿效便是。

四、決策特性

決策本身的特性也影響到群體決策。然而決策對群體來說，何種特性是重要的呢？一般評定決策的效標，可分爲與效率（efficiency）有關者，以及與效力（effectiveness）有關者兩項。效率是指群體爲決策所投入與相對產出的衡量，決策的成本與時間是效率的兩個主要效標。成本可能包括花費在作決策上的時間、人力以及資料處理與分配等。一般而言，一旦成本花費很大，若成效彰明，仍然有利於群體績效。倘若成本花費很大，且所收成果不多，將妨害群體績效。至於時間，是指從發掘問題到決定如何處理的時間差距。若費時太多，會妨害到群體績效，同時可能需要更多的決策人員。

決策的效力是指決策能夠解決問題的程度。最常用來評價決策效力的效標，是決策的準確性。準確性包括決策群體是否能正確地評價各項資料與訊息，評估各種方案的成本與效益，以及評價最適合的方案。一般言之，可用數學或邏輯方法證明的決策，其準確性高於其他決策，如存量管制、財務、會計等問題是。其次，評價決策效力的第二個重要效標，是可行性（feasibility）。如果群體無法執行決策，即使最正確的決策也是毫無用處的。最後，大部分的群體決策必須能爭取大家的支持，才能眞正發揮效力。在執行決策時，必須有他人的合作，才能做到相當的準確性，並使可行性增加。

群體決策的過程

群體決策比個人決策複雜，個人可獨自作決策，而群體決策是一種成員透過互動而形成的結果。因此，群體成員間的討論，和群體化的行爲，是醞釀群體決策的過程。群體決策透過群體討論，可使成員分享訊息和經驗，萌生新的構想，彼此批判或評斷，以致產生共同的價值，發展參與感，並分散彼此的責任，如此將逐漸建立起共同的行爲規範。

當群體成員相互討論後，逐漸形成群體化行爲，此種群體行爲乃爲群體決策的基礎。因此決策不僅是成員間的討論而已，且是群體之所以爲群體的行動任務。當吾人將決策視爲群體任務時，某些群體過程如領導、群體壓力、地位差異、群體內競爭、群體大小等，都會影響到群體決策。群體領袖會主宰群體決策，群體壓力會形成群體規範，地位高者會影響地位低者，競爭強者將左右弱者，群體愈大溝通越複雜。

然而，不管群體形成的過程爲何，在群體作決策都有一定的規則可循。蓋決策本身就是一項邏輯思考的合理化過程。決策者在規劃決策程序時，必須遵循決策的理性觀點與經驗，以尋求組織目標的達成。因此，決策者在作決策時，都包括一些相同的步驟：搜尋目標、擬具目標、選擇達成目標的可行方案、評估成果。

一、搜尋目標

基本上，群體決策是開始於一個既定的目標。設立目標是用來建立並維持組織各階層，使之脈絡相承的。群體在現有結構下，如對目標的達成懷著不滿時，就會找尋一個或一些新目標；也就是說現有目標的報償程度不能符合群體的企求時，群體就會找尋新目標。換言之，搜尋目標是由於滿足程度不足而引發的；滿足程度愈低，引發的搜尋慾望愈強；而滿足程度則視目標達成的程度與進取慾望的水準而定。

當目標達成的程度和進取慾望的水準完全相符時，就不會有不滿足

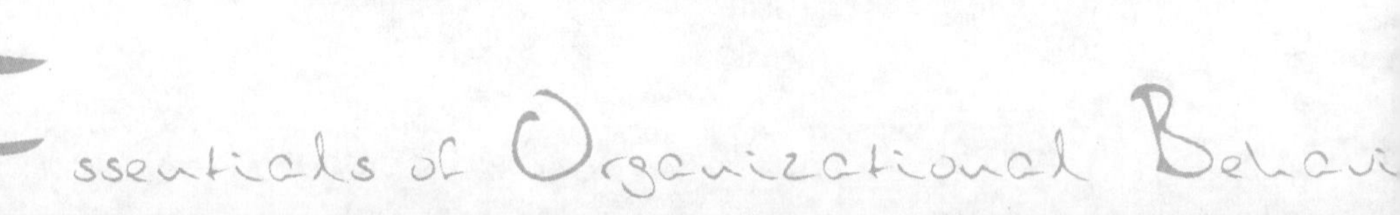

的現象發生。因此，決策的第一個步驟，乃在確認問題的存在。當預定目標很明確時，有助於決策過程的進行。蓋目標使人容易認清作決策的時間，且目標提供了評價方案的標準。不過，根據馬斯勞的需求層次論而言，人們對新事物滿足後，往往會追求更進一步的慾望，此即爲人們不斷地去搜尋目標的動力。

二、擬具目標

目標是群體作決定時，所欲達成的價值。只有擬具適當的目標，才能使預定的目標更爲明確，且有助於決策過程的進行，蓋目標使人容易認清必須作決策的時間，且提供了評價方案的標準。因此，群體在搜集目標的過程中，必選擇適合其慾望的目標；且群體可能將目標訂爲最大。

惟根據心理實驗的結果顯示：

(一) 當績效低於慾望水準時，個人會繼續搜尋目標。
(二) 個人可能降低慾望水準，直到接近所懸的目標爲止。
(三) 當進取慾望與實際績效不能配合時，感情衝動式的行爲就會取代合理性的適應行爲。

個人決策過程如此，群體決策亦然。此種感情衝動性的行爲，促使動機引發行爲，產生目標。換言之，人們會根據以往的經驗，提高、降低或維持原定目標，而發揮適應環境的能力。

三、選擇方案

群體在訂定目標以後，會更進一步搜尋達成該目標的可行策略，並予以評價。群體一旦認識可能解決問題的諸多方案時，就會從中選出最佳的可能方案。一般而言，任何一項可行方案，都會有各種可能的結果。決策群體需認清每項解決方案的可能後果，評估每項後果的正負價值及發生的可能性，才能比較及評價各種方案。蓋各項方案都可能涉及不可確知的

情況，而在不可確知情況下作決策，要運用判斷力、意見、信仰、對環境的主觀看法，輔以任何可獲得的客觀資料。是故，方案的選擇常因決策者的個性不同而有所差異，此已在前節有過論述。

不過，群體在作決策時，常引用甚多訊息，且群體成員比單一個人要複雜得多。因此，在選擇方案和評價方案的過程，群體決策比較廣泛而複雜。然而，群體決策同樣要將不可確知的情況化為可確知的情況，至少必須將不確知情況減至最低。蓋解決問題不能單憑個人直覺，而提出少數幾種可行的途徑，此難以成為有效的決策。惟有多方尋求有關的事實，才能有助於制定可行的解決方案。

四、評估成果

決策的最後步驟乃為評估成果。決策群體不但要將決策付諸執行，而且要監視執行結果的好壞，或決策是否需要加以修正，甚至需要改弦易轍。評估成果乃是將群體所選擇的可行方案，試驗其效果，以作為決策的準據。易言之，群體需將目標達成程度與決策的目標加以比較，然後再作重新決策時的參考，並將不適用的方案予以剔除。決策群體評估成果時，需以明確或廣博的各種計畫作為架構，始能進行最佳的選擇，制定良好的決策。

總之：群體決策的過程是相當複雜的。群體決策必須透過群體成員討論，才能得到群體行動的一致。此種群體動態力量的運作，並非一蹴可及的。且群體決策始於問題的發生，此時群體成員必須共同搜尋目標，擬具達成目標的方案，然後從中選擇最佳的可行方案，並徹底執行，從中加以評估，以作為再決策的參考。

群體決策的方法

群體決策是透過群體成員的交互作用，而選取最佳方案的過程。因此，決策是一群人智慧相互激盪結果的顯現。惟群體決策在透過群體成員智慧的相激相盪後，必須選擇最佳方案，並付諸實施。此種群體智慧的顯現，即群體決策的方法。到目前爲止，群體決策的方法有下列主要三種：

一、腦力激盪術

腦力激盪術（brain-storming technique）是由奧斯朋（Alex F. Osborn）於一九三九年發明的。腦力激盪術的目的，乃在透過群體討論，以提高創造力。爲了增進自由思考，及消除可能妨害創造力的群體過程，乃設定一些規則，這些規則如下：

（一）鼓勵輕鬆的態度。任何想法都不會被人認爲是離題太遠。
（二）利用別人的想法加以發揮，會得到別人的支持。沒有一項想法或創造是個人所私有的，各種主意都是屬於群體的。
（三）沒有任何批評。任何成員可將構想予以衍生或利用，但不得作任何評價。

由於腦力激盪術的運用，使得群體活動深具創造潛力。不過，有些研究指出：群體中成員單獨的構想之總和比群體成員共同構想，更有創意且品質較佳。此乃因群體有專注於單一領域或思維的傾向，亦即群體中的個人獨霸解決問題的歷程之故。話雖如此，當群體不能擁有解決問題的所有訊息或資源時，某些群體創造性的活動是不可或缺的。因此，腦力激盪術至今仍爲許多組織所沿用。

二、德爾菲技術

德爾菲技術（Delphi technique）是由蘭德公司（Rand Corporation）所發展出來的，爲一項群體決策展望頗大的特殊技術。其目的一方面在探求更多可供群體使用的訊息、經驗、以及批評性的評價，另一方面則在降低面對面交互作用的潛在不良效果。德爾菲技術是對一群專家的意見加以融合的方法，其過程如下：

（一）約請一群和問題有相關的專家，請他們以某項問題爲主，就將來可能發生的重大結果，分別用不記名的傳送方式進行預測，共記下對問題的批評、建議和解答，送交給主持人。

（二）由該問題主持人將所有專家的看法抄寫和複製，然後分送每位專家，使其瞭解別人的批評、解答和看法。

（三）每位專家再就別人的建議和看法加以評論，並提出因別人看法而來的新建議，將該建議送回主持人。

（四）主持人反覆對各位專家作若干回合的徵詢，直到達成一致見解爲止。

德菲爾技術雖不是一種面對面的直接群體，然而透過一再反覆的思考活動，可針對某項問題集合許多人的專長、經驗與評價，將相關的價值組合起來，激發解決問題的新構想。同時，由於該項技術係採郵寄或傳送方式，可節省許多成本，而仍能達成參與解決問題的目標，此種成本如交通費、時間成本以及其他雜項成本等。

當然，德菲爾技術也有它的缺點。首先，由於不斷重複地徵詢，行事較爲迂緩，且時間可能拉長。其次，由於抄寫、複印，以及傳送給每位專家，都將增加工作的繁複性。再者，由於沒有面對面溝通的壓力，將失去對努力決策的壓力，使得某些人拖延提出評價和解答的時間。

三、名義群體技術

名義群體技術法（nominal group technique），是融合了腦力激盪術與德菲爾技術的群體決策法。基本上，它和腦力激盪術一樣，將一群人集合在一起，共同討論有關問題，從而加以決策，以求共同處理問題。在做法上，它也和德菲爾技術法相同，只是名義群體法的成員直接作面對面的接觸，而德菲爾技術法則不作面對面的決策而已。

名義群體技術法的實施步驟如下：

（一）在群體成員相互討論之前，個人先將自己對問題的看法寫下來。
（二）每個人依次向群體提出一個想法，但先不討論，直到所有想法都提出爲止。
（三）整個群體的所有成員對每個想法，加以討論、解釋，並加以評價。
（四）每個成員獨自將所有想法加以排名。
（五）總評價最高的想法，即爲群體的決策。

根據研究結果顯示，名義群體技術和德菲爾技術，在激發創造量上的效果，以及成員的滿足感，很顯然地優於傳統的方法。但對於群體成員的滿足感方面，名義群體技術法顯著地高於德菲爾技術與傳統的方法。

總之：德菲爾技術法和名義群體技術法是最近發展出來的群體決策方法，其與傳統的群體法不同。過去的群體法，諸如：敏感性群體訓練（sensitivity group training）主要乃在運用群體關係，訓練群體成員的敏銳性，培養對他人和自己的觀感，用以改善人際關係。不管在實施的方法和目的上，傳統方法和群體決策法都是不相同的。因此，到目前為止，腦力激盪術、德菲爾技術和名義群體技術，仍為群體決策的最佳方法。

群體決策與組織績效

現代組織的決策很難是個人來作決策，大部分都屬於群體決策，只有少數爲個人決策。蓋群體決策較爲完備，且合乎民主精神。然而群體決策也不是萬靈藥，它多少也有些限制。本節即將從正、反面來分析群體決策對組織績效的影響，其中尤以群體決策過程爲最。底下將分爲群體決策過程對決策的影響，以及群體決策過程對成員的影響兩大部分陳述之。

一、群體過程對決策的影響

群體決策在正確性、判斷與問題解決、創造性、風險，以及文化價值的效果上，都顯現對決策的不同影響。換言之，決策透過群體成員的討論，常顯現出較高的品質；但在其他方面也可能有不良的影響。就決策的正確性而言，由於群體可用的訊息與經驗，比各個成員爲多，且群體具有潛在的批判與評價力量，故群體可能犯的錯誤比個人爲少。根據研究顯示：在邏輯性與判斷性問題的解決上，群體的正確性爲個人的五、六倍之多。不過，群體對問題的經驗，並不保證能夠解決問題。因爲錯誤的經驗只會妨礙決策與問題的解決；除非經驗是正確而成功的，才有助於群體的決策。

這次，就判斷與問題解決方面來說，由於群體可資利用的訊息、經驗、看法、批判性的評價較多，因此群體的判斷常優於個人。不過，群體對判斷問題的優越性也不是絕對的。當問題很複雜，且成員在技術或訊息的取得具有互補性時，這種群體解決問題的優越性較高。此乃因成員間共享訊息、經驗與技術之故。相反地，若決策情境必須分成若干階段，或決策問題不容易分割成獨立部分，或答案的正確性難以證實時，群體的決策過程反而會干擾決策和問題的解決。此時，群體決策不見得比個人爲佳。

就創造性來說，群體集合了較多成員的構想、想像力、訊息與經驗，產生較佳的品質、較多的數量，故群體比個人更富創造性。此乃由於

腦力激盪（brainstorming）的結果。無怪乎懷特（William H. Whyte, Jr.）要說：將群體視為創造的工具，乃為大勢之所趨。然而，根據某些研究顯示，有些群體過程也會妨害創造性的產生。此乃群體中的某種成員獨控討論方式，或獨佔解決問題的方法，以致引導群體走向單一領域思維方向之故。

就冒險性而言，群體比較沒有冒險的膽識與意願。此乃因群體有將責任分散給成員的傾向。惟事實上，有些研究顯示，當群體成員對他們的決定，比個人決策者覺得較沒有責任時，反而會冒更大的風險；亦即在決策上，群體比個人願冒更大的風險。此乃為風險轉移（risky-shift）的現象。所謂風險轉移，就是由於個人的冒險性透過群體的討論，而引導群體趨向於冒更大的風險。風險轉移的原因，有群體決策使成員分擔責任；群體領袖富冒險性，而影響其他成員；群體決策會向成員最極端的決策轉移；以及強迫個人在決策上使用與群體相同的時間，會造成風險轉移的情形等是。

就文化價值的效果而言，群體從事決策所受文化價值的影響，比個人決策要大。此乃因決策在群體動態力量運作過程中，常受到群體壓力的影響。因此，群體決策和文化價值有相當一致的傾向。根據研究顯示，決策期望值的大小會影響群體的相對冒險性。如果決策期望值是正的，則群體會冒更大的風險；如果決策期望值是負的，則群體會冒更小的風險。因此決策謹慎與否，端視決策方案的價值而定。

總之：群體決策過程對決策本身的影響，需依各種情況而定。群體決策在正確性、問題的解決、方案的判斷、創造性等方面，由於集思廣益的效果，通常比個人決策受到較佳的評價。然而，群體決策也有它的限制，吾人必須考量各項因素，才能使群體決策發揮它的效果。

二、群體過程對成員的影響

群體決策過程對群體成員的影響，至少會使成員產生較佳的瞭解；且由於成員的參與，可使其對決策有了承諾，減少疏離感等。

由於群體成員參與了決策過程，在執行時較能瞭解決策的內容。此乃因雙向溝通減少了誤解的機會之故。此外，群體決策的參與感，使個人有機會貢獻自己的訊息、經驗和想法，說出自己對決策的評價，可增加個人對執行決策的承諾，減少對執行決策的抗拒。同時，由於群體成員的參與決策，可使彼此間對決策有了相同的瞭解與認同，因而降低彼此間的疏離感。凡此都有助於提高員工士氣，增進組織的工作績效。

然而，群體決策有時也會形成群體內部成員的地位差異。此種差異會影響到群體思考的內容與評價，即群體可能接受地位較高者的建議與批評，而不接受地位低者的建議與批評，由此而形成成員間的對抗與競爭。假如群體成員分享的酬賞相同，則競爭較少；相反地，若酬賞是依據個人對決策的貢獻來分配，則競爭會較多而激烈。

再者，群體決策固可由成員共同分擔責任，然而正因爲責任的分散，也使得群體成員缺乏責任。同時，由於決策時間的拖延與成本的耗費，使得群體決策過程不爲個人所喜歡。加以群體決策常由個人或少數人所單獨決定，相對地使其他成員產生了疏離感，終導致個人的專斷。因此，在先天上，群體決策比個人決策好的說法，也受到了質疑。

總之：群體決策過程對群體成員都具正、負面的影響，沒有任何一種群體決策都是有益的或是有害的。吾人必須善加利用其正面價值，而降低其負面價值的影響。

個案研究

獎工制度的確立

佳金企業為了提高生產效率，準備設置生產獎金制度。總經理乃責付李莉雅小姐研究獎金的核發問題。惟對核發的標準及方式並無明確的指示，以致李小姐甚感困擾。甚且，在公司宣布此項措施以來，員工無不兢兢業業，全力以赴。然而，在企盼三個月以後，員工們失望了。因為生產獎金從未公布，故而引發了不小的反彈。

為此，總經理乃召開會議，討論有關生產獎金的設置問題。在會議中，總經理首先對實施辦法和目的，作了一些說明和指示。其後，業務經理認為要做好這件事，必須將該計畫印成一張具體的表格，將獎金事項和計算方式標示清楚，使現場員工知所遵循，以消除不必要的紛擾；同時，可使核算人員在最短時間內，做好核算的工作。

廠長則認為要建立公平的獎金制度，必須先淘汰老舊的機器；其次，應該要求品管人員確實測量現場操作員工的工作，據此建立一套基本時間標準，再加上一些寬放的時間，如此訂定一定時間的生產量，不但可使辛勤工作的同仁得到較高的獎金，也可使跟不上進度的同仁知所警惕。

會計課長主張獎金差距應該拉大一些，如此才能增進員工彼此的競爭心，發揮獎勵的作用。另外，他也認為在每一季結束時，對表現特別優異的員工，也應另行加以表揚。

在經過一番討論後，該公司獎金制度終於有了較明確的輪廓，並解決了李小姐的困擾。

討論問題

1.俗話說：「三個臭皮匠，勝過一個諸葛亮。」你同意否？

2.本個案是否爲一種群體決策的模式？何故？

3.群體決策有哪些功能？請提出你的看法？

4.在本個案中，獎工制度的確立，是否爲一種群體決策的效果？

第13章 群體衝突

本章重點

群體衝突的意義

群體衝突的成因

群體衝突的方式

群體間衝突的結果

群體衝突的管理

個案研究：兩個群體的衝突

群體衝突是群體動態的重要部分之一，蓋由衝突行爲可觀察出動態行爲的層面。不過，群體衝突層面可爲內部的，也可爲外部的。惟衝突行爲不管發生在何種層面，其基本性質是相同的。因此，本章當以討論群體間的衝突爲本。首先研討群體衝突的意義、成因、方式與結果，然後研析應如何預防、解決，以求化阻力爲助力，協助完成組織目標。

群體衝突的意義

衝突行爲在日常生活中，是屢見不鮮的。就個人而言，個人有內在的心理衝突、外在的角色衝突，與人際間的衝突等。就群體而言，群體有內在群體衝突與外在群體衝突。此外，還有個人與群體衝突、群體與組織的衝突、個人與組織的衝突等等。然而由於學術研究上的要求，本章所要討論的就是群體與群體間的衝突；且群體衝突的意義，僅限於社會層面上的定義，排除心理上的界定，以求其範圍的明確。

根據雷尼（Austin Ranney）的看法，衝突是人類爲了達成不同目標和滿足相對利益，所形成的某種形式的鬥爭。此一定義強調目標與利益兩個概念，指出人們在追求不同目標和利益的過程中，所發生的一種鬥爭形式，很扼要地說明發生衝突的原因。

李特勒（Joseph A. Litterer）則指出：衝突是指在某種特定情況下，某人或群體知覺到與他人或其他群體交互行爲的過程中，會有相當損失的結果發生，從而相互對峙或爭仗的一種行爲。該定義顯示：一、衝突是人際間或群體間的一種交互行爲。二、衝突是指兩個人或更多人的相互敵對的爭執或傾軋。當個人或群體知覺到他人或其他群體的行動，構成對自己的相當損害時，衝突立即產生。惟事實上，此種損害是相對性的。蓋當雙方交互行爲時，必有一方覺得自己多得或少得了一些。此時各個人或群體不免產生心理的不平衡，終至採取敵對的態度與行動。這就是一種衝突。

此外，史密斯（Clagett G. Smith）對衝突的解釋更爲直截了當。根據史氏的見解，認爲「本質上，衝突乃指參與者在不同的條件下，實作或目標不相容的一種情況。」他把衝突看作是一種情況，此種情況是由於參與者在各方面顯示出差異，而致不能取得和諧關係所造成的。史氏利用此一定義，研究組織上下層級之間的衝突，此與李特勒所指涉的並不完全相同，但同樣能顯示出外在衝突的本質

柯瑟（Lewis A. Coser）則自整個社會層面，來討論社會關係或社會群體中的衝突。柯氏認爲「社會衝突是對稀少的身分、地位、權力和資源的要求，以及對價值的爭奪。在要求與爭奪中，敵對者的目的是要去解除、傷害或消滅他們的敵手。」換言之，衝突乃是在一般活動中，成員間或群體間無法協同一致地工作的一種分裂狀態。從管理觀點來看，衝突是持有不同利益、目標、認知或價值的當事者之間，所表現不協同一致的爭論。在這種情況下，個人或群體的關係是建立在依據個人或自我群體的觀點，來追求利益行動的基礎上。

再者，肯恩（Robert L. Kahn）則自權力的觀點，來討論衝突。他並未對衝突作直接的定義，而是作陳述式的解說。他認爲雖然每個人對權力的界說，各持不同的概念語言；但甲擁有某種程度的權力，而乙則付之闕如，那麼衝突自是無可避免的。假定一個人的行爲不時受到一些力量的影響，包括他自已的內在需求、價值以及外在對他的壓力，就造成所謂的衝突。肯氏之所以說明衝突，主要是想標示權力與衝突的緊密關係。他認爲權力與衝突，有如一體的兩面，難以有明確的劃分。不過，吾人認爲權力固可能引起衝突，但並不是惟一來源。

另外，雷茲（H. Joseph Reitz）則把衝突認爲是「兩個人或群體無法在一起工作，於是阻礙或擾亂正常活動」的過程。顯然地，雷氏把衝突看作是一種阻礙或擾亂行爲，它是一種分裂性的活動，嚴重地阻礙了正常作業活動。

我國社會學家龍冠海教授認爲：衝突是兩個或兩個以上的人或群體之直接的和公開的鬥爭，彼此表現敵對的態度。此一界說強調直接和公開的鬥爭，但事實上衝突尚有間接和隱含的意義存在。蓋有些衝突可能不是外表可以看得出來的。

張金鑑教授即認爲：衝突是兩個以上的個人或群體角色，以及兩個

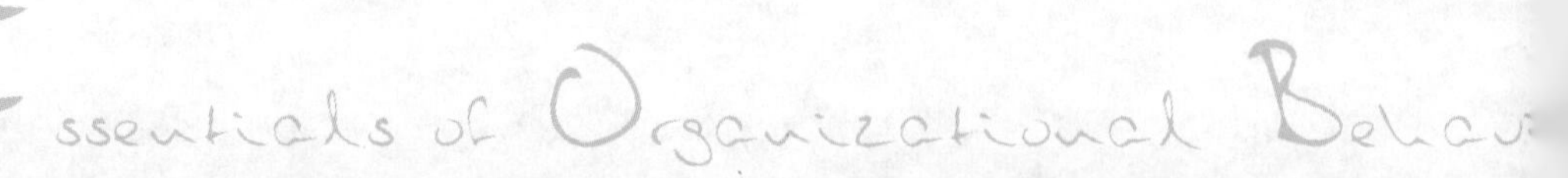

人以上的個人或群體人格，因感情、意識、目標、利益的不一致，而引起彼此間的思想矛盾、語文攻訐、權利爭奪及行爲鬥爭。衝突活動或爲直接的、或爲間接的、或爲明爭、或爲暗鬥。

綜觀上述衝突的定義，顯示社會層面的衝突乃爲基於許多不同立場所致。不過，龐第（Louis R. Pondy）認爲：每個整體的衝突關係，是一連串相互連結的衝突事列所結合而成。每個事列展現出一套發展的順序、過程或類型變化。一個事列在任何過程中，即是用以描繪衝突關係所顯現的某一固定類型。因此，吾人所看到的衝突定義，都是截取了一個衝突事列的一個類型或過程而已。

總之：吾人認為衝突至少具有下列特質：

（一）衝突必有相互對立者：衝突的發生必有兩個以上的人或群體，若只有單方面的行動是無法構成衝突的。此種相互對立者，必具有相當的獨立性。

（二）衝突必基於某些原因：衝突乃為對立者基於目標或利益的不一致而引發。不過，目標或利益可能是不一致的，但卻是共有的。蓋獨立或不相干的目標或利益，很少有引發衝突的可能性。

（三）衝突必表現交互行為：衝突的產生必始於交互行為的基礎上。人與人之間若根本沒有接觸，當無從發生關係，從而無法引發衝突。蓋無交互行為，很難顯現彼此的差異，則衝突無由發生。

（四）衝突必有競爭或鬥爭：衝突是一種對立的行動，競爭或鬥爭是衝突的表現形式。它與合作是相對的，人與人之間或群體與群體之間若彼此合作，就不會有所謂的衝突，也不會顯現競爭或鬥爭。這種競爭或鬥爭可以為有形的，也可以為無形的，可以是直接的，也可以是間接的。

綜合言之：衝突是兩個以上的個人或群體，基於不同的目標、利益、認知或價值，而在心理上或行為上直接或間接、公開或暗地相互對峙、爭仗、競爭或鬥爭的一種狀態。

群體衝突的成因

有人認爲：衝突乃是溝通不良所造成的。無疑地，不良的溝通會導致衝突的產生；但並非所有的衝突，都是溝通不良所形成。一般而言，群體間衝突的原因，不外乎：活動的相互依賴、稀有資源的爭奪、次級目標的對立。此外，群體間對人對事看法的差異，也會形成一股衝突的來源。如果差異甚大，衝突往往愈爲強烈；反之，則稍弱。

一、活動的互依性

在組織中，兩個群體相互依賴的程度，會導致群體間的衝突。此種相互依賴的方式，有同樣依賴某個單位，處於需與其他單位相聯合的情境下，或需要一致的意見等，都會引起群體間的緊張和衝突。例如，兩個單位同時需要打字部門的服務，即會造成時間先後的爭執。

在所有的組織中，群體間的互依性乃建立在兩個特性上：一爲有限的資源，一爲時間的壓力。當某個單位爭取到預算的分配，人員的分派以及設備的使用時，其他單位就爭取不到，或相對地減少了，此時，就有釀造衝突的可能。此外，兩個群體在時間上互依性愈大，兩者產生衝突的可能性也愈大。如生產部門與推銷部門，接收部門與檢驗部門，在工作流程時間的銜接上，都有發生衝突的可能。

二、資源的有限性

群體間衝突的潛因，部分係肇始於共有資源分配的限制。由於各種

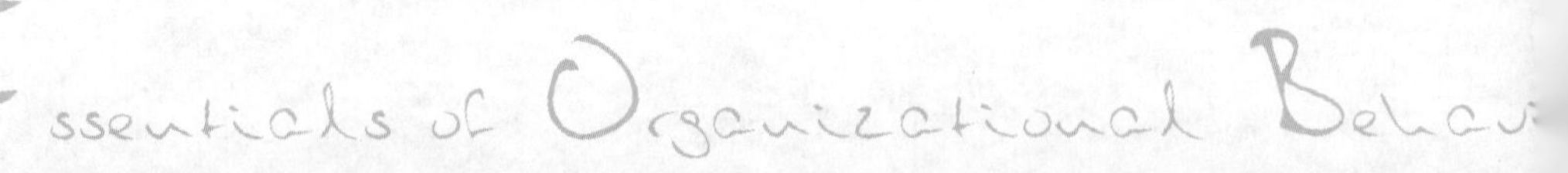

資源都是有限的，各個群體爲了爭奪這些資源，不免相互競爭或衝突。組織對各個群體所需的各項資源，所提供的數量越少或能力愈有限時，資源對各種群體的意義就更形重要；導致其間衝突的緊張程度，也愈形強烈。此外，組織結構分化的程度愈精細，這種爲資源競爭而發生的群體衝突也愈多。同時，當群體間對相同資源運用的程度增加時，其間衝突愈容易發生。

三、目標的差異性

在組織中，目標不同的各個群體間產生衝突的可能性，遠比目標相似的各群體間爲大。各群體目標產生差異的原因，乃係基於四種組織特性而來：共同依賴有限資源、競爭性的獎勵系統、個人目標的差異，以及對組織目標的主觀認知。當組織資源充裕，或各個單位都獨立時，則目標差異不會引起重大衝突。但當資源用罄，共同依賴程度增加，目標差異就變得明顯與重要，群體衝突也隨著增加。

此外，競爭性的獎勵系統，也會激起群體間的衝突行爲。在某些情況下，組織爲鼓勵員工努力工作，獎勵的運用是必要的。但由於每個群體目標不同，這種獎勵系統可能直接增強了競爭，或無心地獎勵了衝突。再者，個人目標的差異，也會帶動群體間目標的分歧，而產生衝突行爲。顯然地，一個組織僱用一群目標相似的人，則群體間衝突較小；反之，一個組織的員工目標完全不同，則群體間衝突變大。

群體間目標的差異，也受到各個群體對組織目標主觀解釋的影響。根據研究顯示：如果組織目標非常明顯清晰，且將各個群體目標界定得很清楚、客觀而具體，就足以降低群體間的衝突。然而，一般組織很難有一套清晰而客觀的目標，每個群體常主觀地對目標加以解釋，於是乃導致衝突的發生。

四、知覺的分歧性

群體間的衝突潛因，部分是由於知覺的歧異所造成的，在組織中，

部門專業化與專精度的增加，常使群體間的知覺與看法有所不同，因而引發彼此間的衝突。同時，每個群體所從事的工作性質不同，完成工作任務的時間眼界也有差異，以致形成各個群體的不同知覺，卒而演變爲衝突的根源。

就專業化而言，每個群體會發展一套溝通系統，透過群體溝通網絡，將有關訊息傳給自我群體，而不傳給其他群體。由是每個群體自然產生自已的一套訊息來源，將使各個群體的知覺有所不同。蓋每個群體都以自己接受到的訊息，作爲判斷事物的基礎，以致形成各個群體步調的無法一致。

就時間眼界而言，一個具有短期目標的群體，和一個具有長期目標的群體，是截然不同的。時間的長短，即影響群體作決策的快慢。此種時間眼界的群體，常形成其間看法的差異，這些差異都足以形成衝突的來源。

總之：現代組織的幾大特性：活動的互依性、資源的有限性、目標的差異性、以及知覺的分歧性，乃是造成群體間衝突的基礎。易言之，組織的原始設計，早已種下衝突的潛因。群體間衝突潛勢一旦形成，則在某些觀念上、溝通上和群體間的曲解上，都會維持和增加所產生的衝突。

群體衝突的方式

群體常基於某些原因而相互衝突。一般衝突方式依嚴重的到緩和的，可分爲戰爭、仇鬥、決鬥、拳鬥、口角、辯論、訴訟。群體間衝突亦脫離不了此種軌跡，衹不過此種衝突方式，是一種群體行動而已。本節試將群體間衝突方式，分爲消極抵制、仇視鬥爭、口角爭辯、攻擊行動等項說明之。

一、消極抵制

群體間較溫和的衝突方式，乃爲採取消極抵制的措施。當群體間衝突顯現消極抵制時，各個群體會阻礙對方工作，利用對方不易察覺的情況下做手腳、搞鬼，或挖空心思去欺瞞對方。無疑地，如此將使組織受到莫大的損害與打擊。

消極抵制的情況，乃是從事生產的延誤或提供錯誤的技術支援，企圖阻擾對方達成生產目標。雖然消極抵制不是非常激烈的衝突顯現，但卻是一種嚴重的衝突方式。蓋消極抵制易破壞生產程序，造成成本的增加，產量的減少。此種潛在性的衝突態度相當持久，且不容易顯現出來，以致形成衝突意識，衍生對立情緒的發展。

二、仇視鬥爭

一般而言，衝突的激烈程度是循序漸進的，除非一發生衝突即行解決或衝突的雙方已分開，永不再相處時爲例外。群體間的衝突亦然。群體間在工作過程中，若有摩擦發生，彼此的積怨是逐漸形成的，其間衝突的程度也是累積的。因此，當消極抵制已不足以顯現雙方的衝突，常會演變爲仇視鬥爭。所謂仇視鬥爭，乃指敵對雙方採取仇視態度，彼此想盡辦法駁倒對方，以求爭取更大利益。不過，他們大部分仍止於態度的顯現，較少採取明顯的外顯行動。

三、口角爭辯

群體間一旦知覺到衝突而無能解決時，將可能發生集體口角，相互爭辯。口角爭辯已不僅止於知覺衝突而已，尚且包含著若干激動性的情緒，並已顯現在外顯行爲上。此種行爲已感受到嚴重的壓力、緊張、焦慮與仇視，以致付諸於口語上。它是群體內部成員感受到與其他群體相互衝突，而顯現出來的共同意見。此種意見與敵對群體是對立的，甚而可能演變爲一種強烈的攻擊行動。

口角爭辯是最常見的衝突方式，但在群體間是一種嚴重的衝突行爲。蓋它已嚴重地妨礙生產秩序，隨時有爆發爲侵犯的攻擊行動之可能。口角爭辯固可迫使群體內部成員堅強地凝聚在一起，但常採取與敵對群體的分裂行動，破壞組織的整體和諧關係。對整個組織而言，無疑地是一種很嚴重的阻礙。

四、攻擊行動

攻擊行動是最激烈的衝突方式。一般而言，群體性的攻擊行動是組織所限制的。蓋此類侵犯行爲，極易造成組織的嚴重損害。除了像監獄騷動，工人暴動的情形外，組織內部很少見到此種外顯衝突。不過此種使用暴力的動機並非不存在，只是較少發生實際行動而已。

群體間攻擊行動最典型的例子，是群毆。所謂群毆，乃指群體與群體間的成員，以拳鬥、決鬥、仇鬥的方式，企圖擊倒對方。群毆有時也可能有械鬥的情況發生，是一種極爲嚴重的攻擊行動。群體間的衝突若演變成群毆，必嚴重破壞組織的團結，斲喪組織士氣。蓋群毆必造成傷害事件，引發更多的困擾。因此，攻擊行動是一般組織所禁絕的。

總之：群體間的衝突方式，主要為鬥爭。它可為直接的或間接的，也可以是公開的或非公開的。然而，不管衝突的直接與否或公開與否，它可能僅止於態度上，也可表現在外顯的行為上。一般衝突至少包括：消極抵制、仇視鬥爭、口角爭辯、攻擊行動等方式，且各種方式有時是互為衍生的。當然，在大多數的組織中，群體間的衝突很少演變為強烈的攻擊行動；但給予綽號、刻板化等具有敵意的行為，較為普遍。甚至於消極抵制、仇視鬥爭都是普遍存在的，只是比較不易顯現或察覺而已。吾人必須盡力去注意與觀察，才能避免其間衝突的惡化。

群體間衝突的結果

群體間一旦發生衝突，群體成員對自我群體的態度會發生強烈變化，對其他群體份子的看法也會改觀。另外，由於群體間的相互衝突，會造成輸贏得失的結果，此種輸贏得失也會引起雙方行爲的變化。茲分述如下：

一、衝突時群體內的變化

當群體間發生衝突時，群體內的成員會準備積極地應付變局，以致對自我群體的態度與行爲，有了如下的改變：

(一) 增強凝結力量

當群體面臨外來的威脅時，群體凝結力會增強。凝結力轉變的因素，有群體大小、領導類型與領導權力的變遷、群體內爭或外力威脅、成員對群體目標的認同性、群體的成就表現等。當群體面對衝突時，敵對群體會被視爲一種威脅。此種威脅會形成群體成員的內在壓力，迫使成員堅強地凝結在一起，直到威脅解除，凝結力才逐漸消退。

(二) 偏重工作任務

當群體面對衝突威脅時，另一種行爲變化乃爲偏重於工作任務取向。群體在平時都以非正式的遊戲爲主，比較關心成員的心理需求。惟一旦發生衝突，則變成以工作爲重，一切以達成任務爲先。且個人較樂意接受群體的約束，以便能完成群體目標。

(三) 傾向獨裁領導

群體處於衝突狀態時，既以要求工作任務爲先，必然傾向於獨裁式領導。群體一旦有了威脅，成員常基於內在需要或外在壓迫，由較具德高望重者出而領導，且採取獨裁式監督，直到危機解除而後止。此時，獨裁的領導者對一切決策，及群體的工作行爲途徑，均代爲強制決定。群體成員會聽命於領導者的決定與意旨，凡此皆為完成共同的群體目標。

(四) 嚴密群體結構

隨著獨裁程度的增加，以及關心工作完成程度的提高，群體內的許多事情都顯得堅密而嚴格，亦即群體成員會自動地形成某種嚴密程度的群體結構。此種群體結構形成某些群體規範，用以規制成員的行為。群體在與其他群體相互衝突時，即憑此種嚴密結構來控制成員，並維持群體的自我生存。

(五) 堅定群體情感

當群體間相互衝突時，每個群體的成員情感更為緊密。蓋群體本身的發展，本建立在成員共同情感的基礎上。人們在日常情況下參加群體，基本上是為了獲致友誼，追求親和需要。大多數人渴望結交朋友，乃為求彼此交換自我的感受，而產生共同的情感。此種情感常因自我群體與外在群體相互衝突，而更為堅強。

(六) 強調團結忠誠

每個群體在面對衝突時，威脅感增加，凝結力提高。群體會要求成員高度的忠誠，且遵守群體的規章。群體成員會表現相當的合作，精誠團結。此時，偏離行為是無法忍受的。群體不容許成員對敵對群體表示有善，否則必遭受排斥。群體成員犧牲自己，會被認為是最崇高的行為，且受到極高的讚賞。換言之，群體成員在衝突狀態下表現相當的從眾性與同樣性，沒有人願意顯現差異的行為。

總之：群體間的衝突，會形成群體本身極大的變化。諸如：群體凝結力會增強，群體以工作取向為主，領導行為傾向於獨裁式，群體的結構較為嚴密，群體的情感更為濃厚，且要求成員高度效忠與團結。就群體本身而言，群體間衝突對群體本身是有利的；但對整體組織來講，卻是害多於利的。

二、衝突時群體間的變化

群體間衝突除了會導致群體內部的行爲變化外，同時也會引發群體間關係的強烈變化。群體間的行爲變化，至少有如下特徵：

(一) 歧視敵對群體

當群體相互衝突時，彼此的觀察力開始有了偏差，只看到自我群體的優點，否認自己的缺點；只看到對方的缺點，否認其長處，產生對對方的偏見。任何群體都會認爲敵對群體是醜惡的、仇視的，不再是中性的或友善的。他們對敵對群體產生了較差的刻板印象，且貶低對方的地位與力量，誇大其缺點。即使對對方原有的知覺不錯，也會變差，而採取漠然的不聞不問態度。舉凡一些惡意的攻訐、綽號，都會加諸對方的身上。

(二) 採取選擇知覺

群體相互衝突時，不僅對敵對群體產生刻板印象，而且所謂暈輪效應（halo-effect）也隨著發生，將敵對群體的行爲加以曲解。他認爲自我群體沒有錯，而認爲敵對群體沒有一件是做對的。同時忽略或曲解了對自我群體不利的消息，也忽略了敵對群體有利的消息。通常他們喜歡與自我群體一致的訊息，而忽略了敵對群體的訊息，並蓄意加以嘲弄。換言之，當群體相互衝突時，會對其他群體採取選擇性的知覺，曲解敵對群體的意念與行爲。

(三) 呈現溝通阻礙

當衝突發生時，群體成員會避免和敵對群體進行溝通或產生交互行爲。但有時成員爲了肯定其刻板印象，及採取敵視的行動來攻擊對方，以證明其效忠自我群體的意識，偶爾會和敵對群體產生交互行爲。不過，群體通常會限制成員與敵對群體交往，以免洩漏機密。群體常故意忽略敵對群體的有關訊息。因此，相互衝突的群體既敵視對方，自然減少與其溝通交往的機會，如此將使得他們對敵方更爲偏見，不易改變觀察力的偏差。

(四) 強化攻擊行動

當群體相互衝突時，雙方除了呈現溝通阻礙外，尚可能採取強烈的攻擊性行動。群體爲庇護成員的錯失，及保護其利益，有時會採取不光明的手段，對其他群體常加以監視、批評、謾罵、甚或滋事生非。當然，群體間衝突很少演變爲強烈的攻擊。雖然群體間的衝突，偶爾會發生暴力事件；但給予綽號、刻板化、減少溝通等敵意行爲，較爲常見。

綜合言之：群體間的衝突常會引發某些行為現象，諸如相互仇視、偏差的知覺、溝通的阻礙與攻擊性行動。這些情況有害於組織的正常運作，形成許多不必要的紛擾。此種紛擾往往具有強烈的情緒色彩，違反整個組織的利益與效率。

三、衝突後成功群體的狀況

當群體發生衝突後，不免有一方成功，另一方失敗。成功的一方不免沾沾自喜，失敗的一方則可能產生強烈的怨尤；甚而衝突的結果是兩敗俱傷，以致引發更多的紛擾和不安。一般而言，成功的群體內部常表現一些現象：

(一) 鬆散群體意識

當衝突的一方初嚐勝利的果實時，其凝結力也會增強，變得自足而穩定；但過了不久，其團結力不再像衝突時那麼緊密，群體的意識型態也會逐漸鬆弛。

(二) 喪失戰鬥精神

當群體相互衝突時，彼此的戰鬥意志非常高昂；但等到衝突過後，勝利的群體卻會慢慢地鬆弛了緊張，喪失了戰鬥精神，甚至於得意忘形。

(三) 注重心理需求

當群體處於衝突的情境中，其成員都以工作任務爲先，犧牲個人心

理需求的滿足。惟一旦某個群體得到了勝利，其內部的合作性提高了；但轉眼間卻漸漸地以成員的滿足感為首要，關心成員的心理需求，而把工作任務的完成置於其次，亦即暫時拋開群體目標的執行。

(四) 加深觀察偏差

在群體相互衝突後，勝利的一方心中十分舒暢，認為勝利確證了他們以前對自己的看法，和對方不好的看法；不想重估過去的觀察，也不想重新檢討群體作業，俾求改善，以致形成更嚴重的偏差。

(五) 僵化組織結構

當群體相互衝突時，群體的組織結構相當嚴密，此有利於群體應付緊急的變局。惟一旦衝突後，勝利一方的群體成員會繼續保持此種結構，並滿足於現狀，不願輕易改變群體結構，深怕破壞了勝利的組合，形成群體結構的僵化，喪失行事的彈性。

總之：群體在相互衝突後，得勝的一方不免得意忘形，鬆散意志，轉而追求成員的心理需求，不想重估過去作業，以致形成結構的僵化。凡此都不利於群體內部的組合。

四、衝突後失敗群體的狀況

群體在相互衝突後，失敗的一方會產生不少壓力與怨尤，其內部常顯現下列現象：

(一) 企圖掩飾失敗

當群體相互衝突後，輸家常不承認自己的失敗，總想找一些藉口來加以掩飾。如「裁判不公」「我們的運氣太差」「管理者偏心」等是。

(二) 探求失敗原因

群體於衝突失敗後，常會發生裂痕。以前沒有解決的問題，現在都會暴露出來，甚而發生事端，節外生枝，充滿著爭執與內在壓力。所有這些現象，無非是在找出失敗的原因，以謀求改進。

(三) 找尋替罪羔羊

某個群體於衝突失敗後，會更爲緊張，準備更加努力工作。同時，他們會怨天尤人，找尋責怪的對象，如群體的領導者、自己，以及對他們不利的任何人、事物與規則，以發洩心中的怨氣。

(四) 重視群體利益

當群體於初敗時，會呈現分裂的現象，群體內的合作變差了。但不久後，整個群體比較不關心成員的需求，一切以群體利益爲優先，以群體的工作任務爲重。同時，更強化了衝突時的工作分派。

(五) 重估過去觀察

失敗的群體會推翻以前對自己好的看法，和對對方不好的看法。他們對自己的事實眞相學得不少，且對過去的觀察重新加以評估。一旦接受失敗的教訓後，會變得更加團結合作和有效率。

總之：群體在相互衝突後，失敗的一方會更為緊張，發生無數爭執與壓力；且常不肯承認失敗，使得群體間的關係更為惡化，甚而阻礙組織目標的達成。

群體衝突的管理

群體間衝突是無可避免的，且不見得是組織崩潰或管理失敗的前兆。惟衝突總是組織的一種負債，它是具有破壞性的，以致一般學者都主張要解決衝突。惟使用「解決」二字，不如採用「管理」一詞。蓋今日組織所面臨的群體間衝突，並不是要如何去消除它，應是如何去處理它。管理者要處理群體間的衝突，可自衝突問題的解決、不良後果的降低以及衝突問題的預防三方面著手。

一、衝突問題的解決

群體間衝突的基本原因，乃爲其所追求的目標不相一致，和其間溝通與交往的阻礙，而導致彼此觀察的偏差和相互的成見，因此，解決衝突的方法，要鼓勵衝突的雙方面對彼此間的差異，用以瞭解雙方的見解，從而容忍相互差異的存在。其解決途徑，可依下列四種方式進行：

(一) 尋求問題解決

群體之所以會發生衝突，乃爲在兩者中間產生了阻礙。當兩個群體各自追求其目標時，難免會相互干擾，而致相互衝突。因此，採用問題解決的方式，乃是要相互衝突的群體面對共同問題。首先，必須讓彼此同意對方的目標，或將目標共享。假如雙方同意了目標，則開始蒐集資料與消息，以提出解決問題的方案，並研究及評價各個方案的優劣，直到雙方滿意，問題解決爲止。通常此種問題解決，都由上級居中協調，使雙方不再各執己見，以求能消弭紛爭。當然，此亦有賴雙方都具備面對問題的誠意，否則必徒勞無功。

(二) 採用勸誡說服

當群體相互衝突時，要彼此同意對方的目標是不容易的。此時就必須找出更高層次的目標，設法說服雙方。勸誡說服乃是針對群體目標的差異而使用的，使群體能放棄己見，不再堅持群體目標，而改以更高層目標或整體組織目標爲重。在採用勸誡說服時，說服力的大小取決於彼此共同同意更高目標的條件。勸說就是要使衝突停止，藉著與雙方的溝通和觀察，協助他們面對眞正的差異所在，並發現他們共同的問題。

(三) 進行諮商協議

當衝突的群體都不同意對方的目標，且找不到更高層次的目標時，則衝突的解決就必須採用諮商協議方式。如無法使用勸誡說服及訴之理性的方式，則代之以妥協、威脅、虛張聲勢、下賭注以及一方付出代價等方式行之。所謂諮商協議，是指兩個群體同意交易的過程，雙方都各有所得，亦各有所失。當一方作重大讓步後，另一方要提供若干報償給對方，以酬傭對方讓步的損失。因此，諮商協議是解決衝突的可行方法。蓋當雙方均同意彼此見解，總比彼此唱反調有利，或損失較少。

(四) 強行政治解決

當衝突的雙方在諮商時，都採取強硬態度，而不稍作讓步，協議就無法達成。蓋協議必須要雙方態度溫和，能夠互作讓步，才能發生功效。否則就會演變爲權力鬥爭，使衝突逐次擴大，甚而尋求第三者的支持，尤其是有力量的第三群體的介入。此時，雙方更難尋求共同一致的目標，也無法妥協。就群體本身而言，最簡單的解決方法就是除去其他群體，迫使對方退卻或放棄，或者擊垮他們，以求能夠支配他們。然而，此種想法可能演變爲更激烈的衝突。因此，管理者可利用政治解決的途徑，透過聯合小組的方式，尋求支持的力量來解決衝突問題，以維持組織的正常運作。

總之：群體間衝突的解決方法甚多，一般學者都認為問題解決是一種很好的方式。當然，每位學者對衝突的看法不一致，因而其解決方法亦異。況且不同的群體衝突必須運用不同技術解決，才能獲致實際效果。此外，群體間衝突問題的解決，尚需針對衝突發生的原因採用不同的措施。假如衝突是來自組織結構上的問題，重新組合是一個有效的解決方式。如果衝突是由於群體中關鍵性人物所引起，則可排除這些關鍵人物。其他方法尚多，實無法一一列舉。

二、降低衝突的不良後果

誠如前述，群體間的衝突是很難解決的。況且群體間衝突是人類社會的自然現象。吾人若想竭盡心思地去解決它，是不可能的。即使舊的問題解決了，新的衝突仍不免再生。因此，管理者宜從多方面去探討。當無法完全解決衝突問題時，亦應盡力去降低衝突所產生的不良後果，至少也

應限制衝突的擴張。有關降低衝突的不良後果，可採取如下措施：

(一) 樹立共同敵人

當群體遭到外來的威脅時，群體的凝結力會提高。因此，當兩個群體同時面對著相同威脅或共同敵人時，能夠促使兩個群體忘記彼此差異，而一致應付共同威脅或敵人。此時，管理者假設共同敵人，可使相互衝突的群體間目標一致，轉移其注意力至較高層次，以對付共同威脅。當然，要使該策略成功，首先必須使兩個群體瞭解共同威脅的存在，且無法逃避或躲開；其次，必須使他們瞭解，爲了應付外來威脅，雙方通力合作要比單方面努力有效得多，如此各個群體成員才有通力合作的可能。

(二) 設置高層目標

群體間衝突的部分行爲現象，乃爲彼此仇視對方，攻擊對方，且有不良刻板印象。因此，要使兩個相互敵對，且其內部團結一致的群體相妥協，可設計一套較高層次的目標，使衝突的群體間共同設立新工作，而謀求相互合作，達成共同目標。不過，設置較高層次的目標，至少需具備下列特性：1.該目標對兩個群體均具有吸引力；2.要達成該目標時，群體間必須相互合作，沒有任何一個群體能夠獨立完成；3.該目標是能夠被達成的。組織管理者必須運用高度的想像力，謹愼地控制資源，以設計出一套合乎「吸引力強」、「必須相互合作」，以及「可達成的」等三項效標的高層次目標，用以降低兩者的衝突。

(三) 設法思想交流

群體間衝突有時是起於誤解，若能促使兩個群體相互交往，自可減低衝突的不良後果。由於群體成員都透過自己的交流管道，而形成內在群體與外在群體；加以各個群體都有知覺歪曲的現象，隨著對群體忠誠性的提高，接受有利於敵對群體消息的可能性很低。因此，管理者必須要求各群體領袖或成員間的接觸，力求交換有利的消息，打破彼此間的消極刻板印象；並利用整個環境的改善，來分散雙方對衝突的注意力，以產生有限的短暫效果。惟要使衝突的群體成員思想交流，其先決條件乃爲雙方有相互接納的誠意。

(四) 實施教育訓練

教育訓練的目的，是要讓群體成員瞭解週遭環境，以避免不必要的紛爭。教育訓練的實施就是邀請所有相互衝突群體成員，來探討相互關係和觀感，並灌輸一些整體性、合作性的利害關係，且讓他們表現對自己和對方的態度。此可說是一種社會化的訓練方法，期以發展員工適當的態度、價值觀與行爲。在訓練的過程中，要每個人員陳述自己的看法和別人對他們的看法，設法自行找出造成差異的原因，這樣開誠佈公地討論，一直到尋找出「一致性目標」及偏差歪曲的原因爲止。

教育訓練的另一項目的，乃在探尋群體間衝突的心理，觀察偏差的基本原因，以及心理的防衛機構，使得大家瞭解衝突情況的心理動力，同心協力地探討共有的問題。爲求達到這個目的，雙方一定要有對方的正確資料。惟教育訓練的實施，有兩個先決條件：1.群體間要能確定並承認衝突問題的存在。2.衝突的群體願意接受訓練，來解除群體間的緊張情勢和不利的後果。

(五) 施行角色扮演

降低群體間衝突的方式之一，乃爲實施角色扮演。所謂角色扮演，就是製造一種生活情境，而要群體的某個成員扮演另一個群體成員的人格特性之角色，用以溝通彼此的情感、觀念，改進他對其他群體的態度，以及應付人群關係的技巧，這樣設身處地扮演對方後，當更能瞭解對方的角色行爲，實在是人格與環境交互作用的綜合結果；而體認對方的實際情況，使能化消彼此的誤解和敵對。角色扮演的實施，不但可瞭解對方的困難與痛苦，尙可發洩自我的不滿情緒，進而培養良好的積極態度，減少相互的憤懣與不平，從而降低衝突的不良後果。

當然，上述各種方法並不是萬靈藥，有些措施祇是暫時性的，只能有助於衝突的削減，並不能永久地解決問題。蓋其先決條件，乃是問題的解決要衝突的雙方出自內心的誠意，彼此承認問題的存在，並願意接受解決方案，以解除其緊張情勢與不良後果。

三、衝突行為的預防

組織中既不免有群體間衝突的存在，且其間衝突亦不易解決，則管理者當尋求防範未然的措施。蓋群體間衝突的解決，只是消極的方法，為治標之道；預防才是積極的舉措，是治本的良方，亦即所謂「預防勝於治療」。因此，一般組織的管理者寧可多做事先的預防措施，力求避免群體間衝突的出現，進而尋求群體間合作的途徑。吾人擬提出一些步驟，以為參考。

(一) 確立清晰目標

群體之所以相互衝突，有時是起自於目標的不一致；而目標的不一致，有時是由於整體目標的不明確。因此，管理者欲避免此種原因所形成的群體衝突，首先得釐定明確的目標。根據研究顯示：當管理者設立特定而清晰的目標，則群體的生產力自然提高，且可免除一些含糊不清的情境，避免衝突的發生。通常要建立清晰目標，可實施目標管理。蓋目標管理的實施，需由組織全體員工共同訂定，如此可導致目標的協調性，減少對立現象的產生。

(二) 強調整體效率

群體間衝突的原因之一，乃為專業性質的不同。管理者為預防因專業性質不同與目標差異所造成的衝突，可強調組織的整體效率，以及各個群體對此貢獻的重要性。蓋群體效率阻礙了組織效率，則無效率之可言。此乃因效率的測量不能單從群體計算，應從整個組織的協調上觀察。惟有各群體相互合作和協調一致，才能建立整體的生產效率要求，並預防群體間的衝突。

(三) 倡導相互溝通

當群體相互衝突時，加強群體成員的思想交流與意見溝通，固可減輕衝突的壓力與不良後果；然其基本前提，需以群體間具有溝通的誠意為主。事實上，當群體間發生衝突時，常產生情緒化的行動，很難以合乎理

性的態度去解決。因此，管理者宜於平時就倡導各群體間的高度溝通，以求互助合作，避免其間衝突問題的發生。一般言之，群體間衝突部分既始於彼此溝通的阻礙，而溝通的阻礙又來自於地位上、專業上或心理上的障礙；則管理者宜從這些根本原因著手，努力去克服這些障礙，以培養相互信任感，進而疏通意見交流的管道，則群體間衝突便無繇產生。

(四) 避免輸贏情境

組織爲了追求效率，有時會鼓勵各群體相互競爭，甚而提供獎金以激發員工努力工作；然此舉極易造成相互競爭與衝突。在某些情況下，管理策略的運用是無可厚非的。但站在預防衝突的立場，至少要避免過分去強調輸贏得失，即使萬不得已，亦應以理性爲基礎，訂立公平的競爭原則與公正的獎勵制度。倘若管理者過份強調輸贏得失，得勝的一方固然欣喜，失敗的一方必產生怨尤。準此，怨懟與破壞行動相對增加，只能增強相互衝突，反而抵銷了管理者所強調的目標。是故，管理者應儘量避免強調輸贏得失，千萬不要促成各個群體對組織獎賞的競爭，以免造成組織的緊張與不安。

(五) 實施輪調制度

組織爲了預防群體間衝突，有時可實施工作輪調制度，將各個群體的人員互調，促進群體間的瞭解。蓋工作輪調制度的實施，可使員工增加不同領域的工作經驗，擴大其視野，使其見識不致囿於固定部門，而能孕育整體目標的一致觀念。因此，管理者惟有藉著工作輪調制度，才可避免群體間觀念的曲解，或對自我群體的盲目信仰，或對其他群體的誤解，從而避免其間的衝突。

(六) 培養組織意識

預防群體間衝突的方法之一，乃爲建立一個共同的心理群體，培養整個組織的意識，產生組織內部成員的心理結合。就整個組織而言，組織存在著許多群體，這些群體有時足以左右組織的生產量。組織爲了維持本身系統的存在，有時必須透過群體的反應與組織本身的修正，求得組織的

整體平衡。因此，組織實在是群體活動的情境。組織管理者必須提供群體交互行爲的機會，以培養組織的整體意識，則群體間的衝突或可因交互行爲的瞭解，而消失於無形。

總之：群體間衝突是不容易解決的，管理者最佳的管理措施就是採取預防之道，多開放民主氣氛，增強相互溝通的機會，並強調組織的整體效率，才能化衝突於無形。且群體衝突的原因並非完全來自於一些重大政策，有時一些細微末節的小事，也可能形成衝突。這是管理者不可不正視的問題。

個案研究

兩個群體的衝突

陶芳籐業股份有限公司生產課的家具組，最近又和倉儲課的選料組發生了衝突。事情的緣由，乃為家具組的李幸昌向選料組的王再發領料時，李幸昌出言不遜，以致和王再發發生了口角。

當李幸昌回到了家具組，仍然不斷地埋怨，引起了同組同事的注意。同事們聽取了李幸昌的說明後，咸認為是王再發一再刁難所造成的。過去同仁也曾有類似的遭遇，在談論一陣子之後，愈感憤慨。於是，多人商議向王再發討回面子。當家具組人員來勢凶凶地找到王再發，即不分青紅皀白地亂打一陣；選料組其他二人見狀，本欲充當和事佬，卻也被波及，終因無法抑制憤怒，而演變成雙方的對打。最後造成一人重傷，多人輕傷。

事情過後，雖然雙方面已經和解，公司仍將兩位主要肇事人解僱，其餘人員予以記大過處分。同時，公司當局召開檢討會議，探討衝突的原因，並欲尋求解決之道。

討論問題

1.你認為家具組和選料組的衝突，純係李幸昌的出言不遜嗎？
2.你認為此次衝突有什麼可能的潛因存在否？
3.你認為公司處理這類衝突的做法，是否適宜？是否有其他辦法？
4. 公司應如何避免這類衝突的發生？

第4篇

組織

組織本身即為組織行為的架構，任何組織活動都是由許多個人或群體所構成的，而個人或群體都依循組織所賦予的架構而運作，故而吾人於討論個人行為與群體行為之餘，尚需研討組織自身的行為。當然，組織本身行為遠比個人行為、群體行為要複雜得多。蓋組織動態關係是構築於組織的靜態結構之上，再加上許多個人與群體的互動關係。因此，本篇將自組織結構開始研討，從而涉獵組織的分工設計，進而研析組織的動態。其中包括：績效評估、組織領導、組織權力、組織文化、組織發展與組織病態行為等，都與組織行為有密切的關係。

組織結構

第14章

本章重點

組織的意義

組織結構的設計

組織結構的變數

組織的部門劃分

組織的彈性結構

組織結構與效能

個案研究：經理人選的抉擇

組織結構是組織工作與人員行事的依據，它是組織運作的基本骨架。所謂組織結構，大多是指組織表而言。組織表可說是組織行事的規範，它規定或限制了組織內個人行爲與人際關係。因此，研究組織行爲，必須探討組織結構。本章先研討組織的意義，以瞭解組織的概念；然後逐次討論組織結構的層面、影響組織結構的變數、組織的部門劃分、結構的彈性設計，最後討論組織結構與效能的關係。

組織的意義

自有人類以來，人們就懂得運用組織以尋求各方面的滿足。通常組織賦予各個成員以特定角色，透過分工協調的合作，以達成滿足成員需求的目標。惟組織是眾人的組合體，在滿足個人需求的狀態下，更存有組織目標。因此，組織的性質隨著時日的移轉，而日愈紛雜，其意義亦隨之而有不同的解釋。

早期組織學者解釋組織，都把它看作爲靜態的結構，分析組織多從技術觀點著手。近代組織專家則多從動態觀點加以分析，認爲組織不僅是技術分工體系，更是心理社會體系。因此，組織的概念與定義相當紛歧。不過，組織的目標則相當一致：一方面爲滿足成員需求，另方面則爲完成管理任務。

組織既是人類爲了追求共同目標而成立，則所謂組織無非是一種有目的性的人群組合，它決定了權責劃分與職務分工；並決定了「人」與「人」之間的關係，故人類一切行爲的表現，實以組織爲其背景。有關組織的概念，各專家學者人言人殊，難以遽下明確的定論，其主要原因乃爲此一名詞過於抽象，且甚爲廣泛，很難使之專門化和實體化。就名稱而言，舉凡機關、學校、工廠、工會……，甚至於國家皆可稱之爲組織。惟本文所指以「機關組織」、「工廠組織」與同類組織爲主。

就定義而言，各家所下定義甚多。高思（John M. Gaus）說：「所謂組織，乃是透過合理的職務分工，經出人員的調配與運用，使其能協同一致，以求達到大家所協調的目標。」根據此一定義，則組織包括四項主要要素：目的、意見的一致、人員的配置、權責的合理分配。

行政學大家巴那德（Chester I. Barnard）所下的定義爲：「組織乃係集合兩個人以上的活動或力量，加以有意識的協調，使能一致從事於合作行爲的系統。」準此，任何組織需具備四項條件：相當的溝通、一致的行動、共同的目標、共享成果。

孟尼（James D. Mooney）與雷利（Alan C. Reiley）則說：「組織是人類爲了達成共同的組合形式，爲有秩序地安排群體力量，產生整體行爲，以追求共同宗旨。」以上這些定義，只能解釋組織的靜態面。

然則組織到底不僅是靜態的形式而已，它隨時受到外在社會文化背景及內在動態因素的影響。因此，組織實是一種社會心理體系，是個人與組織交互行爲的結果。普里秀士（Robert V. Presthus）曾說：「組織是一種人與人之間具有結構上關係的系統，個人被標示以權利、地位、職位，而得以指定出各個成員間的相互作用。」該定義不僅將組織視爲一組機械結構，同時穩定了人員之間的關係，並強化了組織的動態性質。

此外，懷特（L. D. White）亦持同樣看法，他說：「組織是各個人工作關係的配合，是人類所要求的人格之聯合，不只是一種無生物的堆積。」馬許（James G. March）與賽蒙（Herbert A. Simon）說：「組織是在一定時期內，人們以意志和可完成的目標計畫或制定的決策，努力去達成其目標的組合。在組織內大部分的行爲，都是合乎理性的行爲。」由此可知，組織不再單從物質的、機械的觀點著眼，而必須從心理的、社會的角度去探究。

總之：組織不僅是機械式的結構體系，而是一種有機性的社會心理體系。組織固係透過理性的技術分工，更重要的乃是一群人的組合。它不僅是靜態的，更是動態的。因此，組織管理階層不僅要重視組織的形式結構，更應注意其動態層面。

組織結構的設計

在任何組織中，專業化和分工乃是不可或缺的，即使在原始社會亦有兩性分工的存在。近代由於科學的昌明，技術的改進，交通的發達，已形成極端複雜的體系，因而產生今日各種有形的正式組織。從其特性來看，往往形成金字塔式的形態：層級節制式的權力體系，個人職責的劃分和大型結構的組成。這種金字塔式的組織完全建立在權力集中的原則上，領導者居於金字塔結構的頂點，故而「在每個有機體內，無論是動物的軀體或社會的組織，其感覺器能，必然輻輳於腦部或特定的指揮部門，一旦命令發布，各個部門就動員起來」，以上所指就是權力體系與責任劃分。此外，大型結構的形成尚需要協調。質言之，正式組織的結構涉及三大問題：第一是權力的劃分，冀以順利完成組織目標的行動有所依據；第二是職責的分配，冀以控制組織的行動；第三是充分的協調與合作，以彌補組織行爲的缺失。

一、權力的劃分

權力（power）一詞，可以解釋爲行動的權利或對他人行爲的規定與限制。權力和權威（authority）有許多地方頗爲相似，所以會有不少人將權力視爲指揮他人和規定他人的權威；實則「權力」是指以強制爲手段，而產生影響作用的力量；而權威則爲「合法的權力」（legitimate power），即具備某一合法地位者所享有的權力。換言之，權威是不能賦予他人的，而權力可以經由授權賦予他人，這種權力的表現，尤以官僚體制（bureaucracy）發揮得最爲透徹。

權力係屬可以賦予的，但它的來源多爲組織理論家與學術界所紛爭的主題。就組織立場而言，「接受學派」（acceptance school）認爲權力乃係個人接獲上級命令去執行任務而來，如果他拒絕接受命令，則權力即不復存在。「權力乃係隨職務而來，故通稱爲職權。不是職務的需要，不能享有權力，職務終了，權力也即終了。」

至於功能權力學說則從生物模型來看人類組織，認爲權力乃是發揮各個人或各部門的機能而來。功能權力行使之有效，需行政主管享有決策及程序問題的直接權力，而其餘各個人能從事於爲完成功能性工作而努力，故功能主義的基礎厥爲在專業化的分工。然而此一學說的大問題，乃在於如何使行政主管的直接權力與其他個人的功能權力作適當而合理的配合。

不管權力的來源爲何，就組織結構而言，權力的劃分乃是屬於上下從屬的關係，也就是組織上「縱」的結構，由此一個機構便發生了授權（delegation）的問題。一個組織的管理者通常需透過授權的方式，將上層的權力傳至下級，以促成組織目標的達成。一個管理者如不能善用授權，便不得稱爲管理，故而行政授權實已構成正式組織結構的一大支柱。

然而授權必須於適當時機採取合理的方式，否則將徒勞而無功。至於管理人員是否授權給下級，端賴後者有無組織及領導與工作知能而定。授權應以被授權者的能力強弱及知識高下爲根據，應因事選人，確定明確範圍，釐定考核辦法，建立互信互賴的關係，以發揮屬員的聰明才智，期其對組織發揮更大的貢獻。但授權也可能發生數種問題：（一）有責無權或有權無責；（二）職權重複、抵觸或遺漏；（三）雙頭指揮；（四）應用例外原則而無先決條件等現象，組織管理者不能不加以注意。

儘管授權發生許多問題，但由於現代組織的龐大複雜，且更形專業化，權力的劃分也隨著組織結構而更形擴張。換言之，由於組織結構的擴展，權力的階層也愈來愈多。因此，組織的管理者應將組織結構簡化，行政集中，採取較改進的態度，容納更多的創造力和更大的責任感。

二、職責的分配

「職責」一詞，係指一個人對他所擔當的任務而言，這是組織上「橫」的結構，也就是由於職能的不同所造成的。由於職能的分配，組織平行階層中的各個份子都必須各盡其職責。管理者有他們自己的職責，任何部屬

之間也有部屬的職責，這樣組織的各個份子才能各盡其才智，以臻於組織目標的達成，這些職責的分配實係依分工專業化而來。然而，所謂職責除了應完成的工作任務以外，應要有聽從指揮以完成共同任務的職責，故職責的意義是雙重的，一旦權力經劃分之後，則職責也隨即跟著發生。

張金鑑教授在《行政學典範》一書中說：「授權與分工不可同日而語。分工是各負其責，彼此無隸屬關係；而授權則上下之間仍具有監督與報告的關係。」吾人以爲「授權」即屬於「權力劃分」，而「分工」當爲「職責分配」，這乃是組織結構的兩大支柱。

傳統上，職責的分配常常忽略了人性的考慮，僅僅注意到經濟與技術上的觀點，考其原因乃是：由於工作性質與環境的不一，不同部門間往往有不同的工作焦點。如一個工廠的生產部門常以「事」爲主，銷售部門則以「人」爲主，廣告部門又以「觀念」爲主，這都是觀點取向不同所使然。由於這種職能或職責分工的弊病，組織管理者除了需依正式結構尋求合作與協調之外，並應依非正式的結構進行團體活動。

職責或職能分工儘管有它的缺陷，但其優點爲促進責任專精，並且使得職能內部容易協調，人員能集中運用，甚而使組織走向部門分工（divisionalization）的途徑，其先決條件爲：

（一）建立分權的觀念，俾能確立權責各有歸屬的基礎。

（二）推行管理發展（management development），以培養部門分工後所增多的管理人才。

（三）考慮成本的增加。

（四）建立控制手段，俾部門分工仍能維持整體活動。

（五）顧慮需要的時間。

三、協調的急需

個人職責的劃分係以分工專業化爲依據的，但由於分工專業化的結果，協調合作對組織來講反而更爲急切。蓋對組織行動控制的有效程度，

實係依協調的程度而定，協調則基於權力劃分與職責分工的結果。

所謂協調就是使組織的各個單位間、各員工間，以分工合作、協同一致的整齊步伐，來達成共同使命。現代組織由於「縱」切面與「橫」切面的擴展，引用分工專業化的原則，對於人力和物力，應予以適當的平衡。而對於各種重要任務的達成，又非通過組織各部門的充分協調不可。組織欲達成協調的目的，往往得借助控制的手段，建立績效完成的準則，並使有關人員能充分瞭解，提供足夠的財力、物質的支持，有彈性地變更計畫，期以收到因時因地因人因事制宜的宏效。這些如能成功地達成，協調之功必可不期而致，而此一有形的組織目標必可圓滿達成。

組織結構的變數

傳統組織既以圖表來表明其結構，可使人一目瞭然。惟近代組織結構已很難以簡單圖表來概括。站在行爲科學的立場言，所謂結構是指已構成一套行爲準則的模式而言，此種結構不易以圖表說明。因此，就今日研究組織結構的觀點而言，組織已由過去重視正式結構，走向今日注意非正式結構。此種結構充滿著動態性質，其影響變數有下列諸端：

一、組織大小

組織規模的大小，對組織結構具有決定性的影響。組織規模愈大，組織結構愈複雜；亦即組織愈大，其水平分化（horizontal differentation）、垂直分化（vertical differentation）、空間分化（spatial differentation）愈多而複雜。反之，組織規模愈小，組織結構愈簡單，各種分化的程度則愈小。

所謂水平分化，是指各平行單位間分散的程度。組織規模愈大，則需要分工專業化，乃導致水平分化的加大。此乃因組織平行部門增加，其間的溝通愈困難，爲提高工作效率，乃不得不設置上級層級加以管理，如

此就增加垂直分化，以利管理。所謂垂直分化，是指組織層級的多寡程度。組織規模愈大，層級愈多，從而延伸了空間的分化。所謂空間分化，即指組織內設備和人員在地理位置上的分散程度。組織規模愈大，其空間分化愈大。由以上三個向度看來，組織愈大，其複雜性愈高，組織結構也隨之複雜了。

此外，由於組織的複雜性增加，管理人員必須訂定正式規章和程序，以監督控制整個組織活動，於是組織結構便趨於形式化了。形式化的增加，又伴隨著新管理的增加，用以協調這些增加的組織活動，故而垂直分化又增加了。隨著這種改變，上級管理人員距下層操作人員愈來愈遠，決策益增困難，只有又將整個組織的權力分化。由以上可知，組織大小的改變是如何在影響組織結構的改變。

二、工作技術

所謂技術（technology），係指一個組織將資源轉換成產品的過程。一個組織在將它的人力、物力、財力、資訊等資源轉換成產品或勞務時，常有好幾種技術。一般而言，技術的標準都以工作的重複性程度表示之。技術性低的工作，多爲重複性高的工作，如操作性或自動化的工作。技術性高的工作多爲變異性大的工作，與人員互動的工作，以及修護性的工作。

一般研究顯示，技術往往決定組織結構。因爲組織是選擇了某種技術，常決定了組織結構的方向，而限制經營者作其他的變化。例如，一個對顧客提供服裝設計的組織，決不會使用大量生產的技術。又如實驗研究人員工作形式化很低，而操作部門的形式化就很高了，這都是因爲他們工作技術的重複性程度不同所造成的。

此外，重複性技術的組織通常複雜性不高。如果一個組織內部都是重複性的工作，它所擁有的職位種類一定不多。如果組織的工作技術複雜性增加，就必須面對多種問題；工作的變化多，就需要較多的管理單位來處理不同的問題。這種較緊密的監督常導致較多的垂直分化。因此，變化較多的技術常造成組織的高度複雜性。

再者，技術和形式化的關係也很密切。不需太多技術的重複性工作，常有詳細的工作規劃與工作說明，因此它的形式化也高。

重複性的工作技術也常使組織有集權的情形，不重複的工作則較依賴專業知識，權力自然較為分散；但該兩者的關係較不明確，有時要看組織的形式化程度而定。組織在管理員工時，形式化和集權常可相互替代，例如，一個高度形式化的組織，重複性的工作只要有詳細的規則程序加以拘束即可，不一定要實施集權；但若形式化低，員工作業程序則有賴管理人員的監督，此時組織就必須實施集權。因此，只有在組織形式化低時，重複性的技術才會導致集權。

三、組織環境

一般而言，組織環境有內在環境與外在環境之分。此處的環境，係指組織本身以外的外在力量或措施。外在環境並無法控制組織，卻會影響組織的表現，如政府機構、社區、顧客、組織資源的供應等都會影響組織結構的變化。

組織所處的環境和組織結構有很大的關係。一個組織必須對環境中的任何改變，作彈性的適應，因而調整其結構。組織為了容易管理，常變更結構成分，以減少環境的不穩定性。因此，環境不穩定的程度決定了組織結構。當環境不穩定性高，組織為適應快速的變化，就要作彈性的設計；而不穩定性降低時，組織為了做最有效的管理控制，就必須有高度的形式化、複雜及集權的結構。

環境不穩定性除了和組織結構的複雜呈相反的關係外，其與組織的形式化也是負相關的。蓋在穩定而沒有快速變化的環境下，使用標準化的制度比較符合經濟效益，因此形式化也較高。

就權力觀點而言，一個龐大而多變的組織在管理統籌上相當困難，因此就必須實施分權制。又如組織為適應外界不同顧客的需求，就必須分權，以便對顧客的態度作最快速的反應。總之，外界環境的變化隨時會影

響到組織，組織必須作彈性的結構設計，尤其是以今日高度變化的社會環境爲然。

四、控制權力

組織結構的變化，除了受組織大小、工作技術、外在環境等影響外，尚受到組織決策者的左右。通常組織決策者都擁有控制權力，以決定組織的結構。管理決策者常會選擇對自己最有利，而不一定對組織最有利的決策，組織大小、技術及環境的影響只是一個囿限而已。易言之，決策者常會選擇、維持，並增強自己權力的組織結構。因此，只有在新的權力關係介入時，組織結構才會有巨大的改變，惟此種情形並不常發生。傳統上，組織結構的改變多是循序漸進的，少有革命性的變動，除非組織解體後又改組。

就控制權力（control power）觀點來看組織結構，它與組織大小、技術及環境不同。它不是採取連續性的向度，而是假設權力爲穩定而少變動的。當決策者考慮過組織大小、技術和環境三項因素後，常會選擇一個對自己最有利的結構。此種結構大多是複雜性低、形式化高及集權的結構。

總之：組織結構的變數，主要為組織大小、工作技術、組織環境與控制權力等，而其中尤以決策者的控制權力最具影響力。此乃因決策者希冀掌握組織之故。當然，組織結構的設計，常因組織或工作性質的不同而有所差異。

組織的部門劃分

組織結構的說明提供吾人組織架構的理論基礎，組織的部門劃分則爲研討組織結構的實務。所謂組織的部門劃分，是指組織依據什麼將其內部劃分爲若干部門而言。吾人要瞭解組織的功能，最主要的就是研究組織程序的機械面；而將工作與人力劃分成若干門群活動，便是專業分工的「部門」。部門劃分通常有三種方式，即職能別部門劃分（functional departmentalization）、產品別部門劃分（product departmentalization），以及地區別部門劃分（territorial departmentalization）。其他，尚有顧客別部門劃分、程序別部門劃分等。

一、職能別部門劃分

職能別部門劃分，是指按照組織各項主要業務的類別，劃分爲若干不同的部門而言。它是一種最普遍的部門劃分方式。例如，一個從事製造的企業，其主要職能包括：生產、行銷、財務、人事等，則其職能部門劃分的組織系統，將如圖14-1所示。該圖即爲一個組織的各部門，以及各部門相互關係的圖表。

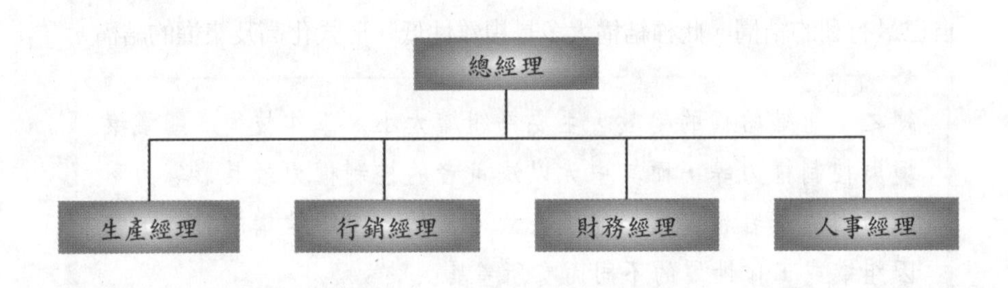

圖14-1 製造業職能別組織

又如一家銀行的主要職能，可包括：營業、審計、法律，以及公共關係等項。一家保險公司的職能，可分爲：承保、精算、代理，以及理賠等部門。一家公用事業機構的各項職能，則包括：業務、工程、會計、人事等等。凡此都屬於主要職能部門的劃分方式。再者，主要職能部門又可再分爲若干衍生部門（derivative departments）。例如，由圖14-1的主要職

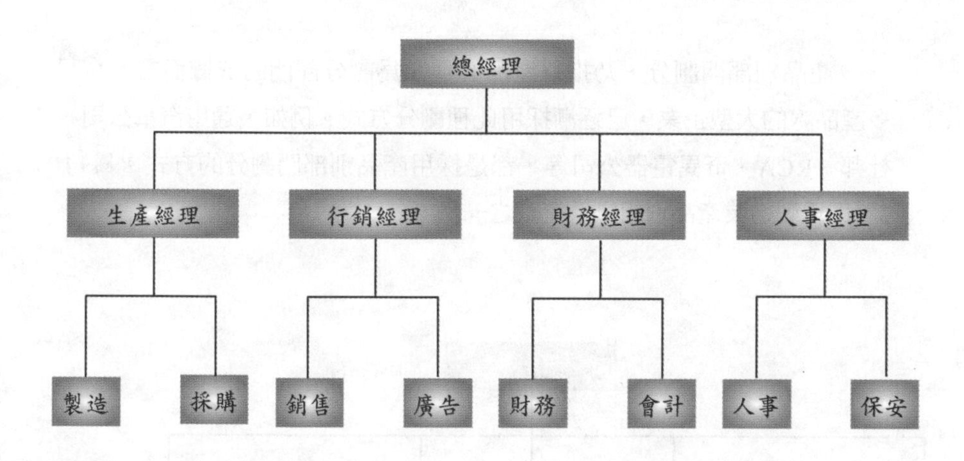

圖14-2 衍生的職能別組織

能，又可衍生爲第二層級的職能別部門，如圖14-2。當然部門劃分可依企業機構的大小，而繼續劃分爲第三層級、第四層級，甚至第五層級等等。

職能別部門劃分，既係以基本業務爲劃分重點，則此種劃分方式便利於專業化；凡是同一職能工作的計畫、執行、考核，均可歸同一職能主管全權處理。此外，對專業績效的提昇與測度，極爲方便。甚且工作人員滿足於自己的專業領域，從而產生滿足感與成就感，卒能促進專業技術的進步，進而提高生產效率，增加企業利潤。

然而，職能別部門劃分也有其缺點。其一乃爲產生「隧道視線」(tunnel vision)。所謂隧道視線，即爲職能別部門的專技人員除了對本身的技能外，其他專業都無法通曉，以致有了「見樹不見林，知偏不知全」的弊病，另外，由於過分專業化的結果，不免有本位主義的觀念，常造成溝通的阻礙，很難達到和諧合作的效果。

二、產品別部門劃分

產品別部門劃分，乃指以產品的種類爲劃分部門的依據而言。今日多產品線的大型企業，已逐漸採用此種劃分方式。例如，通用汽車公司、杜邦、RCA、奇異電器公司等，都是採用產品別部門劃分的方式。圖14-3，即爲製造業產品別組織系統表之一例。

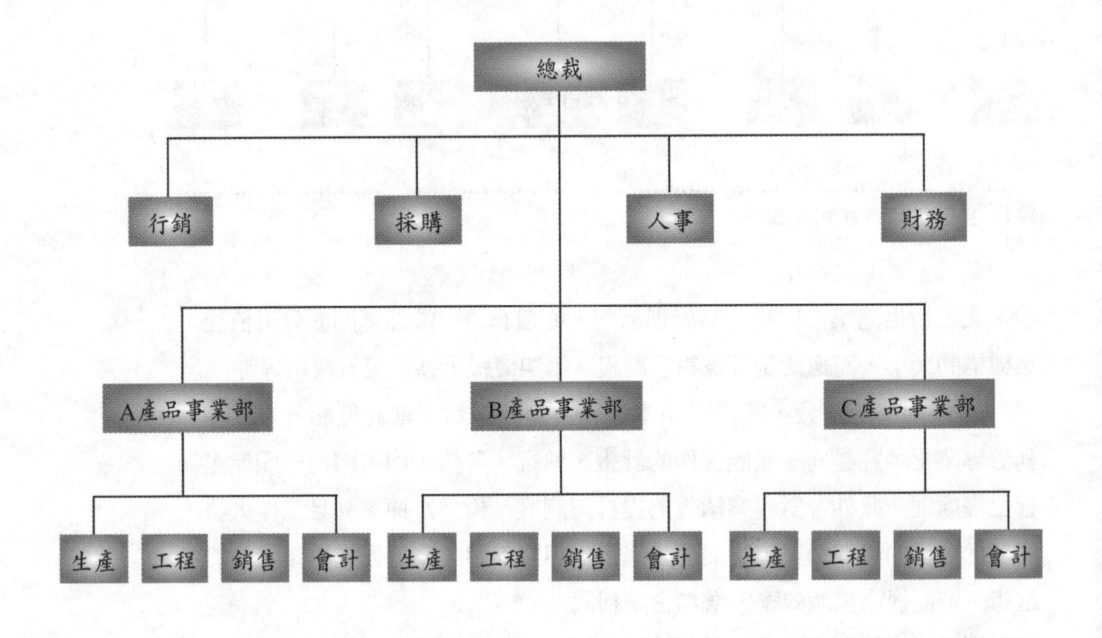

圖14-3 製造業產品別組織系統

在圖14-3中，組織結構上仍可看到行銷、採購、財務、人事等不同職能部門；但是它所顯示的最重要部分，乃爲各產品線的部門。凡有關於某一產品的業務，均歸於同一部門。因此，該種組織的特色，乃爲以產品的類別爲劃分標準的。圖14-4爲另一種產品別部門劃分的組織系統。

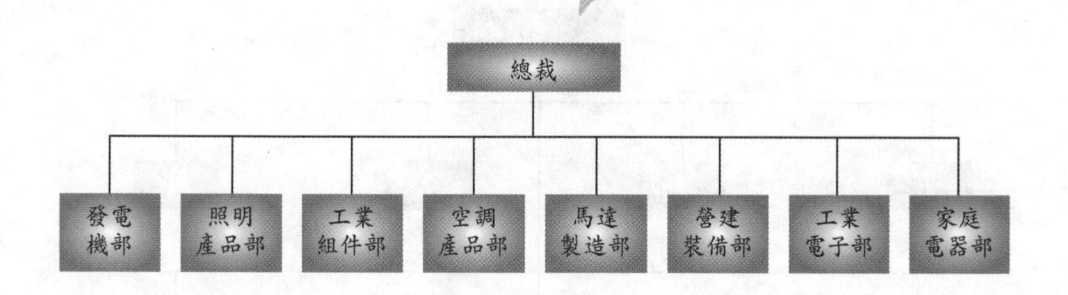

圖14-4 產品別部門劃分的組織系統

該種部門劃分方式的組織，易於實施內部的分工專業化，較易進行協調；尤其是較大規模的企業機構最適合採行此種方式。此種組織型態對績效的測度與管制，甚爲便利。故而可以用來分析有效益或無效益的產品線，從而加強高利潤產品線的發展，放棄無效益的產品線。此外，產品別部門劃分方式，對執行主管也是一個極佳的訓練機會。蓋產品別劃分的部門，本身無異於一個獨立的公司，執行主管可歷練各項職能，包括：生產、行銷與財務等的能力，以作爲未來升遷的準備。

然而，產品別部門劃分的組織也有一些困難：第一、由於過分自立，帶給了高層管理者控制上的困擾。第二、就整個事業機構來說，採用產品別部門劃分方式，將使得生產設施與組織層級有諸多重複的現象，易形成組織的浪費。

三、地區別部門劃分

地區別部門劃分的重點，乃在依各地區市場與顧客的需要而實施的。此適用於大型企業機構與連鎖商店。有些生產散裝而價格不高產品的企業機構，如水泥、飲料等，也常因工廠的分散而採用地區別劃分的方式。圖14-5，即爲地區別部門劃分的組織系統。

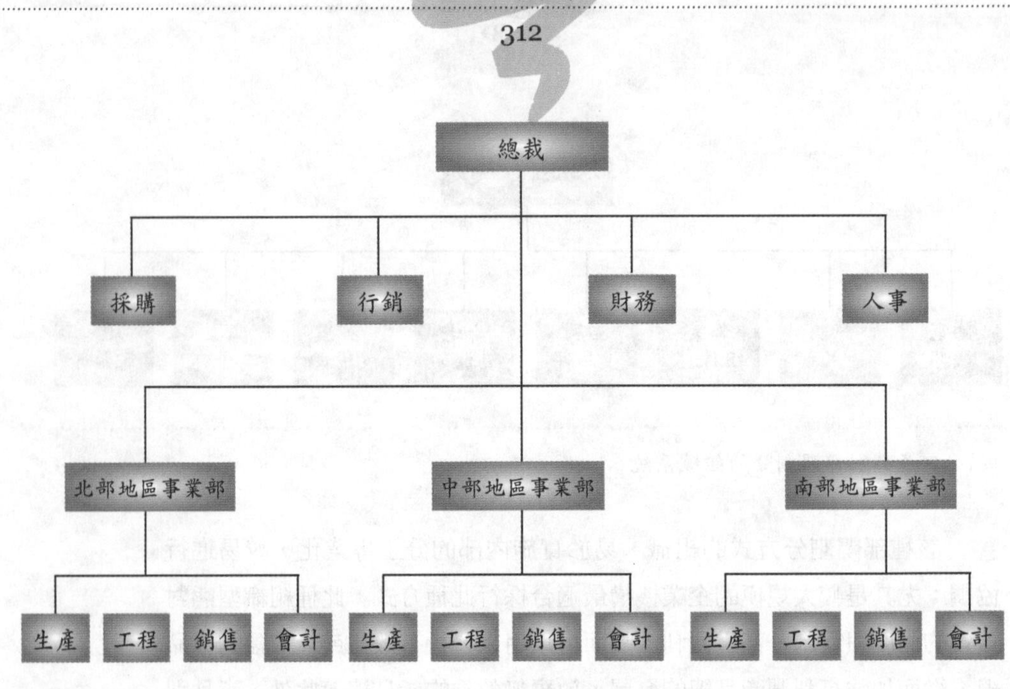

圖14-5 地區別部門劃分的組織系統

地區別部門劃分的主要優點，乃在於便利當地營運。由於對所負責地區有充分的瞭解，當能切合地區性需要。例如，製造業可就近取得原料供應，使單位生產成本降低。同時，建立了地區性的銷售網，更能瞭解當地的市場與顧客。此外，地區別部門的主管在處理業務時，可作全盤性考慮，能養成整體管理觀念。

惟地區別部門劃分與產品別劃分相同，常以本身目標為重，不免流於本位主義，而忽略了企業的整體目標。其次，業務設施與組織層級常有重複現象，難免在人力、物力等資源上有浪費現象。同時，各地區業務分散，地區主管過於自主，高階層主管往往不易控制。

四、顧客別部門劃分

顧客別部門劃分，是根據所服務的顧客或所接觸到的對象為劃分部門的標準。以顧客別為劃分部門標準的組織，最常見於肉類包裝業、零售

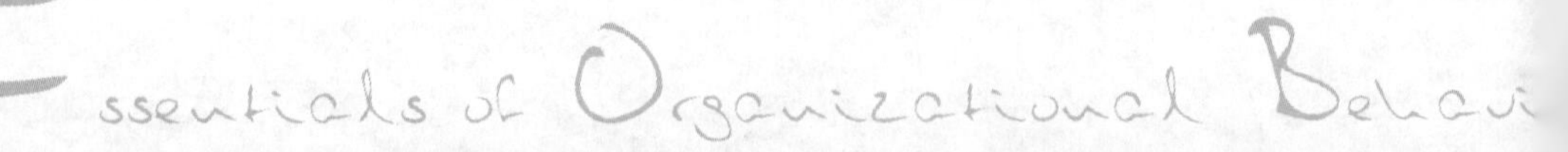

業，以及容器製造業。以肉類包裝業而言，通常設置有乳製品、雞鴨、牛肉、羊肉、豬肉，以及副產品等部門；服飾零售業多分設男裝、女裝、童裝等部門；容器製造業則分設藥物與化學品類容器、塑膠容器與飲料容器等。圖14-6，即為顧客別部門劃分的一例。

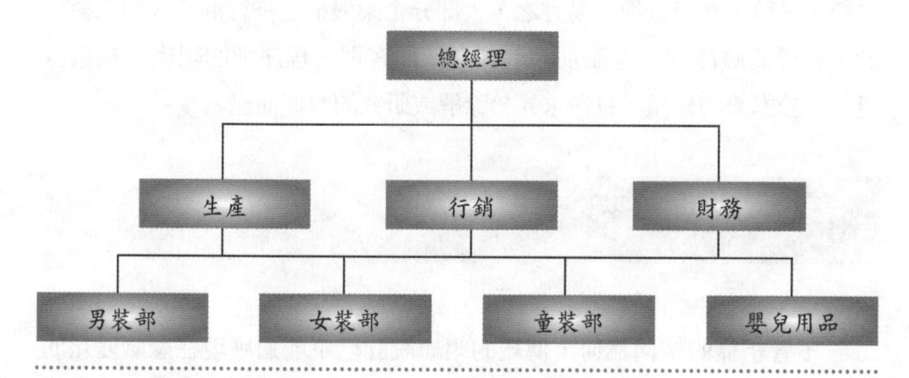

圖14-6 顧客別部門劃分的組織系統

顧客別部門劃分的組織，最能夠配合顧客的不同需要；且部門的內部作業較為簡單，易於協調；能夠對專門顧客作有計畫而周全的服務。但其缺點乃為劃分過細，對整個機構犧牲了技術專門化所帶來的效果。

五、程序別部門劃分

所謂程序別部門劃分，就是按照某些工作程序而劃分為若干部門。由於每個程序分別使用不同的裝備，故又可稱為裝備別部門劃分。此種方式最常見於製造業，如工廠中的車床部、壓床部、鑽床部、自動機械部等。又如金屬製造業可分設打孔、熱處理、焊接、裝配、修飾等部門。

程序別部門劃分的特點，是把具有相同技術的人或裝備組成一個單位，其優點為較經濟，效率良好；且能充分利用現代進步的科技與知識，勵行有效而細密的分工；同時可培養員工的專精技能，發揮成就感。惟其缺點是以程序為基礎的團體，多重技術而輕政策，崇手段而忽目的；且分工太細，專技人員所知範圍有限，易犯「見樹不見林，知偏不知全」的弊病。

綜上所述，企業組織的部門劃分方式很多，這些都是常見的型態。在實際上，大型企業機構各部門的劃分標準並不限於一種，而是同時兼採二種、三種，甚至五種。易言之，大部分企業機構是採行混合式的組織設計。純粹的職能別、產品別、地區別、顧客別、程序別的組織，極爲少見。至於本節的分類，只在求易於瞭解或研究的方便而已。

組織的彈性結構

不管組織的結構爲何，傳統的組織設計已不能適應現在急劇變化的社會。因此，今日組織必須採行權變設計，以求適存於現代社會。所謂權變設計的組織結構，乃是一種具有適應力和彈性的設計，企業機構採用此種設計，更能順應內外在環境的衝擊。亦即組織內部職能設計，必須與組織任務的要求、科技或外在環境的要求，以及組織成員的需要等相符合。因此，權變組織設計是有機性的結構，其爲主管、部屬、任務與環境四者交互影響的結果。至於權變設計的組織結構，至少包括：專案組織、矩陣式組織，以及自由式的組織。

一、專案組織

專案組織（project organization）是爲順應組織特定目標而設立的，一俟專案完成，該組織便予以撤銷或解散。所謂專案（project），就是集中最佳人手，在一定的時間、成本，以及品質條件下，完成某種特定或複雜的任務之謂。通常專案組織成立的條件，不外乎：第一、具有特定目的。第二、其任務不爲現行組織所熟悉。第三、各項活動的相互依存性甚爲複雜。第四、盈餘或虧損影響很大。第五、任務是屬於臨時性質者。

現存組織一旦決定設立專案組織，便應制訂專案目標，釐定所需人員，訂定組織的結構，並設計一套控制制度，俾能取得回饋資料。專案組織雖然較爲靈活，但仍須將職權和責任一一加以確定。因此，專案組織的結構應有相當程度的結構化。它必須有一位專案經理人，負責綜理全盤任務；並配置相當數目的專案人員，參與專案的全部過程與內容。當然，專案人員的責任常因專案的目標與組織結構而異。

一般而言，專案組織的結構型態，有的頗爲簡單，有的則相當複雜。圖14-7，是個簡單的專案結構。在專案組織中，專案經理人負責全盤任務，享有全權指揮權。他有權運用專案所需的資源。整個專案組織所設置的部門，與一般常設的職能式組織沒什麼差異。此種專案組織設計，即稱之爲純粹專案結構（pure project structure）或整體專案結構（aggregate project structure）。惟在這樣的型態下，組織的設施可能重複，以致形成浪費。因此，專案組織大多運用於完成較龐大的任務。

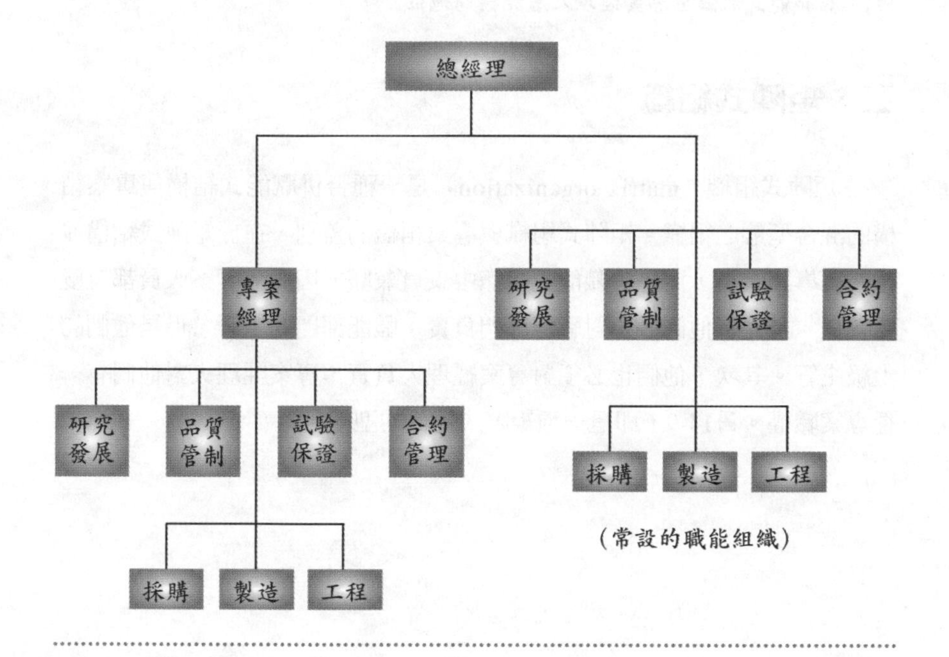

圖14-7 純粹專案組織

另外一種比較常見的型態，是設置一位專案經理人，作為總經理的顧問；而由總經理本人在原有職能式組織中，綜理整個專案的進行。如圖14-8所示。

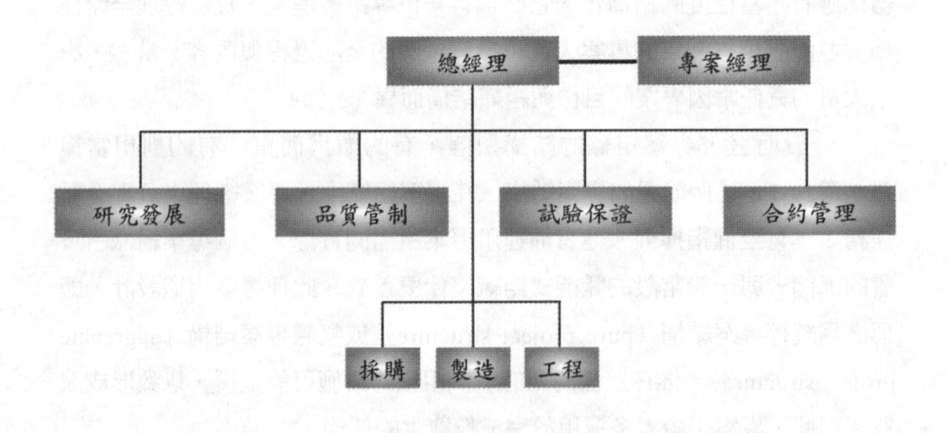

圖14-8 職能式組織中專案經理人居於顧問地位

二、矩陣式組織

矩陣式組織（matrix organization）是一種合併職能式結構與專案結構的混合型態之組織。矩陣式組織與專案組織的差別，在於矩陣式結構並未設置專案人員，而是由職能式組織中人員兼職。因此，專案人員都有雙重責任。首先，他們必須對職能部門負責；職能部門的主管，仍是他們的上級主管。其次，他們也必須對專案經理人負責，專案經理人對他們有一種專案職權。圖14-9，即是一種矩陣式組織的型態。

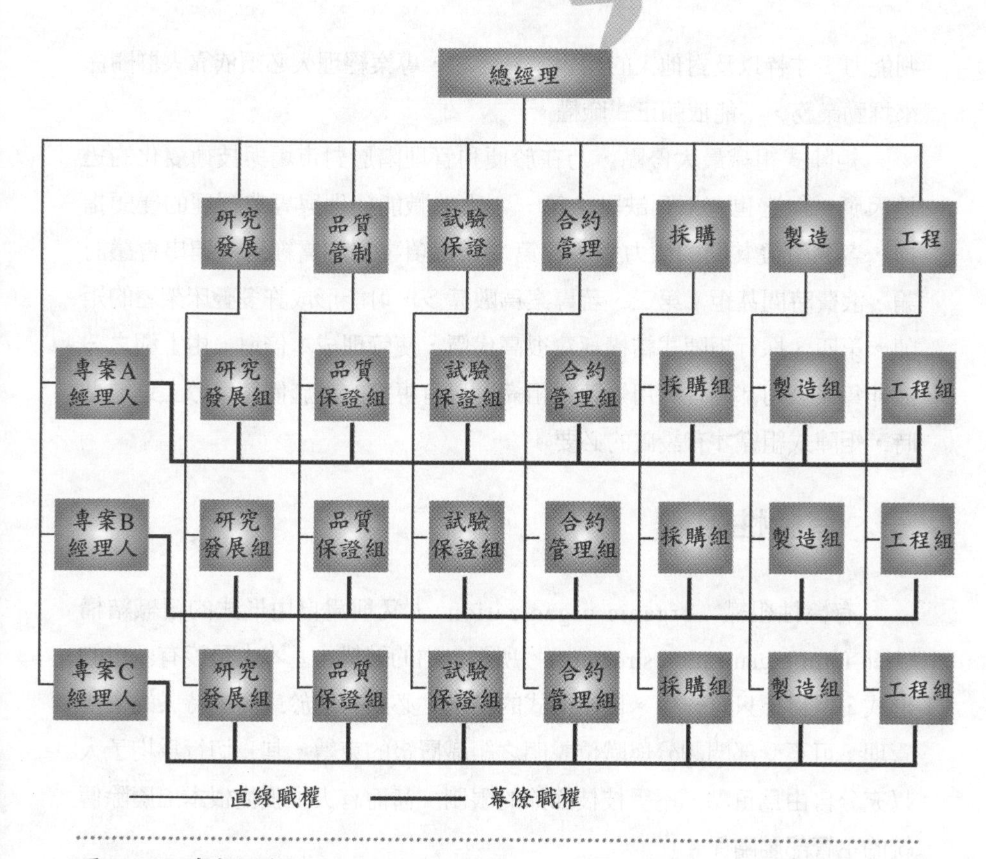

圖14-9 矩陣式組織

矩陣式組織兼具垂直式與水平式的結構，垂直式結構是由主管至部屬的上下直線關係，其具備組織層級和指揮統一的原則；而水平式結構則爲橫的專案職能關係，缺乏組織層級與指揮統一的原則。因此，專案經理人和職能經理人之間必須密切合作，才能提供人力支援，順利執行其專案。且專案經理人無權對專案人員給予獎懲或升遷，獎懲或升遷僅屬於職能經理人所專有。

由此觀之，專案經理人沒有完全職權，僅擁有專案職權；他必須保持與職能經理人的密切關係，說服職能經理人支持他的專案，在一定的時間、成本、和品質條件下達成專案任務。因此，他必須保持橫向關係，俾能與職能經理人協調。專案經理人最重要的領導條件，就是專案知能、談判能力、才幹以及對他人的回報。易言之，專案經理人必須依靠人群關係來推動業務，不能依賴正式職權。

矩陣式組織最大優點，乃在於便利管理階層對市場與技術變化的迅速因應。但它也有下列缺點：第一、由於職能經理與專業經理的雙頭指揮，容易引發其間的權力爭奪。第二、每項專案均需經過一連串會議討論，浪費時間甚鉅。第三、若專案爲數甚多，可能形成許多疊床架屋的矩陣。第四、採行矩陣式結構耗費很高代價，使管理成本倍增。由上觀之，並非每家公司都適宜採用矩陣式組織，只有專案的實施價值高於上述缺點時，矩陣式組織才有設置的必要。

三、有機性組織

有機性組織（organic organization），又稱爲自由形式的組織結構（free-form organization structure）。所謂自由的結構，基本上是沒有一定的形式，但目標只有一個。自由形式的結構，必須有助於最高主持人的權變管理，可不受部門劃分與職位說明之組織層級的束縛。其一切行爲均予人以充分自由爲重點，不受枝枝節節的限制，甚而有人主張從根本上廢除傳統的主管部屬關係。

在自由形式的組織結構下，經理人可放手做其所當做的事。自由形式的組織只有基於「共識」的信賴，採行的是雙向溝通。整個組織形成一個團隊，而不像是以主管部屬關係所構成的結構。在此種情況下，各部門、各單位均同心協力、共同作爲，其結果是總體效果大於個體單獨作業的效果之總和。當然，組織的高階層應先釐定一項策略計畫，以期獲致各部門的最大協力效果，並以此作爲預期協力作爲的基礎，來規劃資源的分配。雖然各部門均分別有其本身的計畫，但策略計畫是由頂層管理階層決定。於是，再由各事業部據以訂定其本部門的總計畫，以達成全面的企業承諾與目標爲依歸。

自由形式組織之所以能有協力作用，主要厥爲有集中控制與分權營運。各部門經理人均自行營運，自冒風險，且以人性管理爲基本信念。每

個人都扮演兩種不同角色：一方面自負責任的風險，另一方面都有高度的自律，一個人有多少任務，便有多少位上司，這是爲了配合職位而有結構，非爲了配合結構而有職位。每個成員均能與他人相互攜手，共同爲公司目標而努力，且每個成員都能與其主管共負責任和達成目標。

自由形式結構最大的挑戰，乃在於拋棄或減輕對各項管理原則的重視；代替之以情勢管理，鼓勵組織成員保持相互交感和充分合作。然而，由此將缺乏剛性結構，自使一般人感到無所適從。其次，自由形式結構，是爲了對變動或革新的管理工作而設計，並不一定所有的事業機構均有這樣的環境。最後，自由形式結構要求的是極優異的表現，並且每個人均需做到，以致形成個人太多太大的壓力。

不過，自由形式結構組織的形成，是未來的一個方向。其原因，乃爲：第一、現代經理人都希望能有更具彈性的組織，期能適應未來的革新和挑戰。第二、今日經理人確比過去更具才幹，且確能有效運用這種新的組織結構。第三、由於科技的進步，現代組織必須走向更具彈性的設計。第四、過去官衙式結構已不再適用今日急劇變化的環境，過去依賴組織系統表和職位說明，徒然妨礙企業的成長。因此，自由形式的結構乃應運而生。

組織結構與效能

組織結構的適當設計，有助於提高組織效能；相反地，若組織結構設計不當，不但無法提高效能，甚而阻礙組織的成長與發展。因此，組織管理者不能忽視組織結構的問題。本節即將分別討論構成組織結構的各項變數，與組織效能的關係。

一、組織大小

一般而言，員工工作滿足程度，常隨組織結構的擴大而遞減。在較大的組織中，員工參與決策的機會較少，個人覺得距離組織目標較遠，個人的努力與組織成效間的關係不明確，且形成員工的曠職率與缺勤率。但由於大型組織所給付薪資較高，員工流動率反而較低。為了解決該項問題，組織可實施分權制，或擴大員工參與決策的權力。

就組織內部的單位而言，員工曠職率與流動率隨著組織內單位之增大而增加。員工的工作滿足感主要與工作性質相關，和單位大小的關係較不明顯。不過，組織內單位的大小和員工凝結力有關，單位愈大，凝結力愈小；反之，單位愈小，凝結力愈大。凝結力愈大，工作績效愈強；凝結力愈小，工作績效則愈弱。

二、組織層級

組織層級的高低對工作滿足感有很大的影響。一般而言，層級愈高員工的工作滿足感比低階層員工來得高，這是上級員工掌握著管理權力，且其職業聲譽、地位與薪資都較高的緣故。根據研究顯示，較滿足的員工比不滿足的員工，其升遷機會較大。因此，組織層級的高低與升遷與否，又形成一種因果循環關係。

此外，組織層級愈多，員工升遷的機會愈大，員工滿足的程度愈高。組織層級愈少，員工較少升遷的機會，比較不易得到滿足。不過，組織層級分化不多的小型組織，其下階層員工較為滿足，此乃因他們不必負擔太多責任的關係。

三、分工專業

根據一般研究顯示，從事專業化的員工比從事一般事務性的員工容易得到滿足。但分工專業化的結果，常使工作重複而機械化，個人會感到疏離而對工作不滿意。即以直線和幕僚工作而言，過去的研究顯示，幕僚人員較專業化，只負責提供意見，而較少作決策，不能享受到職位所帶來的權力，故較不滿足於他的工作。然而，最近的研究則發現較不一致的結果，認為幕僚人員由於從事專業的工作，較具滿足感。

四、控制幅度

控制幅度（span of control）是指一個管理者所能直接指揮控制的員工數目。直到目前爲止，雖然沒有直接的證據顯示管理幅度和組織績效的關係，但是較大的控制幅度由於監督較爲寬鬆，個人自主性的機會較大，比較有工作滿足感。相反地，嚴密的控制幅度，容易造成屬員的工作壓力，固然適度的壓力可促使屬員努力工作，但太大的壓力會產生緊張和不安的情緒，將不利於工作表現。當然，控制幅度的大小，需視組織的性質而定。

五、集權程度

在組織結構的變數中，集權（centralization）程度對組織效能的影響較小。根據研究顯示：集權程度和工作滿足呈相反的關係，但常因工作性質和個別差異而有分別。例如，在專業人員中實施集權制度，其滿足感要比一般藍領階級爲低。

一般而言，實施集權制度的組織，員工較不滿足；相反地，實施分權的組織，員工不會感受到疏離感，對管理監督方式較滿意，且同階層工作夥伴的溝通較良好，因此分權組織的員工較爲滿足。

總之：組織大小、層級高低、專業分工、控制幅度的大小、以及集權的程度等組織結構因素，都會影響組織的效能。組織管理者實宜從中作有利的選擇，以求提高組織效能與工作績效。

個案研究

經理人選的抉擇

興華是一家成衣製造公司，爲董事長黃百守和總經理蔡正坤所共同創辦。由於公司內部員工的合作無間，努力不懈；加上領導者的英明果斷，和技術上的卓越能力，故業務蒸蒸日上，一日千里。目前該公司在海外有二家分公司；一在新加坡，一在曼谷。公司業務以外銷爲主，內銷爲輔。

公司的市場開拓和對外貿易，是由黃百守負責；而行政業務和產品設計，則交由蔡正坤主其事。由於業務的需要，公司決定在南非設立一家分公司。有關業務擴充所需的員工招募、原料之進口、機器設備的購置等，均已準備就緒。唯一尚未決定的乃是分公司的經理，因事關重大，不得不謹愼甄選。

新加坡分公司現任副理朱富民，在公司創立時，爲蔡正坤所引進。任職期間，盡心盡力推展業務，頗具才華，與員工相處和睦、熱心，深得員工們的讚佩和擁戴。去年公司銷售業績，即以新加坡分公司爲最高，幾占全公司銷售總額之半。誠如新加坡分公司經理唐律已所說：「本公司之有如此成績，完全靠朱富民之功。」因此，乃大力推薦朱富民，而總經理也認爲朱是一時之選。

然而，董事長黃百守卻準備將此經理職務，交給他的姪兒黃聰敏。黃聰敏曾任職某貿易公司課長，經驗與才華應能勝任此項職務，且交友廣闊，對業務推展甚有一套。黃董事長自認從未引進職員，且對其姪兒甚具信心，乃內舉不避親，希望蔡總經理玉成。

此時，蔡總經理甚感爲難。因爲董事長爲人一向公正廉明，實事求是，所薦必爲可用之才。但另一方面蔡總經理卻也認爲選用人才，最好能從內部擢升，如此才能鼓舞士氣，提高工作效率，爲此而困擾不已。

討論問題

1.依組織權責關係來看，你認爲本個案是否有問題？何故？
2.你認爲中層主管應以內升制爲佳？還是以外補制爲宜？何故？
3.如果你是蔡總經理，將如何抉擇？

第15章

工作設計

本章重點

工作設計的意義

工作特性模式

工作設計的步驟

工作設計的方法

工作設計的權變模式

工作設計與組織績效

個案研究：吃力不討好的分工

組織結構是員工行事的規範和依據，工作設計則決定員工的實際表現和滿足感。因此，工作設計在組織研究中，也是一個相當重要的課題。蓋工作設計的適當與否，不僅直接影響工作效率，更左右組織員工的工作滿足感。本章即將討論工作設計的意義，工作特性的模式，然後探討工作設計的步驟與方法，期使組織管理善用權變模式，以提高組織績效。

工作設計的意義

所謂工作設計，是將組織內個人所從事的任務，加以組合成完整的工作之過程。工作設計的有效運用程度，對組織績效的影響甚大。其目的乃在配合組織目標、個人職位和工作特性所進行的細部作業，以增進員工工作品質與提昇生產力的設計。因此，工作設計乃為影響人力資源有效運用的最直接因素。

進而言之，工作設計是要使員工在組織的職務與責任中盡力去達成特定目標。它包括：工作內容，工作時所使用的方法和技術，工作中的人際關係，以及結合工作中的員工，以產生效果。因此，工作設計的要素有：

一、工作內容

工作內容是指用來說明實際履行任務的內涵，一般都以某些特性來說明。譬如，多樣性、自主性、複雜性、單一性、例行性、困難度等是。

二、工作技能

是指完成每項工作必備的條件和方法，包括：職權、責任、訊息、方法、技術以及協調等。

三、人際關係

爲在工作中需與別人互動或交往的程度，包括：友誼的機會，以及團隊合作精神的要求等。

四、工作績效

指透過工作設計所獲致的成果。這可由兩方面確認：其一爲達成任務的標準，如生產力、效能、效率等；其二爲工作人員對工作反應的標準，如滿足感、缺勤率、流動率等是。

五、回饋作用

工作內容、工作技能、人際關係爲工作設計的主要因素，而工作績效則有賴回饋作用（feedback），以調整其活動。因此，回饋作用亦爲工作設計所應考慮的要素之一。工作設計時，可藉由活動的回饋以爲修正的依據；亦可藉由同事、主管或屬員的回饋達成其目標。

由上述可知，組織設計應配合環境變遷與工作需要，來訂定其活動範圍，並擬定工作計畫，以及將工作指派給員工來達成。此時，組織需針對工作方式加以設計，以作爲人力配置、授權指揮以及整合溝通的依據。因此，工作設計本質上即爲組織設計的一環。在設計過程中，尤需特別顧及權力結構與人際關係的因素，方能在實際執行時，減少阻礙。

此外，當工作目標透過組織完成後，實質績效是否能順利達成，是組織極需檢討的工作。一般而言，組織欲達成實質績效，常對工作重新設計，藉以增進員工的工作經驗與品質和生產力。因此，工作設計與組織設計的關係相當重要。

總之：工作設計是組織設計的一環。它乃在將組織員工的工作作最適當組合，以求能完滿地達成工作任務，用以增進工作效率，提昇品質，進而完成組織的整體目標。

工作特性模式

一般而言，工作設計必須要瞭解工作的要件，此即爲工作特性。哈克曼（J. Richard Hackman）與歐德漢（Grey R. Oldham）曾提出所謂工作特性模式（job characteristics model），認爲工作有五種工作向度（job dimensions），與三種心理狀態。

一、工作向度

任何工作都可區分五個最主要的層面，即：

（一）**技能多樣性**（skill variety）：是指工作具有多樣性，包含各種不同的活動。工作者必須使用不同技能，才能完成工作任務的程度。

（二）**任務完整性**（task identity）：整個工作被視爲一個完整的單位，而工作者負有整個工作單位成敗責任的程度。

（三）**任務重要性**（task significance）：工作對個人生活或其他人的影響程度。

（四）**工作自主性**（autonomy）：工作者安排個人工作時間以決定執行工作時，所擁有的獨立自主以及決定權力大小的程度。

（五）**訊息回饋性**（feedback）：工作者對本身工作表現及效率所得到訊息的程度。

二、心理狀態

每個工作者所具有的心理狀態，至少包括三個層面：

（一）**工作的意義度**：個人必須感受到工作具有意義，是重要而有價值的，且值得去做的。

（二）**成果的責任感**：個人必須感受到工作的成果，是需要自己負責

的。

（三）**活動的回饋性**：個人必須能瞭解到工作的效率，對工作結果如何，必須要接受到完整的回饋。

以上三種心理狀態在工作效果很高時，個人會感覺到很好。相反地，在工作效果很低時，個人會設法努力工作，以便獲得內在增強的激勵。

三、兩者的關係

在工作向度與心理狀態的組合中，工作意義性包括技能的多樣性、任務完整性以及任務重要性。成果的責任感即工作自主性，賦予員工對工作結果的責任感。活動的回饋性即爲訊息回饋性，讓員工感受到他的工作效率。圖15-1，即爲工作特性模式之例。

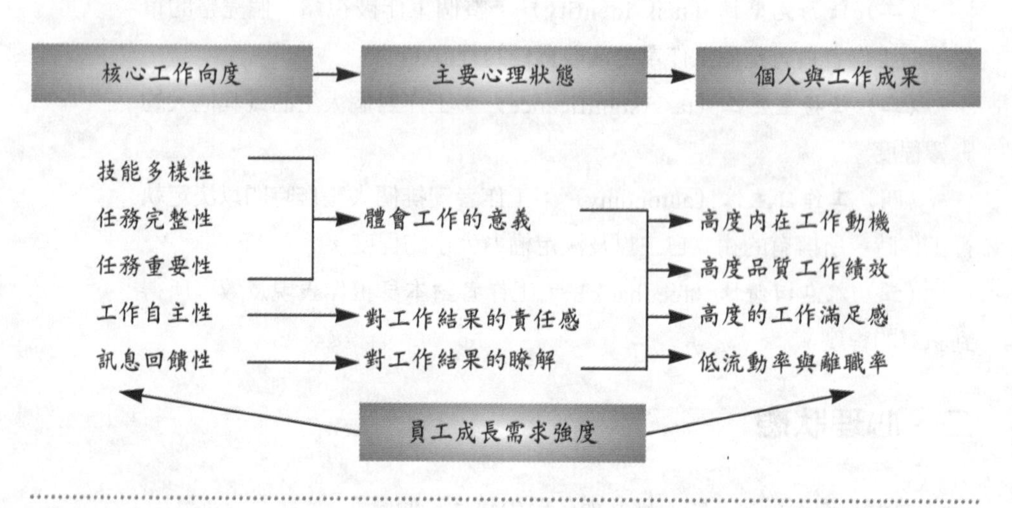

圖15-1 工作特性模式

由該模式看來，眞正影響員工態度和行爲的，並不是工作的客觀特性，而是員工的主觀經驗。易言之，當個人瞭解了工作結果，且體認工作

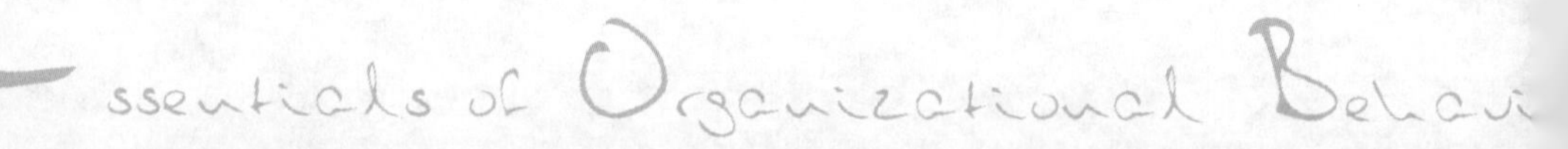

的意義性，而覺得對工作結果有責任時，便能由工作中得到內在酬賞。因此，個人的內在心理狀態愈健全，個人對工作動機、工作績效與滿足感愈高，且其流動率與離職率愈降低。

此外，工作向度與工作結果之間的聯結，受到個人成長需求強度（growth need strength）的影響，一個成長需求較高的員工比成長需求低的員工，在工作豐富化上會有較好的心理狀態。因此，員工心理狀態在工作特性模式中，實爲決定工作績效的主要因素。組織管理者在設計工作時，必須注意此種因素的影響，而將之列入考慮。

四、工作特性模式的預測能力

員工內在激勵既會影響工作績效，然而激勵大小的程度如何？這可由動機潛在分數（motivation potential score, MPS）測得，其公式如下：

$$\text{動機潛在分數（MPS）} = \left[\frac{\text{技能多樣性} + \text{任務完整性} + \text{任務重要性}}{3}\right] \times \text{自主性} \times \text{回饋性}$$

由以上公式可看出，動機潛在分數的高低，取決於工作的三種向度之高低；且在自主性或回饋性中，任何一項接近零分，則整個「動機潛在分數」也趨於零。因此，工作設計時，必須使這些工作向度獲得較高分數，才能產生較大的激勵作用。

再者，工作特性對組織績效的影響，和員工需求強度有關。易言之，對於需求較強的員工而言，擔任較高動機潛在分數的工作，其工作動機、工作績效和滿足感都較高，而曠職率和流動率較低。但對於需求較弱的員工而言，其間關係則不明顯。因此，工作設計應與人員特性相互配合。

然而，工作特性模式的效果尚待考驗。有許多證據顯示，任務完整性在此模式中沒有預測能力，技能多樣性可能和自主性重複。另有些研究顯示，將五個核心工作向度相加所得到的分數，同樣可得相同的預測效

果。

整體而言，工作特性模式仍值得深入探討，以求在未來的研究方向上能得到更精確的預測。不過，至今仍可得到如下結論：

（一）一般而言，較多的工作向度分數，員工有較高的工作動機、工作滿足和工作表現，且有較高的生產力。
（二）有強烈成長需求的員工比較微弱成長需求的員工，有較高的工作動機，對工作的反應也較好。
（三）工作向度先影響個人的內在心理狀態，再間接影響工作結果，而非直接影響工作結果。

工作設計的步驟

工作設計的主要過程，可分爲工作分析（job analysis）、工作說明（job description）、工作規範（job specification）、工作評價（job evaluation）等，凡此都可作爲衡量績效的標準，其如圖15-2所示：

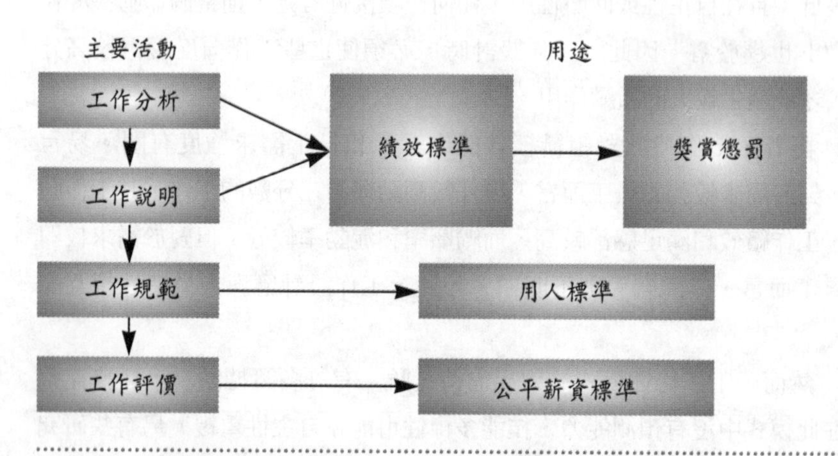

圖15-2 工作設計過程

一、工作分析

工作分析的研究，最早自泰勒（F. W. Taylor）的時間研究開始；其後有吉爾伯斯夫婦（Frank and Lillian Gilbreth）對動作研究，始逐漸發揚光大。早期的研究，基本上著重在具有重複性工作的分析上。隨著企業管理的發展，今日所謂的工作分析無論就範圍與應用上，已不同於往昔的動作與時間研究。

所謂工作分析，就是對某項工作以觀察或與工作者會談的方式，獲知有關工作內容與相關資料，以製作爲工作說明，而便於研究、蒐集與應用的程序。組織管理爲了在科學基礎上僱用員工，就必須對員工素質先訂立標準；而建立員工的素質標準就必須對工作的職務與責任加以研究。此種研究工作內容，用以決定用人的標準，就是工作分析。

任何一種工作分析，在基本上必須包括：第一、工作必須予以完整而正確的鑑定。第二、工作中包含的事項，必須予以完全而正確的說明。第三、工作人員勝任該項工作所需的資格條件，必須予以指出。其中第二部分爲工作分析的最重要部分；缺少此部分，則其餘分析都將顯得毫無意義可言。

同時，一項完善的工作分析，必須獲得與提出四項性質的資料，此四項資料已成爲衡量工作分析的規格，通稱爲「工作分析公式」（the job analysis formula）。此四項資料就是：第一、工作人員做什麼？第二、工作人員如何做？第三、工作人員爲何做？第四、有效工作必備的技能。前三項就是說明各項工作的性質與範圍，也就是工作說明書所欲表達的內容。第四項是說明各類工作的困難程度，以及正確地確定工作所需技術的性質，這也是訂定工作規範的主體。

所謂「工作人員要做什麼」，就是就工作內容詳加分析工作人員的各項活動與任務，包括適任該工作的思想、知識與技能。「工作人員如何做」，就是對工人爲完成工作所用的方法加以分析，包括使用的工具、設備及程序等。「工作人員爲何做」，就是指工作人員工作的意願與動機，提供工作人員瞭解擔任工作的經驗背景，以及將來可能的發展。至於「有效工作必備的技能」，乃爲說明工作人員適任某項工作應具備的技能，並規定該技能的水準。

二、工作說明

工作分析所得的資料，可加以記載，撰成工作說明書。工作說明書基本上乃爲說明工作性質的文件，是由許多已有的工作相關事實所構成。工作說明書通常包括：第一、工作名稱。第二、工作地點。第三、工作概述。第四、工作職責。第五、所用工具與設備。第六、所予或所授監督。第七、工作條件，或其他各種有關分析項目。工作說明書的詳盡程度或項目多寡，需視使用的目的而定。如果工作說明書是用來教導員工如何工作，就要對工作如何做，以及爲何做這方面的內容加以解釋。如果工作分析的目的，是爲了工作評價，則對如何做的部分，就不必作太詳盡的解說。另外，有些組織爲了便於指派額外任務，避免引起員工的抗拒，而喜歡採用一般性的說明書。惟說明書內容含糊不清，常失去工作分析的意義。

事實上，工作說明書僅對工作性質予以說明是不夠的，它還應擴大到對工作者期望的行爲模式。甚而不僅分析正式結構所決定的交互行爲模式，而且要分析一個人工作所必要的感覺、價值和態度。例如，組織的領導哲學是民主的，就需要有說服的、歡愉的、諒解與自由討論的行爲型態。雖然行爲型態的重要性無法否認，但在員工僱用程序中，還是很少被提及。此時可透過面對面的晤談，注意環境在工作周圍的每項活動與職責的角色關係，使工作分析的正確性大爲增加。

至於如何撰寫工作說明書，才能符合組織的要求，需注意下列事項：

（一）工作說明書需能依使用目的，反映所需的工作內容。
（二）工作說明書所需的項目，應能包羅無遺。
（三）說明書的文字措辭在格調上，應與其他說明書保持一致。

（四）有關文字敘述，應簡切清晰。
（五）工作職稱可表現出應有的意義與權責的高低，如需使用形容詞，其用法應保持一致。
（六）說明書內各項工作項目的敘述，不應與其他項目內的敘述相抵觸。
（七）應標明說明書的撰寫日期。
（八）工作應予適當區分，使能迅速判明所在位置。
（九）應包括核准人及核准日期。
（十）說明書必須充分顯示工作的眞正差異。

三、工作規範

工作分析的另一產物爲工作規範（job specification），或稱爲人事規範（personnel specification）。所謂工作規範，就是工作人員爲適當執行工作，所應具備的最低條件之書面說明。換言之，工作規範是指工作表現有關的個人特性，此與工作說明書是根據對工作研究，所獲得的事實報告不同；前者著重「人」的特性，後者注重「事」的特性。亦即工作規範記載的是工作條件，工作條件必須確實預測工作的效果與成敗，才能提供作爲選用員工的取捨標準。

通常工作規範包括：第一、工作性質。第二、工作人員應具備的資格條件。第三、工作環境。第四、學習所需的時間。第五、發展速度與晉升機會。第六、任用期限。其中以前二項爲最重要，列舉資格條件依組織和工作規範的使用而有所不同，不過教育與訓練是必要的。

一般工作規範可分爲兩種類型：一爲已受過訓練人員的規範，一爲未訓練人員的規範。前者所注重的是多種相關訓練的性質、時間長短、個人接受訓練的程度、個人教育程度，以及所要求的工作經驗等。此種工作規範，必須參照人員甄選的經驗，也要考慮勞力市場供需狀況。後者則需注意人員的特性，以求能在工作上發展最大的潛力。這些特性包括各種不同的性向、感覺能力、技巧、生理狀況、健康狀況、個性、價值系統、興趣與動機等。此時，工作規範不能只包括幾個基本要件而已，必須從各種角度來看工作要件。

工作規範的建立既在為某項工作甄選員工，則必須注意其方法與效度。一般而言，建立人事規範的方法有二：一為判斷法，一為統計分析法。判斷法是依據督導人員、人事人員、工作分析人員的判斷而來。此種判斷的資料可能以正式的文字記載，也可能非正式地存在督導人員的腦海中。顯然地，此種判斷是否正確，效度是否過高，受到情境的不同、個人判斷方法，以及個人特性的影響。通常推理性的判斷，分析者具備豐富的經驗，其所獲得的資料愈多，判斷的正確性也愈大。當然，採取「人與機器間配合」的方式，所建立的工作規範，其工作規範的效力也高。

統計分析法擬定工作規範，是將工作者的條件視為獨立變數，而把工作者的作業成果當作依變數，分析兩者間的關係，以作為工作規範的依據。基本上，運用統計分析來建立工作規範時，要先決定個人特性和工作績效間的關係。雖然利用此種關係來說明工作規範，似嫌過分簡化；但惟有如此，才能把握工作要件的精隨。同時，統計分析法建立工作規範，是一種較為精密的方法，較能建立客觀的工作標準。

工作規範雖然可由判斷法與統計分析法加以擬訂，但此二種方法彼此並不相互衝突。組織為求對每項工作有深切的瞭解，似可以判斷法列具工作規範的各項條件，然後再以統計分析法鑑定其信度與效度。同時在使用工作規範時，不能將某種工作規範，毫無保留地應用到每個情境裏面；必須注意到各項工作的要件，才能眞正達成人與工作配合的境地。

四、工作評價

工作分析是根據工作事實，分析其執行時所應具備的知識、技能與經驗，以及所負責任的程度，從而訂定工作所需的資格條件。至於工作的難易程度與責任的大小，以及相對價值，則屬於工作評價的範圍。佛蘭西（Wendell French）即認為：工作評價是一項用以確定組織中各種工作間的

相對價值，以使各種工作因價值的差異，而給付不同薪資的程序。事實上，工作評價乃是工作分析的延伸，亦即根據工作分析結果，評定工作的價值。兩者的相互關係，可以圖15-3表示之：

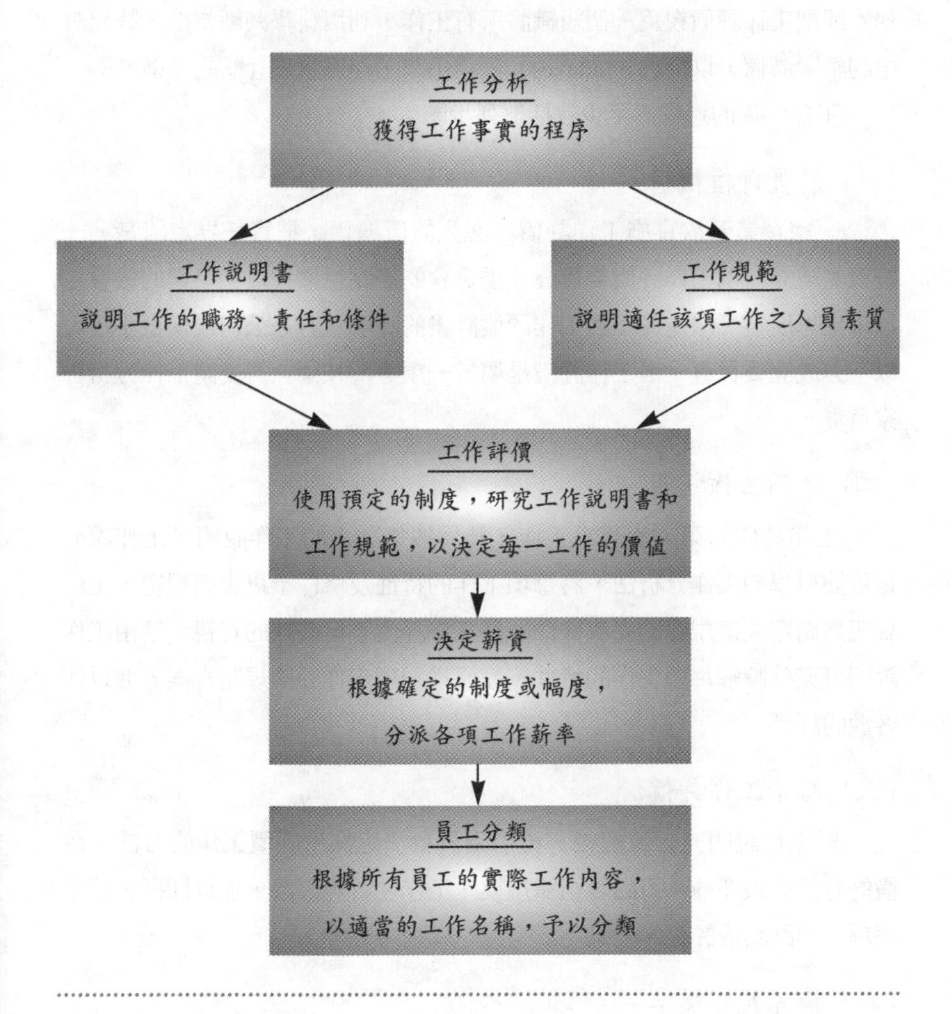

圖15-3 工作評價的因素

有系統的工作評價始於一九○九年，由美國芝加哥文官委員會在芝加哥市政當局試行。工業界於一九一○年後，首由美國國家愛迪生公司所採用，當時僅限於員工的選拔遷調與安全維護而已。及至第一次世界大戰

後，由於人事管理的發展，始用工作評價來決定薪資。由於第二次世界大戰期間，工作評價對薪資的安定具有重大的影響，才更爲人所注意。至今，企業界都已公認：工作評價是一種較合理的核薪方式。今日工業心理學家即把工作評價視爲一個組織將所有工作，利用科學判斷方法，找出其中的相關價值，以指數（indexes）表達出來，作爲量工計酬的標準。

工作評價的過程，至少包括下列步驟：

(一) 設置評價機構

一家企業若欲實施工作評價，必先設置機構，把責任界定清楚。一般可先成立一個工作評價委員會。委員會的優點是擴大員工參與的機會，以求集思廣益，增進員工對工作評價計畫的瞭解。若是公司規模很小，可以不必成立委員會；但工作評價是屬於一項專門技術，得委請工作分析專家負責。

(二) 準備工作說明

工作評價的第一步著手工作，乃爲搜集詳盡的工作說明。工作說明是依據科學的工作分析法，將每項工作的特性及條件予以書面規定。工作說明爲制定人事規範的先決條件，是工作評價不可或缺的資料。經由工作說明可充分瞭解每項工作的特性，發展爲一項工作評價規劃方案，據以作客觀的評價。

(三) 給予工作評價

對工作說明充分瞭解後，再由委員會決定採用評價工作的方法。評價的方法有很多種，可隨著組織規模、工作性質等因素，加以採擇，給予每項工作計點或評等。

(四) 換算薪資標準

工作評價後，要將評定結果換算爲薪資。這個過程包括薪資調查，以決定勞力市場勞動力進入組織的可能性，然後再依據工作評價爲核薪標準，俾求達到「量工計酬」、「同工同酬」的理想。

(五) 調整部分薪資

當工作評價完成，換算爲薪資時，必發現若干職位的薪資與工作評價積點不符。有些薪資過高，有些薪資過低，對此類現象應設法加以調整。事實上，工作評價的結果只有增加薪資，甚少貿然遽以削減，以免影響工作情緒。此時，可採取四項措施予以合理調整：第一、採取自然消失方式，俟原工作者離職，予以重新核薪。第二、遇有增加待遇時，薪資偏高職位暫不予調薪，以保持齊一水準。第三、把薪資偏高職位人員調至其他工作，使薪資合理化。第四、加重薪資偏高者的職務，以增加其工作評價積分。

(六) 繼續工作評價

由於工作評價本身是一種制度，亦是長期性的工作。加以近代企業組織與技術的不斷革新，工作與職位亦不斷的變動，勢必產生許多新工作，並淘汰許多舊工作。是故，工作評價計畫須不斷地繼續進行，才能做到正確而合理的新評價。

工作評價的主要目的，固在建立公平合理的薪資制度。然而，在組織管理上，工作評價的運用是多方面的。一般而言，尚有下列數種目的：

(一) 確定各部門每種職位或工作間的相對價值，並和其他不同部門的類似工作相互聯繫。

(二) 提供人事部門完整而簡化的資料，俾便於員工的僱用、升遷與調整。

(三) 制定一種比較標準，便於與社會其他機構相同工作待遇，作一比較。

(四) 確使職位升遷有一定的合理順序，使升遷者的經驗與能力皆能適當配合。

(五) 決定組織中所有職位與工作的最低或最高薪資，使員工得到公平合理待遇，減少不滿情緒。

（六）確定有價值的工作，鼓勵員工上進，追求更高的成就慾與滿足感。

（七）保持原有工作與新增工作的相對性，便於作調薪的依據，並可查究調薪的原因。

（八）可視爲一種控制人工成本，促進勞資關係和防止員工流動的利器。

總之：工作評價的目的是多重的，它可順應個別差異作為員工甄選的參考，可作為舉辦員工訓練的參考，可作為績效考核的依據。凡此都說明組織管理的各項工作，都是環節相扣的。

工作設計的方法

由於組織理論的發展，每個階段所顯現的組織特性也有所不同。因此，工作必須配合組織的發展，而作不同的設計。顯然地，科學管理時代的組織特性與人群關係時代的工作特性，是不相同的。爲了因應組織的變遷與發展，整個工作設計的觀念與方法，大致有下列幾種：

一、工作簡化

工作簡化（job simplification）是科學管理時代的工作設計觀念。其重點乃在工作專業化、標準化、重複性，以便追求工作效率。所謂工作簡化，就是將工作細分爲若干單元，然後對工作內容採取不同的組合；或將某種組合分解成許多基本動作，再設計工作內容，儘量求其簡單化和專門化。

工作簡化的目的，在尋求最經濟有效的工作方法，使操作標準化，訂定工作標準。所謂工作標準涵蓋操作方法標準化與工作時間標準化，這

就是早期泰勒所提倡的科學化管理原則。其要點在於儘量減少不必要的時間與動作。首先找出完成工作的最佳而有效的方法，然後將工作分成細小而簡單的工作單元，給予每個工作者完成每項工作單元的特殊指示。

傳統組織進行工作簡化，常在直線的工業工程部門進行，其所使用的工具厥爲工作流程圖（work flow chart）與動作經濟原理（principles of motion economy）。其步驟如下：第一、選擇一種工作，進行改良。第二、蒐集各種事實，編製圖表。第三、查明各項細節，如工作目的、方法、場地、所需時間、人員、工作方法等。第四、擬定一套最佳的工作方法。第五、實施改進計畫。由此，工作藉著工作簡化過程而得以專業化。

工作簡化的最大特色，乃爲工作具重複性，單調而缺乏人性化，使人厭煩而沒有挑戰性。由於每個員工只負責某一小單元的工作，常自覺自己祇不過是大機械的一個小齒輪，因此常抱怨工作沒有意義性。

由於工作簡化所帶來的專精化，使得工作者產生了挫折感。許多心理學家、社會學家從事工作設計時，開始注意到人性的需要。畢竟人並不是機器，人有需求、有感情，工作設計若不能考慮到人的因素，則完美的工作設計所得到的利益，都會因員工的不滿足而抵銷。由此可知，工作設計的焦點乃在於使工作較不厭煩且富有意義。

當然，工作簡化的結果是便利性。就某些方面而言，工作簡化在「員工士氣」和「工作激勵」兩方面，可得到良好的效果，且工作簡化的明顯效果之一，就是可以直接應用與快速。但工作簡化常引起高成長需求員工的抗拒。因此，在工作設計時，有時常使用工作輪調、工作擴大化與工作豐富化等方法。

二、工作輪調

科學管理途徑所促成的高度專業化，固可提高工作效率，但卻造成員工工作精神與行爲的困擾，諸如：低度的滿足感、高度的缺勤率以及流動率。於是工作設計上開始改採工作輪調（job rotation）與工作擴大化。這類技術乃以將員工在不同的工作間輪調，或增加其工作種類爲焦點。此處先行討論工作輪調。

所謂工作輪調，是指讓員工有輪換工作的機會，主要目的是爲了減少對工作的厭倦、疏離、單調、乏味的感覺。由於工作的轉換，可使員工有機會從事多種工作，因而增進員工的其他技術。由於輪調制度的實施，一旦員工曠職或離職，容易補缺，不致發生太大困難。另外，有些工作的勞逸程度不同，易引起紛爭與不平；在輪調制度下，感覺較爲公平。

輪調制度若引用到管理階層上，可視之爲管理發展的一部分。管理發展的目的，是要培養個人的多種能力，使其勝任某種高階職位。輪調制度有時可用來評鑑個人未來的潛力，因而可視爲對未來人力需求的一種規劃。

工作輪調在積極的意義上，乃爲增加技能的多樣性，增進工作經驗與歷練；在消極方面，則防止弊端。當一項工作已失去挑戰性，則宜實施工作輪調，如此固會增加訓練成本的負擔；但就長期利益而言，這是可行的。不過，工作輪調只是一種「工作與員工」組合的改變，並未實質地改變工作內容。工作設計上亦應注意新員工與舊同事之間的適應問題，並避免引起主管對新部屬監督上的困擾。

此外，在動機潛在分數很低的工作中，輪調制度對提高員工動機並沒有實質的幫助。此乃因工作輪調並未改變工作本身的成分，工作者即使做了再多的工作，也不能體會到較大的工作意義，因此動機潛在分數也不會提高。

三、工作擴大化

工作擴大化（job enlargement）是指對水平工作量、工作範圍的擴大。例如，增加工作者的工作項目或提高工作目標，是一種工作多樣化的提昇。但此種方式在實質上，並未改變工作上的實質內涵，對某些人而言，未具有實際挑戰意義，只是增加工作負荷而已。

一般而言，工作擴大化只適用於具有高度成長需求的員工身上。如果一個高成就動機的員工從事固定性、重複性工作時，會讓他感受到與其他工作隔離，而形成一個不能獨立自主、不成熟與低生產率的工作者。此時，可實施工作擴大化，以挑起他的責任慾望。蓋擴大工作領域的結果，對高度成長需求的員工，實具有下列意義：第一、賦予較大的自由，可自行控制所從事的工作。第二、對所處理環境能發揮更多的影響力。第三、對自己的未來計畫，享有較大的主動機會。

工作擴大化原則引起普遍研究興趣者，首推一九四四年美國國際商業機器公司（IBM）安地柯（Endicoh）零件製造廠，將原來四項不同工作合而為一，此四項工作即為機械操作員、配置工、工具磨利工、檢查員。自從該項工作設計完成後，一位機械操作員不但要操作機械，還要使用其他工具，安裝所需的設備，同時要檢查他所製成的成品。

自該廠實施工作擴大化後，工作者的滿足感增加了，生產成本也降低了，且產品品質也提高了。從工作方面看，凡實施該項計畫的單位，幾乎全部改觀，原來的監督制度也取消了，工人的責任與權力也大為提高。

由於工作擴大化提供工作的重新組合，改進了較低階層的工作內容，鼓勵員工承擔較大責任，可使員工獲得社會與自我需求滿足的機會，減少了工作的單調與挫折感，對士氣的提昇有卓著的作用。但是一方面，由於新增加了檢驗設備，和提高了工資，某些製造成本也隨之上升。且實施工作擴大化後，裁減了監督人員的數目或權力，也容易引起其抗拒行動。

四、工作豐富化

工作豐富化（job enrichment）是增加工作的垂直面，亦即提昇工作層次，擴大員工對整個工作的計畫、執行、控制與評估的參與機會，並加重其責任。組織在實施豐富化後，員工擁有完整的工作，較大獨立的自主性與責任感；且工作有回饋可以評估和改進自己的工作表現。據此，可提昇員工的工作滿足感，降低離職率和缺勤率，從而提昇生產力。由於工作豐富化可提高工作特性模式中所謂的內在動機，由此在工作設計中佔有非常重要的地位。

所謂工作豐富化，是指工作最具變化，個人擔負的責任最大，個人最有發展的機會。一般而言，工作豐富化的策略，可就三部分加以討論：第一、工作單位。第二、工作單位的控制。第三、個人工作結果的回饋。

在工作豐富化的過程中，首先應把工作單位的界限劃分清楚，否則員工將無所適從，不曉得自己的職責所在，其工作績效自然就降低了。不過，在劃分工作界限的同時，應將許多相關枝節性的工作合併，由一個人獨立完成。亦即擴大個人工作的垂直範圍，加重個人的權責，方不致有單調枯燥的感覺；且由於工作單位的大小適度，而能產生「該工作爲我個人獨立完成」的成就感。

其次，隨著員工工作經驗的增加，管理者必須慢慢地把工作責任移交給員工，直到員工能完全掌握工作爲止，此種過程爲工作單位的控制。所謂把工作責任移交給下屬，就是要員工自己訂定工作目標，決定工作時限，並完成自己的工作。

工作結果的回饋，乃爲讓員工知道自己努力的結果，由自己做檢查的工作。工作成果需有回饋的過程，員工才能知道工作缺點，研究改進工作的方法，並作適切的修正與調整。員工在作自我檢視時，必須記錄每天的工作產量和品質，同時繪出統計圖表來比較每天的成果與缺失，據此而獲知產量的高低與品質的好壞，並找出原因，以免重蹈覆轍。如此管理人員也可省掉許多查考的工作。

工作豐富化除了可用於擴展個人的工作範圍外，尙可用於整個群體間的工作結合。在工作過程中，將兩個工作結合起來，往往會變成一個具有意義的工作單位，如此可發展出歸屬感和認同感，激發高昂的士氣，並提高工作表現。因此，近代行爲科學家爲了使個人能從工作中獲得滿足，乃不惜去改變工作設計，使之適合個人的生理與心理需求。工作豐富化即因此而設計的。

不過，工作豐富化的實施，其先決條件必須員工具有高度成長需求，才有成功的可能。且工作豐富化往往剝奪了員工相互交往的機會，反而產生不良的後果。

總之：組織的工作設計，必須因應其本身的結構與工作性質，而選擇不同的方式。惟有因應組織結構特性與工作性質，才是最適當的工作設計方法。組織管理者可針對本身企業性質，考量各種因素，選擇最適合組織狀況的工作設計，如此才能發揮工作績效，達成組織目標。

工作設計的權變模式

工作設計固有許多步驟與方法，但沒有一項工作設計完全適合於組織的各種情況。因此，工作設計的模式仍在繼續發展中，甚而有學者主張採取權變式的工作設計。本節將討論一些權變式的工作設計，其中有些只是一種概念，有些則爲實務性的工作設計。

一、社會技術系統

社會技術系統（sociotechnical systems）是一九六○年代工作設計的新制度。它和工作擴大化與工作豐富化一樣，是因應科學化管理中工作設計的缺點而產生的。

社會技術系統在工作設計中，較偏重於哲學的理念層面，而較不偏重技術層面。它認爲工作設計必須兼顧組織技術和社會文化兩個層面，才能提高員工生產量以及對組織的滿意程度。蓋每項工作都有其技術層面，但也受到組織文化價值觀，也就是組織中社會人際面的影響。因此，工作設計不能只注意到技術層面，同時也應重視影響員工工作表現和滿足的重要文化因素。

在社會技術系統中，包括兩大分支系統：其一爲社會系統，係由個人或群體工作設計概念而來，強調工作特性與人際關係的和諧性，偏重「軟體」層面。其一爲技術系統，顧及生產程序、工作環境、生產複雜性、原材料性質及時間壓力，偏重「硬體」層面。

社會技術系統中，一方面考慮工作設計的效率性，一方面考慮執行工作時的和諧性；但其中是否能有效整合，需視三個中介變數的影響：第一、工作角色應明確，使工作技術條件的需求和執行工作人員的素質能搭配，以建立良好的工作關係。第二、工作目標需明確，以使工作團隊的權責分明，能夠自主決策。第三、個人技術能力需達到要求水準，如此才能克竟全功。其圖示如圖15-4所示。

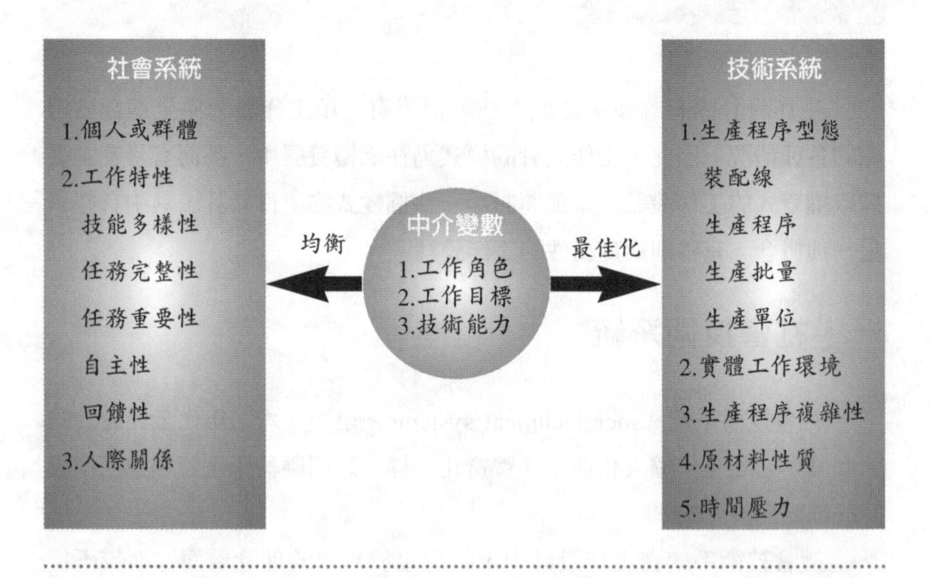

圖15-4 社會技術設計模式

> 總之：社會技術系統的重點，在於團體導向，即工作團隊的工作設計。其基本理念是，除了工作技術上的設計外，組織內的社會因素層面也會影響工作績效，在工作設計中也應當把這個因素考慮在內。

二、整合工作小組

整合工作小組（integrated work teams）是將工作擴大化運用在一個群體上。此種工作小組的最大特性，是當需要團隊工作或合作時，可增加群體中各個成員工作的多樣性。

基本上，整合工作小組執行的工作，不是單件任務，而是許多件工作。在工作過程中，由群體根據工作的需要決定那個成員擔任那部分責任，且可視需要相互輪調；通常，工作計畫與督導需要有一位主管負責監督。不過，主管通常會讓工作小組內的員工自己決定工作分配。一般工程建築的作業常利用此種方式，實具有任務小組的性質。

三、自主工作小組

自主工作小組（autonomous work teams）是一種將工作豐富化運用到群體上的工作設計。首先給予群體一個目標，由群體自行決定工作分派、休息時間與工作檢查程序等。一個完善的自主工作小組會讓群體自己甄選成員，並由群體成員評估彼此的表現。此種垂直工作職權的授予，並不需要太多的主管的監督。

此種方式可促使成員自由開放，團結合作的工作精神，發揮工作潛力。根據許多公司實施的結果，發現：實施自主工作小組可有較高的生產力，降低呆廢料的產生，並減少員工缺勤率；且員工可得到充分溝通的機會，有充分的機會去支配自己的工作。

四、品管圈運動

品管圈（quality circles）是最近頗爲盛行的工作設計方法之一。它發軔於美國，於一九五〇年代引進日本，最近又傳回美國。在日本品管圈的實施比美國更有成就，即以最低成本獲得最佳品質的產品。有位專家曾估計，約有九分之一的日本員工曾參與此制度。

品管圈是由戴明（Deming）博士的全面品管概念而來。它是指由一群志願員工組成的群體，每週聚會一次，以公司的目標爲前提，討論產品品質問題，探討原因，找出解決方案，並採取更正行動。他們對產品品質負責，並且對自己的工作成果加以回饋、評估。

在實施品管圈的概念時，主管要教導員工群體溝通的技巧，以及分析問題的不同策略，以培養員工品管圈的責任和能力。由於品管圈的推行，可以增加員工的參與度，是改善品質和生產力的良方。從工作特性模式來看，品管圈確增加了工作的技能多樣性、任務重要性、自主性與工作的回饋性。

五、縮短週工作天

縮短每週工作天數（shorter workweek）是另一種新的工作設計，其設計原理乃爲讓員工有較多休閒娛樂時間，並可避開交通尖峰期。這種制度有許多不同的設計，有的將工作定爲每週工作五天，有的則縮短爲四天或四天半。

縮短每週工作天數的制度可提高員工士氣，增進員工對群體的承諾和工作熱忱，並降低操作的時間，可減低曠職率和加班時間。因此，可節省成本，增加產量。此種方式被認爲是提高工作的滿足感、生產力，和降低缺勤率的良方。

不過，有些研究指出：縮短每週工作天數，固可提高員工的自我成長、社會性情誼以及工作安全，但此種制度實施久了之後，也會使員工抱怨每日工作時間太長而緊湊，因而對工作感到疲倦、困難，終於降低工作效率；且視休閒乃爲理所當然的事，將失去激勵作用。因此有了彈性工作時間的產生。

六、彈性工作時間

彈性工作時間（flex-time）爲增進員工自主性而設定工作時程的一種安排，亦即給予員工在工作時間上有較多選擇的自主性。該制度有一定的核心工作時間，只要員工做足一定工作時數，在核心時間外可自由變換工

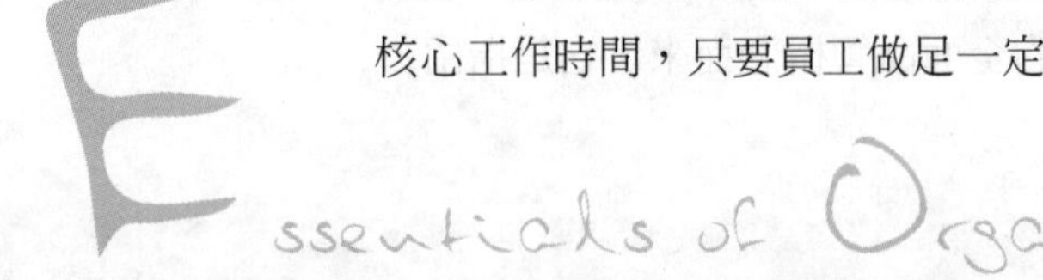

作時數與時間。當然，彈性工作時間的實施與工作性質有關。

根據研究顯示，彈性工作時間制度可提昇生產力，增進員工士氣，降低缺勤率與曠職率，對員工態度與行爲有正面效果。但對管理來說，此舉會造成人員調配與指揮的困難，且工作計畫及考評更加困難，需要適應。

總之：處於今日變化多端的時代，組織內部的工作設計不能一成不變；惟要因應組織性質和工作內容、特性，而採取各種不同的權變模式。如此才有助於組織目標的達成。

工作設計與組織績效

工作設計會影響組織績效與員工滿足感，乃是無庸置疑的。但其中可能受到個別差異、整體組織結構的影響。一般組織結構可分「機械體」和「有機體」兩個向度，工作設計分爲簡單的和複雜的兩種向度，員工則爲高度成長需求和低成長需求的兩個向度，其組合如**圖15-5**所示：

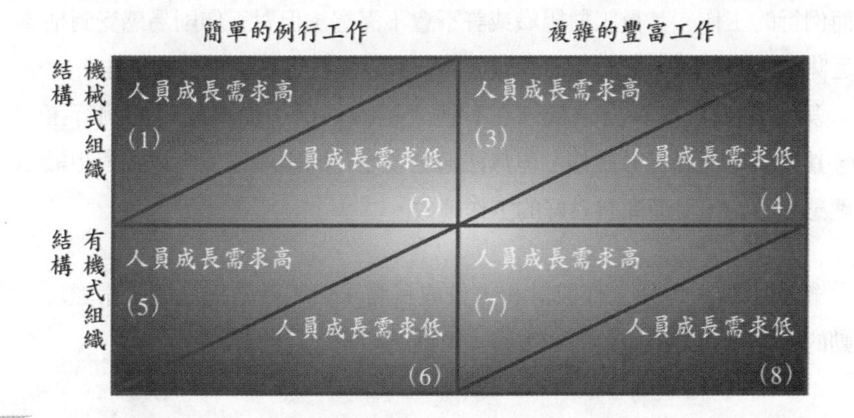

圖15-5 組織結構、人員需求與工作設計的組合

由上圖顯示，第二組與第七組的組合情況非常和諧。第二組人員成長需求低，在機械式組織結構中從事簡單而例行性工作。員工安於現狀，容易得到滿足，會有良好的工作績效。第七組人員成長需求高，在有機式組織結構中從事複雜性而豐富化的工作，具有挑戰性，工作績效高，員工有滿足感，出勤率高，流動率低。

至於第一組與第八組的組合情況最不和諧。第一組人員成長需求高，但處在機械式組織結構中從事簡單的例行工作，工作沒有挑戰性，自覺自己才能不能發揮，且受到太多挫折，員工不易得到滿足，流動率高。而第八組人員成長需求低，卻處於有機式組織結構中面對著複雜而豐富化的工作，必充滿挫折感，對組織與工作需求感到不安，會在心理上放棄工作，難有良好的工作表現。

其餘各組是處於對立的情況中，如第三組人員成長需求高，在機械式結構中從事擴大化工作，會感覺處處受限制，卻要承擔複雜性工作而不能發揮其潛力，以致對組織和工作常有不良的反應，並感覺到煩擾。

第四組的情況，乃為人員成長需求低，在機械式組織結構中從事複雜性工作，會感到被限制，加以本身動機不強，對組織可能有所反應，但對工作不會太積極，難有良好的工作表現，當然也沒有什麼工作效果可言。

第五組的情況，則為人員成長需求高，在有機式組織結構中從事簡單而例行的工作。其員工對組織或許不會不滿意，但對工作則易感覺到枯燥乏味，乏善可陳，終於走向辭職之路，或設法找尋具挑戰性的工作。

第六組人員成長需求低，在有機式組織結構中從事簡單的例行工作，其成員可能滿足於工作，但無法適應多變化的組織環境，以致對組織管理感到不安，反而難有良好的工作績效。

綜觀上述，可知工作設計和人員成長需求與組織結構之間，常顯現互動的關係。其對組織效能的影響，可歸納如下：

（一）員工特質若能配合組織結構與工作特性，則工作績效與滿足感會較高。

（二）成長需求較高的員工，最適合在有機式組織結構中從事複雜性的工作。譬如，工作豐富化、自主性工作小組及品管圈活動等工作設計，對高成長需求的員工較具成效。

（三）成長需求較低的員工，在機械式組織結構中從事簡單的例行工作，其績效與滿足感較高。例如，生產線上重複性的工作或標準化的事務性工作，都較適合低成長需求的員工。

總之：工作設計對組織績效或員工滿足感的影響，必須考慮到組織結構和工作特性以及人員的成長需求等因素，以選擇最佳的組合，達到最有效的成果。

個案研究

吃力不討好的分工

長亭公司財務部黃經理下轄有六位會計人員，每位會計工作的明細，都必須經過黃經理的審核。眼看五月底的結算申報期限就要到了，而今年的試算表始終處於借貸不平衡的狀態；此時帳務會計李小姐卻提出了辭呈。黃經理乃找來李小姐作溝通。

黃經理：李小姐，請慢點辭職吧！因爲結算申報迫在眉睫，如果你辭職了，我擔心詹小姐一人恐怕無法趕出帳冊來。

李小姐：那太不公平了！爲什麼物料會計、外包會計、銷貨會計每天打打電腦，輕輕鬆鬆的；而我和詹小姐卻要那麼忙碌呢！

黃經理：目前帳務工作量確實比較多，但若請銷貨、外包或物料來支援，由於她們對帳務作業不熟悉，恐怕會愈幫愈忙。至於如果請出納幫忙，她每天要處理銀行作業，恐怕沒有餘力支援，所以請妳再辛苦一陣子，將來我再把工作量調節一下。

李小姐：不管誰來支援，或是我辭職，其實都無所謂。因爲所有工作，你都會過目，即使做錯了，你也會審核出來。

結束此次會談後，黃經理覺得很難過。當初，公司共有六位會計，一位管出納，二位掌管帳務，一位管外包，一位是物料，一位是銷貨，應該是非常完美的組合，沒想到還是工作分配不均。於是，黃經理準備實施工作輪調，每半年輪調一次；並施行無缺點計畫，更改經理審核制度，經理只是站在輔導立場，設計表格，使六位會計的帳冊能相互吻合，並達成牽制作業。例如，銷貨會計的銷貨最後必須等於帳務上的應收款項，外包和物料的張冊必須和成本相符，出納的應收帳款應讓銷貨會計做，……等。

黃經理做了此項決定後，內心舒坦多了；但卻不知這樣做，是否解決了問題？

問題討論

1.你認爲黃經理對此番工作的重新調整，正確嗎？是否有某些疏忽？

2.你認爲實施工作輪調制度，果眞解決了問題了嗎？

3.黃經理站在輔導的立場，是否能完全有效地掌握整個會計工作？

4.黃經理是否有必要先與六位會計作事先的溝通，再行重新設計工作範圍？

績效評估

第16章

本章重點

績效評估的意義與目的

績效評估的標準

績效評估的方法

績效評估的偏誤與調整

績效評估與組織效能

個案研究：績效考核的爭議

績效評估是組織管理中很重要的一環，它與員工甄選、訓練等相互爲用，相輔相成。一般而言，員工都會很重視績效評估的結果，因而影響其工作意願與態度。因此，管理人員應注意評估結果的公平性與正確性。如果績效評估失卻公平性與正確性，其他各項管理工作也將很難發揮它的功效。是故，建立客觀、合理而完整的績效評估制度，是刻不容緩的。

就整個組織的立場而言，組織從事工作設計的目的之一，乃在求得良好的工作績效；而績效評估標準的建立與績效評估結果的正確與否，正足以反映工作設計的是否適當。顯然地，吾人欲健全組織的制度，就必須重視績效評估的工作。本文首先即將探討績效評估的意義與目的，繼而討論其目標與方法，從而研討其可能形成的偏差，並加以調整。

績效評估的意義與目的

績效評估（performance evaluation），是指主管或相關人員對員工的工作，作有系統的評價而言。此種相關意義的名詞甚多，如功績評等（merit rating）、員工考核（employee appraisal）、員工評估（employee evaluation）、人事評等（personnel rating）、績效評等（performance rating）、績效考核（performance appraisal）等是。本文採用「績效評估」一詞，意指以行爲立場來討論工作績效。工作績效常牽涉個人經驗、人格特質、動機、態度，與對工作知覺的影響，本文的討論即以此爲主要範疇。

依此，本文所謂「績效評估」，乃指針對員工在實際工作上，工作能力與績效的考評。它與一般員工評估著重年資等的評價，略有差異。換言之，績效評估主要強調實際工作的績效表現。是故，績效評估的目的，不外乎在提醒組織管理階層對績效考核的重視，且可作爲改進員工工作績效的根據。茲將重要目標列述如下：

一、作為改進工作的基礎

績效評估的結果，可使員工明瞭自己工作的優點和缺點。有關工作優點能提昇員工工作的滿足感與勝任感，使員工樂於從事該項工作，幫助員工愉快地適任其工作，並發揮其成就慾。至於績效評估所發現的缺點，能使員工瞭解自己的工作缺陷，充分體認自己的立場，從而加以改善。當然，這必須依賴評估者與被評估者好充分溝通，最好能於評估後，立即進行商談，始能奏效。

二、作為升遷調遣的依據

績效評估的結果，可提供管理階層最客觀而正確的資料，以爲員工升遷調遣的依據，並達到「人適其職」的理想。不過，績效評估若欲作爲升遷調遣的依據時，亦應對未來欲調升的職務作預先的評估，以求兩者能相互配合。同時，績效評估尙可用作選任或留用員工的參考，更可用來淘汰不適任的冗員。

三、作為研究發展的指標

績效評估可發掘員工不足的技巧與能力，用以釐訂研究發展計畫。組織在釐定研究發展計畫時，可參酌績效評估所顯現的缺點，加以修正或補強。績效評估既可指出員工的工作缺點，則研究發展計畫的有效性，亦可經由績效評估加以確定。因此，績效評估可作爲研究發展的指標。

四、作為薪資調整的標準

績效評估的結果，可用來作爲釐定或調整薪資的標準。對於具有優良績效、中等績效或缺乏績效的員工，可分別決定其調薪的幅度。通常，績效常與年資、經驗、教育背景等資料，同爲核定薪資的重要參考。

五、作為教育訓練的參考

績效評估的結果，可應用於教育與訓練上，一方面透過評估瞭解員工在技術與知能方面的缺陷，作爲釐訂再教育的參考；另一方面則可協助員工瞭解自己的缺點，而樂意接受在職訓練或職外訓練。

六、作為獎懲回饋的基礎

績效評估可作爲獎懲員工的標準。組織可根據績效優劣，訂定賞罰準則：對工作績效優良者，加以獎賞；對工作績效不良者，加以懲罰。同時，員工可據以瞭解組織評估其績效的標準，做適時的因應、回饋。

七、作為人事研究的佐證

績效評估有時可用來維持員工工作水準，積極有效地改進其工作績效。有些績效評估可幫助主管用來觀察員工行爲。有時績效評估可作爲研究測驗效度，或其他遴選方法效果的工具。

總之：績效評估的目的，不僅在評估員工的工作績效而已，它常用來作為加薪、訓練、遷調，以及其他人事管理項目的參考。

績效評估的標準

在組織中，每項工作都應有明確的標準，以爲員工行事的依據。這些標準愈清楚、客觀而具體，且能被瞭解和測量，則工作績效愈有提高的可能；甚且績效評估有了明確的標準，可提高其公平性和客觀性。此則有賴建立起信度和效度。

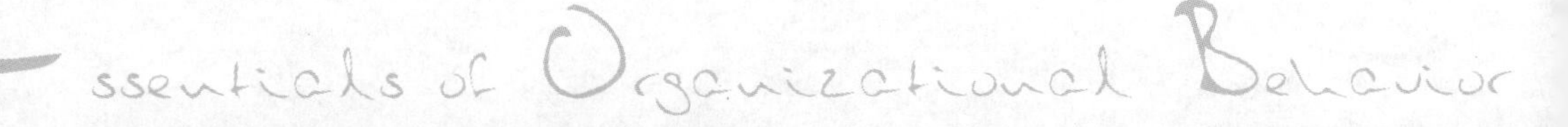

一、信度

有效評估的先決條件，是它的評估結果具有一致性，亦即評估結果必須相當可靠，此即爲信度（reliability）。信度實際上和績效資訊的一致性、穩定性有關。所謂一致性，係指搜集同一資訊的交替方法，應有一致的結果。穩定性則指同一評估設計在評估的特性不變下連續幾次的應用，都會產生相同的結果。惟在實質上，員工被評估時，各種情境與個人因素都會發生變化，以致常有不一致和不穩定的現象。這些因素包括三種情況：

(一) 情境因素

績效評估時，情境因素會影響其信度，如評估時間的安排、對照效應（contrast effect）對評估結果的比較等是。

(二) 受評者因素

受評者暫時性的疲勞、心境、健康等個人因素，常使評估者所得印象不同，致有不同的評估結果。

(三) 評估因素

評估者的個人人格特質或心態，對績效評估意見的不一致，常造成評估的不穩定。

基於上述因素，爲了增進績效評估信度，可藉由多重觀察，或從多項因素加以比較，或由多個觀察者進行評估，並在短期內作數次判斷，以提高績效的信度。

二、效度

信度雖是效度（validity）的必要先決條件，但只有信度並不保證評量一定有效，仍需注意是否具有效度。所謂效度，是指評估能否達成所期望目標的程度，其有三項需考慮的因素。

(一) 績效向度

在評估績效之前，應先確定影響績效的各種行爲向度，並找出可代表行爲的標準。譬如，員工的職務、責任不同，其設定的績效標準有差異。因此，績效標準最好能力求周延，相互爲用。

(二) 組織層次

績效評估效度的達成，除了需考量績效向度外，尙需配合適當的組織層次，使組織、群體或個人間能有所關聯。

(三) 時間取向

績效評估的效度，有時受到時間長短的影響。有些標準具有短期取向，有些則具長期取向。譬如，特定的個人工作行爲，可以短期方式測定；但團體性的利潤市場佔有率，則需長期方能顯現出來。

總之：評估效度愈高愈好，蓋評估效度愈高，其指導的正確性愈大。雖然評估信度高，並不能保證其效度必高。有時評估具有高信度，但效度卻很低，甚至毫無效度。不過，若測驗信度低，則效度必也很低。由此可知，信度和效度是有相當關聯性的，是整個評估過程良窳的關鍵，可能決定員工績效的適當性。因此，信度和效度爲績效評估本身的效標，實際上在作績效評估時，必須制定三項績效標準：

一、絕對標準

絕對標準（absolute standard）就是建立員工工作的行爲特質標準，然後將達到該項標準列入評估範圍內，而不在員工相互間作比較。評估者可用評語描述員工的優、劣點。絕對標準的評估重點，在於以固定標準衡量員工，而不是與其他員工的表現作比較。

絕對標準法的優點，是可用好幾個標準來獨立評估員工的表現，而不像比較法傾向於整體特性的評價。另一個優點，即該法具有十足彈性。不過，此法很容易犯錯，準確性頗低；且評估結果偏高或偏低時，不易看出相互間績效的差異程度。同時，暈輪效應、歸因傾向、一般評價心向，以及直覺的偏見與誤差等，都可能發生。

二、相對標準

所謂相對標準（relative standard），就是將員工間的績效表現相互比較；亦即以相互比較來評定個人的好壞，將被評估者按某種向度作順序排名；或將被評估者歸入先前決定的等級內，再加以排名。

相對標準法之優點，是較為省時，並可減低過高或過低評估的主觀偏差。然而其缺點，乃為員工過多時難以排名，也許對最好或最壞的幾名很容易找出，但中間的員工則很難配對。又被評估的員工太少，或被評估者之間只有些微差異時，相對標準會造成不符實際的評估結果。此乃因比較是相對的，一個平凡的員工可能會得高分，只因他是「差中最好的」。相反地，一位優秀員工與強硬對手比較後，可能居於劣勢；但他在絕對標準中，可能是相當優秀的。此即為歸因傾向或暈輪效應的問題。

三、客觀標準

所謂客觀標準（objective standard），就是評估者在判斷員工所具有的特質，以及其執行工作的績效時，對每項特質或績效表現，在評定量表上每一點的相對基準上予以定位，以幫助評估者作評價。此法最適用於程序明確、目標導向的組織。

該法的優點，是強調結果導向，把焦點集中在行為與績效上，可激勵員工。其次是評估者間評估相關性較高，即一致性高。同時，它可提供受評者良好的回饋，以修正其行為，並求符合上級的評價。不過，該法必須耗費較多的精力與時間，必須隨時作修正，以保證特定行為和工作與績效的預測有關。

> 總之：績效評估的標準是多重的，就評估本身而言，必須具備相當的信度和效度。就執行績效評估方面，則宜建立一些標準，如絕對標準、相對標準或客觀標準，以資供選擇。同時，欲建立績效評估的公平性與合理性，尚需慎選評估方法。

績效評估的方法

績效評估方法會影響評估計畫的成效，和評估結果的正確與否。通常評估方法需有代表性，必須具備信度與效度，並能為人所接受。一項好的評估方法應具有普遍性，並可鑑別出員工的行為差異，使評估者以最客觀的意見作評估。目前組織所採用的績效評估方法，差異雖然很大，其基本型式不外乎下列方法：

一、評等量表法

評等量表（rating scale）是最常見的績效評估方法。該法的基本程序，是評定每位員工所具有的各種不同特質之程度。它的型式有二：一為圖表評等量表（graphic rating scale），是以一條直線代表心理特質的程度；評定者即依員工具有的心理特質程度，在直線上某個適當的點打個記號，即可得到評定的項目分數。二為多段評等量表（multiple-step rating scale），是將各種特質的程度分為幾項，且在各項特質的某個程度打個記號，然後將各項特質的得分相加，即為員工個人工作的總分。

至於評等量表所用的心理特質之種類與數量，依組織及工作性質而各有不同。史塔與葛任里（R. B. Starr & R. J. Greenly）發現績效評估項目至多有廿一項，最少的只有四項，平均以十項左右最多。一般最常用的特質為：生產量、工作品質、判斷力、可靠性、主動性、合作性、領導力、專業知識、安全感、勤奮、人格、健康等。當然，有些特質間常是相互關聯的。不過，依因素分析結果發現，基本上的特質可大別為擔任現有工作的能力與工作品質兩大因素。

二、員工比較系統法

評等量表是將員工特質依既定標準評等，缺乏相對的比較，以致多偏向好的或壞的一端評等，使評估效果不彰，無法辨別優劣。員工比較系

統（empolyee comparison）則可把某人的特質，與他人加以比較，而評定其間的優劣。此種比較系統有三種不同的型式，如下所述：

(一) 等級次序系統

等級次序系統（rank-order comparison system）：即在實施評估時，先由評估者加以評等，然後再排定其次序。通常每個被評估者以一張小卡片記載姓名，加以試排或調整其次序。每次評等及試排次序時，僅限於一種特質；若評定多種特質時，須分別評定之。

(二) 配對比較系統

配對比較系統（paired comparison system）：該法是相當有效的績效評估方法。不過，該法相當複雜而費時。該法的程序是先準備一些小卡片，每張卡片上寫著兩個被評估者的姓名，每位被評估者都必須與其他一位配對比較，評估者自卡片上兩個姓名中選出一位較優良者。如有n個被評估者，則配對數目共有：

$$配對數=n（n-1）/2$$

若有廿位員工接受評估，則配對數爲20（20-1）/2=190；若有一百位員工，則配對數爲4,950，數目大得難以處理。因此，解決配對數過多的方法有二，其一是將員工分爲幾組，由各組內作配對比較。若員工不易分組，且評估者相當熟悉員工的工作績效，可採用第二種方法；即從所有配對中，挑出有系統的一組樣本，供作參考。依此作爲評等標準，據以研究其準確性；其與完全配對結果比較，相關性高達0.93以上。

(三) 強制分配系統

強制分配系統（forced distribution system）：此法多於組織龐大，而主管又不願意採用配對比較系統時運用之。該法是將被評估者的人數採用一定百分比，來評定總體工作績效，偶爾亦可應用於個別特質的評等。應用此法時，需將所有員工分配於決定的百分比率中，如最低者爲百分之十，次低者爲百分之二十，中級者百分之四十，較高者爲百分之二十，最

高者爲百分之十。分配適當的比率，主要在防止評估者過高或過低的評等。不過，此法對有普遍存在很高或很低的工作績效之評核，並不適用。

三、重要事例技術法

重要事例技術（critical incident technique）爲費南根和奔斯（J. C. Flanagan & R. K. Burns）所倡導。它的主要程序，是由監督人員記錄員工的關鍵性行爲。當員工做了某種很重要、具價值或特殊行爲時，監督人員即在該員工的資料中做個記錄。通常這些關鍵性行爲，包括：物質環境、可靠性、檢查與視導、數字計算、記憶與學習、綜合判斷、理解力、創造力、生產力、獨立性、接受力、正確性、反應能力、合作性、主動性、責任感等十六項。該法由於涉及人格因素，故而缺乏客觀計量的比較。不過，它的最大優點，乃爲以具體事實提供主管作爲輔導員工的資料。

四、其他方法

其他績效評估的方法尚多，諸如：行爲檢查表與量表法（behavioral checklist and scales），該法又可分爲：加權檢查列表（weighted checklist）、強制選擇檢查列表（forced choice checklist）、量度期望評等量表（scaled expectancy rating scale）等，這些方法大多用來評定工作行爲，或人格測驗。由於這些量表製作不易，且耗時過久，應用不廣。本文不擬詳加討論。

再者，瓦滋渥斯（G. W. Wadsworth）採用實地調查法（field review method），由人事單位派出專人訪問每位被評估者的直接上司，詢問其意見，然後再綜合各有關人員的考評作成結論，送請各相關人員參考。另外，羅蘭德（V. K. Rowland）提出群體評估計畫（group appraisal plan），即召集被評估者的直接上司及相關上級主管共同作團體評估；該法的優點可免除直接上司的獨斷。另一種方法是自由書寫法（free-written），即評估者對員工作文字描述。其他尚有同僚評等（peer rating）、個人測驗、個人晤談等。

總之：選擇適當的績效評估方法，是件相當複雜而困難的工作。每種評估方法都有其特性與優劣點。吾人採用績效評估方法時，最主要的必須注意其適用性與公平性，才能真正地做到有效的評估目標。

績效評估的偏誤與調整

理想的績效評估，除了要建立標準與慎選方法之外，尚需注意科學的正確性。惟沒有一種評估方法是完美無缺的。站在組織的立場，當然希望績效評估是一種客觀的過程，如此可免除個人偏好、偏見與癖性，使之能達到更客觀合理的境地。只是測量技術上的困難與個人的心理傾向，常有一些偏誤產生，吾人必須加以探討，並設法調整。這些偏誤引述如下：

一、暈輪效應

所謂暈輪效應（halo effect），是指評估者對受評者的某項特質作評價時，常受到對受評者整體印象的影響。如評估者在評估某人的工作表現，常因他對受評者的良好印象，而給予較高的評價；相反地，若對他整體印象不好，則給予較低的評價。暈輪效應常使績效評估產生扭曲的現象，故而增加評估次數或作不定期的評估，可減少此種主觀的偏誤。

二、刻板印象

所謂刻板印象（stereotypes），是指評估者對受評者的評估，常受到受評者所屬社會團體特質的影響。易言之，當評估者評價某個員工時，常選擇該員工所認同的團體特性，加諸於該員工身上，並作同樣的特性評估。例如，某人信仰某種宗教，則評估者將以該種宗教的特性，而認爲某人同樣具有此種特性。此種現象乃是評估者對事物或現象，予以過於簡單

分類，所形成的偏誤。爲解決此種偏誤，可實施交叉考評（cross rating）與同僚互評（peer rating）以輔助之。

三、集中趨勢

所謂集中趨勢（central tendency），是指評估者不願或無法確實區分受評者間的實質差異，而採取集中於中度評估的現象。此種集中趨勢的績效評估法無法分出優劣，不易建立公平的評估，很難達成「賞罰分明」的效果。爲避免集中趨勢的偏誤，可實施員工比較法和強制分配法。

四、類似偏誤

類似偏誤（similarity error），是指評估者在評定別人時，常給予具有和自己相同特性、專長者，以較高評價。例如，某評估者本身是進取的，他可能以進取性評估他人，此則對具有此類特徵的人有利，而對沒有該項特徵者不利。此種類似偏誤的評估標準，其信度很低。此時可利用交叉考評或委員會評估方式，以補救之。

五、極端傾向

極端傾向（extremity orientation），是指評估者將績效評估定在同一極端的等級，不是失之過寬，就是評定得太嚴。評估過寬者稱之爲寬大偏誤（leniency error），由於其評估的分數偏高，又稱之爲正向偏誤。評估太嚴者稱之爲嚴苛偏誤（strictness error），由於其評分偏低，又稱之爲負向偏誤。極端傾向若發生於所有組織成員均由同一人評估，將不致發生問題。但如不同的人在不同的監督者之下，做相同的工作，而又有相同的工作表現，將發生不同的評估分數，而造成偏誤。在這種情形下，可利用強制分配法，或以平均數或標準分數調整其偏誤。

六、膨脹壓力

膨脹壓力（inflationary pressures），是指隨著時間的遷移，評估者對受評者的評估分數有逐年提昇的趨勢。此種趨勢易形成壓力，實質上可能意味著評估者的評估標準降低，而不是受評者的程度愈來愈高。此種長期現象，評估者宜自行注意，並調整之。

七、分化差異

分化差異（differentiation），是指不同的評估者具有不同的特質，所採用的評估尺度也不同，以致造成評估的差異。一個高度分化的評估者，常使用廣泛或多方面的尺度來評估績效。而一個低度分化的評估者，則使用有限或極少的標準來評估績效。如此自然造成評估上的偏誤。一般而言，低度分化者傾向於忽視或壓抑個別差異，而高度分化者傾向於利用可參照的資訊來作評價。因此，低度分化評估者的評估需作進一步的檢核，而高度分化評估者的評估較符合實際。

八、不當替代

不當替代（inadequate substitution），是指評估者在作績效評估時，不選擇實際績效的客觀標準，而以其他不當的績效來替代。例如評估者以年資或熱心程度、積極態度、整潔等個人主觀觀點，作評估標準，致使評估結果失去精確性。此外，評估者以主觀態度去搜集一些客觀資訊以支持其決策亦是一種不當替代；蓋主觀態度已失去客觀標準，將會產生偏誤。

由以上的討論與分析，可知績效評估的結果，常因各種情況的不同，而有極大的差異。有的來自評估者不可避免的錯誤與偏見；有些則因受評估者所屬單位、職務、工作難易等而受影響。因此，爲了導正績效評估的偏誤，除了可運用針對各種偏誤的補救方法外，尚可利用下列二種方式調整之：

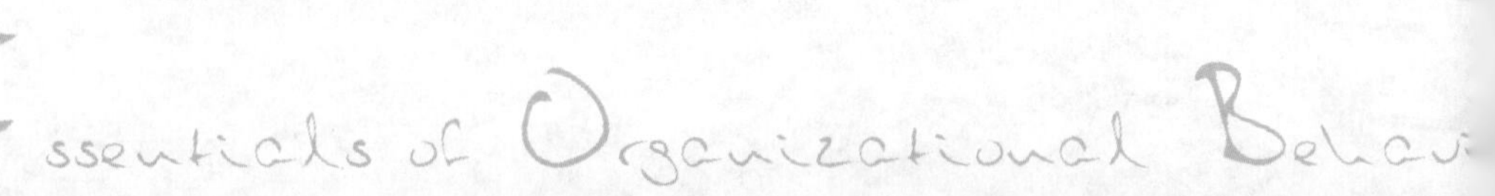

一、以平均數值調整偏誤

假若一種評估者所採取的寬嚴標準不同而發生差異，則宜先求出全部評估者的總平均分數與其個別評估者的平均分數，然後加減其差數，予以比較之。此種方法使用在各評估者評估效度相等的情形下，極為有效。

二、以標準分數調整偏誤

就是把所有評估者的評分，都變為共同的數量尺度，以消除其偏誤。其中以標準分數最為常用。標準分數有好幾種，最常見的是Z分數。標準分數表示個別分數在整體分配中的相對位置，是以個別分數與全體平均分數之差，除以標準差而得。標準差是每個分配內所有個別分數變異程度的指標。在一個近似常態分配線的分配中，約有2／3的個體分佈在平均分數與±1個標準差內；約有95%分佈在±2個標準差內，99%分佈在±3個標準差內。因此，不管一個分配的平均值或其標準差的大小，吾人都可將一個個別分數以標準分數表示之。

現在吾人以標準分數的觀念，來比較「寬鬆評估者」與「嚴苛評估者」所做的評定值。在圖16-1中，甲、乙兩個評估者分別評分從60到120與105到135，則吾人可看出：甲的評定值為110之Z分數為＋2，乙的評定值110之Z分數為－2，則甲評定值100約等於乙評定值125，蓋他們的Z分數都是＋1。由此，吾人可推算不同評分的相同績效。

> 總之：績效評估宜由多人評分，然後再加以核算，始能成為一個綜合分數；且評估項目的比重，必須予以特別重視，才能求得公平的評估結果。

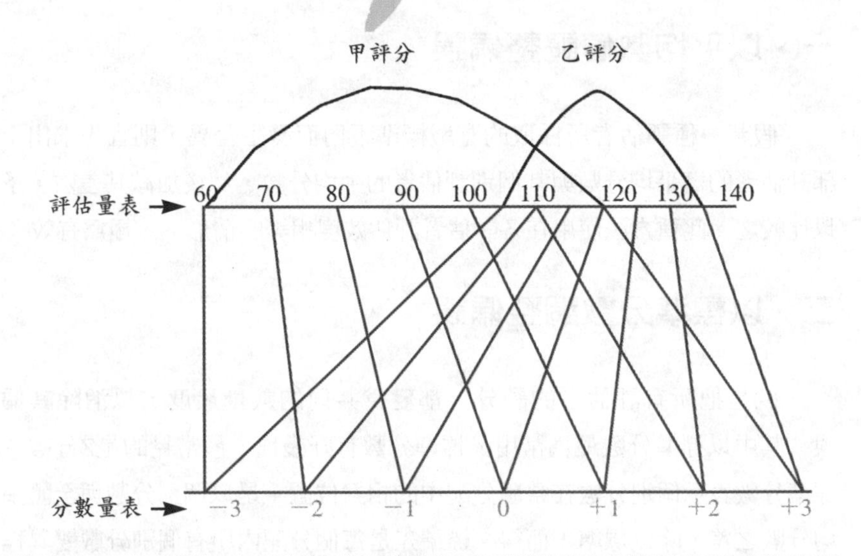

圖15-1 標準差

績效評估與組織效能

績效評估的公平合理與否，影響組織績效本身的良窳。一個公平合理而精確的評估，使員工知所是從；而績效評估不公平、不合理，將使員工失去行爲的標準。因此，績效評估與績效本身具有密切關係。本節將就兩方面討論之。

一、績效評估與激勵

績效評估的主要目標，是尋求客觀性。雖然評估分數常受到各種因素的扭曲，而很難做到絕對客觀的地步；然而評估員工績效時，至少應讓員工瞭解組織期望他們表現何種行爲，用以評估績效的標準是什麼，以及如何使用這些標準來評估員工。無論評估資料是如何搜集的，總是要員工有看到評估結果的機會。蓋績效評估的結果，常作爲評估個人薪資的一部分。

今日管理者所面對的挑戰性問題之一，乃是學習如何顯現正確的評估結果給他的部屬，且使部屬以建設性的態度去接受它。蓋評估別人的表現，往往是所有管理活動中最具情緒性的負擔。任何員工收到評估結果的感受，對其自尊會有相當強烈的影響，最重要的是影響他未來的表現。因此，績效評估會影響員工的動機。

本書第三章曾提及動機的期望模式，此模式對動機作用作了最好的解釋，它告訴我們在什麼情況下，員工會努力工作；且瞭解到員工努力的程度。本模式相當重要的成分是工作績效，尤其是努力與績效和績效與獎賞的聯結。人們是不是認爲努力會導致好的績效，而好的績效是否得到有價值的獎賞？很顯然地，他們必須知道自己要表現什麼，這些表現會如何被測量。進而言之，他們必須有信心，且在能力範圍內的努力會獲得應有的肯定；亦即相信他們的績效表現會獲得有價值的獎賞。

綜觀上述，如果員工尋找的目標不清楚，評估這些目標的標準很模糊，員工對努力將帶來較高評價的信心不足，或者認為當他們的目標達成後，組織不能給予應得的獎賞，員工將不會表現工作潛力。因此，績效評估必須確立評估標準，又能公正、公平、客觀而合理；且於評估後能給予適當的獎賞，才能得到激勵的效果。

二、績效評估與滿足感

績效評估是對工作結果的測量。員工知覺到測量結果的公平性與否，獎賞是否能達成他的期望，也將影響他是否努力工作的意願。因此，在期望模式中，激勵效果的顯現，乃爲員工先努力，獲得了績效，然後有了報償；而他對報償感到了滿足，才會激發他努力工作的意願。易言之，人們是依照知覺到的酬賞，而非眞實的酬賞來調整他們的行爲；也就是說員工必須感到滿足，才願意更努力工作。

基於上述觀點，績效評估必須與員工滿足感作適應性的配置，才能

得到激勵的效果。因此，瞭解組織評估過程和酬賞系統，對瞭解和預測個人的組織行爲是相當重要的。人們不會平白地努力工作，他們會期待酬勞、薪資、額外利益、升遷機會、被認可、得到社會讚賞等，這些都是滿足感的來源。因此，績效評估必須正確。如果員工認爲他們的努力得到了正確的評估，而且得到的獎賞與自己的評價相當，自然會得到激勵；否則將難有優良的工作表現。

績效評估在組織效能上的意義，乃在說明評估與酬賞系統的激勵作用。此種激勵作用的結論，是：第一、當酬賞被員工視爲公平，第二、酬賞與績效有關，第三、酬賞能與個人需求配合，便能提高員工的工作績效和滿足感，降低退縮行爲與增進對組織的承諾。如果員工認爲他們的努力未被正確地評估或獎賞，則退縮性行爲可能會增加，工作表現也不會太優越，只能維持在最低水準之下。

總之：績效評估是一種對員工作定期考核與評價的工作，評估的公正與否影響員工工作情緒甚鉅，故不能草率從事，免得引起員工的不平與憤懣。惟績效評估常受知覺的影響，而發生不公平的現象，此為管理者所應注意的問題。管理者在作績效評估時，固可依憑個人的主觀意識，更應參酌當時的工作環境與條件，作更詳實的審視；尤宜聽取他人的意見，方能做到更公平更合理的地步。

個案研究

績效考核的爭議

綜和公司是一家小型的電子零件工廠，是由王友明和林志平共同創辦的。王友明從基層員工起家，和員工相處和諧；而林志平大學畢業，有些傲氣，員工較不喜歡他。綜和雖然是一家小型工廠，但各種福利措施和制度，卻不落人後。只是在年終考評時，卻發生了一些小問題。

陳旺年是資深員工，平日工作認眞，家境清寒；且妻子住院多年，需加照顧。王友明知道這件事，經常以派他出公差爲由，讓他有更多的時間去照顧妻小。王仁和是新進員工，做事不積極，喜歡打混；卻很得林志平的喜愛，因爲他常幫林志平跑腿，又是同鄉。

當王友明和林志平在討論兩人的考績時，王友明質問林志平何以將陳旺年打得很低，而將王仁和打得很高。同樣地，林志平也質疑王友明爲兩人所打的成績。

王友明：我大半時間都在工廠內，誰做事了，誰沒做事，我清楚得很。

林志平：據我所知陳旺年常不在工廠做事。

王友明：那是我派公差給他，且他在工廠做事非常認眞，何況他算是元老級的員工了；而王仁和常常遲到，見到我巡視才用心做，平常卻見不到人影……。

林志平：這你就錯了，你可以叫陳旺年去出公差，我爲何不可以派王仁和出任務呢？

爲此，兩人僵持不下。

討論問題

1.你認為本個案的績效考核制度是否合理？何故？

2.該公司是否應建立一套績效考核的制度？如何建立？

3.通常吾人作績效考核時，會發生哪些偏誤？如何調整？

組織領導

第17章

本章重點

領導行爲在組織研究中是相當熱門的論題，也是組織學者爭相討論的焦點。蓋組織效率取決於領導的良窳，組織中社會影響的過程常受領導的氣氛所左右。良好的領導是促使部屬有效工作的手段，它集合眾人之力邁向共同的目標。俗話說：「帶人者，應帶其心」，可見領導是一種深入人心的藝術。有效的領導是有效管理的重要要素。自有組織以來，領導問題即已存在；惟到目前爲止，尚未有一套非常完整的領導理論出現。本章將討論領導概念的發展，以及其應用的情況。

領導的意義

領導是極其廣泛而深切的名詞，人言人殊，難以得到明確的定論。大體上，吾人就組織心理學的觀點，可說領導是一方面由組織賦予個人統御其部屬，完成組織目標的權力；另一方面把組織視爲一個心理社會體系，而給予領導者一種行爲的影響力，及於群體中激發每個份子努力於組織目標的達成。換言之，領導的主要作用，一方面爲完成組織目標，另一方面則表示領導是一種群體交互作用。

史達迪爾（Ralph M. Stogdill）認爲：「領導是對一個有組織群體，致力於其目標的設定與達成等活動時，施予影響的過程。」此項定義包括三項因素：一、必須有一個組織性的群體，二、必須有共同的目標，三、要有責任的分配。根據史氏的見解：領導是組織群體的一部分；它必須實施功能分工始有存在的可能，故領導係針對組織中擔任各種正式職位的人爲出發點，此種看法忽視了領導權中人際的動態關係。

貝尼斯（Warren G. Bennis）強調領導乃是「一位權力代表人引發部屬，遵循一定方法去行事的過程。」該項定義有五個因素：領導人、屬員、引發行爲、方法、過程。此定義偏重領導的動態關係，以及環境條件的運作。

貝爾勒（Alex Bavelas）則注意領導行爲，認爲領導是協助群體作抉擇使能達成其目標，領導權包含著消滅不確定的作用。這個概念即是說，

領導者的作爲能爲群體建立起從前所未經確知的情況，一經領導者在組織中擬具出目標，他就能執行這些領導活動，使得其他人追隨其行動。

湯納本（R. Tannenbaum）與馬沙克里（F. Massarik）曾就領導與影響系統的關係之觀點，陳述領導是「依情況而運作，並透過溝通的過程，而邁向一個特定目標或多重目標的達成之一種個人影響。領導總是包含著根據領導者（影響者）去影響追隨者（被影響者）的行爲之企圖。」換言之，最能滿足群體內個人需求的人，才是眞正的領導者。

菲德勒（Fred E. Fiedler）則指出：一個領導者乃是「在群體中具有指令與協調相關工作的群體活動之任務；或者是在缺乏指派領導人的情況下，能擔當基本責任以實現群體功能的個人。」該定義強調領導是：一、一種過程，二、一種地位集群。不過，它重視「一種過程」，遠甚於「一種地位集群」，且「任務指向的群體活動」似乎表示領導與管理是同義詞。惟事實上，管理比領導更具有較寬廣的基本功能。

領導是管理的一部分，但並不是全部。一位管理者除了需要去領導之外，尚需從事計畫與組織等活動；而領導者則僅只希望獲取他人的遵從。領導是勸說他人去尋找確定目標的能力，它是使一個群體凝結在一起，同時激發群體走向目標的激勵因素。除非領導者對人們運用激勵權力，並引導他們走向目標；否則其他管理活動如計畫、組織與決策，就像「冬眠的繭」一樣靜止著。此種含義強調領導角色乃在發掘行爲的反應，它隱含著達成群體目標的人爲能力。

綜上言之，領導就是以各種方法去影響別人，使其往一定方向行動的能力。在今日組織中，有極平衡性的個人才可能是領導者；而未具平衡性的個人，則不可能帶動別人從事適當活動。換言之，影響企圖失敗，則表示領導無效；領導者就會喪失領導能力。

領導權的形成

領導既是影響他人行為的能力，然則領導權是如何形成的呢？個人之所以成為領導者，到底是「時勢造英雄」呢？還是「英雄造時勢」呢？依據現代組織理論的研究顯示：兩者是相互作用的。在領導權形成的過程中，情境因素是很重要的；惟在特定的環境中，個人性格亦能依據情境而創造出他的領導風格，此即所謂「特質研究法」。該法認為領導權的形成，乃是領導者的人格特質、價值系統與生活方式所塑造而成的。依此，特質論者常常建立起領導者的明確特質表，可能包括：身材高矮、力氣大小、知識高低、目標認知性、熱誠與友善程度、持續力、整合力、道德心、技術專長、決定能力、堅忍力、外表、勇敢、智慧、表達能力與對群體目標的敏感性等。個人具有這些特質雖無法確定是否能成為領導者，但領導者具有這些特質的一部分或全部，是許多研究所承認的事實。故有人解釋領導力是指「綜合群體行為中的有關決定因素，以便推動群體行動的能力。」

領導特質的測量，通常都發生在一個人已成為領導者之後，故吾人很難證明領導權形成的因果關係。惟一般成功的組織領導都具有四大特質：

一、知識

領導者的知識比一般追隨者略高，此種差異並不大，但總是存在的。為了能瞭解廣泛而複雜的問題，領導者必須具有分析能力；為了表達他的意念，激發員工士氣，他必須具有溝通能力。

二、社會成熟性

領導者具有較寬廣的興趣與活動，他們的情感較為成熟，不易因挫折而沮喪，或因成功而自得。他們具有較高的挫折忍受力，對他人的敵視態度較淡，且有合理的自信與自尊。

三、內在動機與成就驅力

領導者具有強烈的個人動機，用以完成工作任務。當他們實現一個目標之後，其靈感水準將提昇至更高目標的追求，故一次成功可能變成更多成功的挑戰。他爲了滿足其內在驅力，更需努力去工作，以滿足成功慾望。

四、人群關係的態度

成功的領導者常體會到工作的完成，乃係他人助成的，故試圖去發展其社會瞭解與適當技能。他常能尊重他人，對人性產生健全的觀感，蓋他的成功是基於人們的合作。因此，他很重視人群關係的態度與發展。

基於上面的敘述，這些領導特質是可欲的，但並不是頂重要的。蓋領導者與追隨者之間，在恰當特質上的差異不能太大。領導者爲了維護群體的親善關係，他不能具有太高的知能；否則由於差異性的阻礙，可能使他在群體內失去與他人接觸或交往的機會。因此，吾人討論領導權的形成時，不能排除「情境探討法」的論點。

所謂「情境探討法」，乃是從情境的觀點來研討領導權的形成，亦即在設定領導權時，特性並非突出的主要原因，其更恰當的相關變數乃爲情勢或環境的因素。在某種情境下，某人是領導者；但在另一種情境下，他可能就不是領導者，此與他所具有的特性無關。雖然任何組織的結構大致上是相同的，但每個組織都有它獨立的特點，以致每個組織領導的特質與需求是不同的。此種不同的情境需有不同的領導者，故情境探討法是具有相當價值的，它說明了領導功能與情境因素有密切的關係。任何人都可以成爲領導者，只要環境允許他去執行情境所需的各種活動。如果情境出現緊急狀況，則可能產生一個領導者來完成這種情境所需的功能，而該領導者卻不一定能適合於平常穩定時期的領導。

近代組織學者常從領導權的功能觀點，來看組織中的領導角色，並採取調和情境論與特質論的方法，此稱之爲「相互作用探討法」，認爲決定領導權的主要因素，乃視群體與領導者在某種特殊時期的關係而定。即個人在群體中與他人進行交互行爲時，由於群體權力、工作方向與價值觀等情境因素的綜合，再加上個人具有吸引人的特性，以致脫穎而出成爲群體的領導者。此種立論似乎近似於情境學派；惟事實上並非如此。蓋該論特別強調相互作用，爲互動論的精髓所在。

領導的方式

領導權一旦形成，領導者所用的領導方式，常影響組織成員的行爲，甚而決定了組織的成敗。一般而言，領導方式可就兩方面加以說明。

一、依權力運用的劃分

(一) 民主式領導

民主式的領導是在理性的指導下與一定的規範中，使組織內各個成員能作自動自發的努力，施展其長才，分工合作，各盡所能，以達成群體的共同使命。領導者與被領導者之間，以相互尊重的態度，使思想相互會合，彼此呼應。這種領導方式能使組織內各個成員打成一片，是新式而適度的領導，成功的管理者宜常採用之。

民主領導者多不注意其所居的領導地位，只知重視領導功能，只注重其責任而不強調其權力。對部屬的行動不但不採取消極的放任政策，反而積極的提供建議，尤其是經常提供給部屬相關的工作資料。對於舉凡與組織有關的事務，除願付諸群體討論協議解決之外，並時時考慮到各個成員的個人需求與願望。在語言和行動上，不以領導者自居，處處與部屬處於平等地位，在民主領導下，部屬都有群體觀念，一切言行多以組織爲中心。

民主領導可說是一種培養人群關係的方法，其重要貢獻乃爲鼓勵群體決策，提高決策的正確性。同時，也可激發員工士氣，使成員支持決策，滿足個人的心理需要與願望。然而其缺點乃爲決策緩慢，對決策責任感的減輕，有時爲討好每個人，必然做出妥協性的方案。

(二) 獨裁式領導

獨裁式領導是靠權力與威勢以強制的命令迫人服從，自表面觀之，此種領導似乎頗有效率；其實人非牛馬，不能靠鞭撻迫人工作，在監督與迫使下，獨裁的領導者對於一切決策及部屬的工作行爲途徑，均代爲強制決定。領導者多重視權力而忽略其工作責任，與部屬也保持相當距離，很少發生交互行爲關係。此種領導方式會導致部屬的不滿情緒，並時常引起抗拒行動，甚且部屬的工作需事事請示上級，從而沒有自己的工作主張，缺乏工作熱誠及群體情感。

(三) 放任式領導

放任式領導就是毫無工作規範與制度地讓各個人自由活動，作自以爲是的發展。領導者既不把持權力，也很少負其責任。此種領導方式自表面看來，似乎極其自由，部屬對領導者不會有所怨言；然而沒有團體規範的約束，必導致成員間的相互衝突，爭權奪利。領導者與部屬間也不發生交互行爲的關係，則必使工作組織解怠，人人各自爲政，多以自身利益爲主，缺乏團體精神與一致目標，而形成一盤散沙，工作效率降低。

由於上述領導方式的分析，可知其與組織情感間的關係甚大；在民主領導下，組織情感濃厚；在獨裁與放任領導下，缺乏團體情感；尤其是在獨裁式領導下，不但沒有團體情感，人員間且易發生摩擦與衝突，彼此懷有敵視態度。惟領導方式亦宜因情勢的需要而有所不同；爲了應付緊急危機，宜採用獨裁式領導；而在平常時期，則宜採用民主式的領導。又領導方式亦因組織性質的不同而有所差異，一個充滿技術性工作或高水準成員的組織，固宜採用民主式領導；而對於技術性較低水準成員的組織，似宜採用較獨裁式的領導。

不過，有些組織學者認爲：在大多數情況下，組織很難採用某種固定的領導方式，領導者通常都扮演著「仁慈獨裁者」（benevolent autocrat）的角色。所謂仁慈獨裁，就是在不影響員工士氣的情況下，領導者對員工施加壓力，此種壓力的運用是很有益處的。仁慈獨裁者富有同情心，但採用獨裁手段。他們承認工業人道主義是一個確切的目標，然而在大規模而複雜的組織環境中，是不宜運用民主手段的。蓋有效與效率的成就，在民主參與式領導出現的同時，往往更需要獨裁式的領導；亦即仁慈獨裁常被竭力地提倡，以作爲實際的領導風格，它不是理想主義的，而是適應事實需要而存在的。

二、依主管作風的劃分

(一) 以員工爲中心的領導

以員工爲中心的領導方式，即爲體恤性領導，強調員工個性與需要的重要性。領導者重視部屬的個人問題，注意其身體健康、情緒狀態、情感、態度，與在推行工作時所遭遇到的困難和障礙，並協助其解決困難和消除障礙。對部屬的監督，多採一般性的監督態度。部屬有相當的自主範圍，不必事事都請示上級。領導者多依客觀事實，時時對部屬加以讚揚，此類似於前述的民主領導。因此，部屬的工作效率高，多能充分發揮自由意志，離職率降低。

(二) 以工作爲中心的領導

以工作爲中心的領導，即爲體制性領導，強調生產與技術，視員工爲達成組織目標的工具。領導者僅重視部屬生產量或效率的提高，忽略員工的個人問題，只要求部屬遵守作業程序、守時、態度認眞、不可推諉責任。對部屬採取嚴密監督，部屬的一切行動都在控制之下。部屬失去自主權，處處聽命於上級。領導者缺乏固定標準，隨心所欲地批評部屬，動輒採取獎懲措施。此偏向於獨裁式領導，而與之雷同。由於員工受壓抑的結果，工作效率降低，無以發揮工作潛能，離職率增高。

惟實際領導的情況，很難完全出現兩種極端的形態，以員工爲中心的領導與以工作爲中心的領導，都各有其利弊。長久以來，許多研究顯示：以員工爲中心的領導，有較高的生產量；而早期的學者則指出專制式的、以生產爲中心的領導，在某些情況下有較好的生產。不過就長期的觀點言，以生產爲中心的領導對員工士氣與滿足感的邊際效益，是有害的。有關以員工爲中心與以工作爲中心的領導情況，將於下節討論之。

領導的特質論

有效的領導除了要瞭解領導的方式及其運用之外，尙須探討有關領導效能的理論，這些理論大致上可包括：特質論（trait theory）、行爲論（behavioral theory）與情境論（situational theory）等。本節先探討特質論，如**表17-1**所示；以後各節將分別討論行爲論和情境論。所謂領導的特質論，乃認爲領導權的形成或成功的領導，係基於領導者具有某些特殊特質之故，這些是非領導者比較欠缺的。這些特質包括：心理特質，如主動性、忍耐、毅力、熱忱、洞察力、判斷力等；社會特質，如同情心、社會成熟性、良好人際關係能力、關懷心、道德心等；生理特質，如身高、體重、儀表堂堂、健壯等；以及其他特質，如具自我管理能力、有人性觀、豐富的知識、勤勉等是。

事實上，有關領導者特質的探討甚多，一般都認爲領導者之所以爲領導者，乃是他具有令人折服的一些突出特質，如自信、具有較高的智慧……等。由於各個學者研究的對象、範圍等都各有不同，致常得到不同的結論。如貝尼斯（Warren Bennis）認爲：一九九〇年代的領導人必須具備下列特質：關懷的心、體認意義的能力、能得到信賴、能作自我的管理。

此外，吉謝里（Edwin E. Ghiselli）則認爲領導者的特質，至少要有督導能力、相當的智能、成就慾望、自信、自我實現慾望以及果斷力等。一個人需具有上述六項特質，才能成爲有效的領導者。

表17-1 成功領導者的某些特質

特質類型	內涵
心理特質	主動、忍耐、毅力、熱忱、洞察力、判斷力、坦誠、開放、客觀、智慧、敏銳性、自信心、反應力、幽默感、勇敢、具創造力、正直、具成就感、自我實現感、果斷力、樂觀、內在動機、情緒平穩、自我控制力、自我察覺能力、成熟人格、具強烈權力慾望
社會特質	同情心、社會成熟性、關懷心、道德心、得到信賴、良好人際關係能力、解決衝突能力、支配性、協調能力、領導力、說服力、社交能力、具犧牲精神
生理特質	身高略高、體重、儀表堂皇、身體健康、體格強壯、具活力、具運動能力、旺盛的精力
其他特質	豐富的知識、勤勉、能作自我管理、具人性觀、督導能力、高度工作水準、良好工作習慣、進取心、具魅力、負責、敬業、有完成工作任務的能力

由上述可知，領導者的特質甚多，常因學者看法的不同而有極大差異。事實上，這些領導特質是可欲的，但卻不是最重要的。有些學者常認爲這些特質的顯現，往往是在個人已成爲領導者之後才出現的，並不是在個人尙未成爲領導者之前就已測知的。即使這些特質的存在是事實，但領導者與被領導者之間也不能存有太大的差異，否則反而會因地位的懸殊而阻斷了其間的溝通。

另外，特質論只重視領導者的特質，忽略了領導者與被領導者的地位與作用，領導者能否發揮其效能，有時須視被領導者的對象而定。又領導者的特質之內容極其繁雜，常因情境的不同而有所差異，致很難確定何種特質，才是眞正成功的領導因素。是故，特質論所顯現的結果相當不一致。近來許多研究領導理論的學者已逐漸捨棄特質論的說法，而轉向研究其他理論。

領導的行爲論

所謂領導的行爲論，乃認爲領導的效能是取決於領導者的行爲，而不是他具有那些特質。換言之，行爲論乃是以領導者的行爲類型或風格爲主，而把重點放在他於執行管理工作上所做的事爲基礎。當然，這些行爲論到目前爲止，仍沒有一套「放諸四海而皆準」的法則。且其所用的名詞雖異，但所涉及的內容實具有相當的一致性。

一、連續性領導論

湯納本和許密特（Robert Tannenbaum & Warren Schmidt）以領導者所作的決策，來建立以領導者爲中心到以員工爲中心的兩個極端之連續性光譜，而產生了許多不同的領導方式，如圖17-1所示。

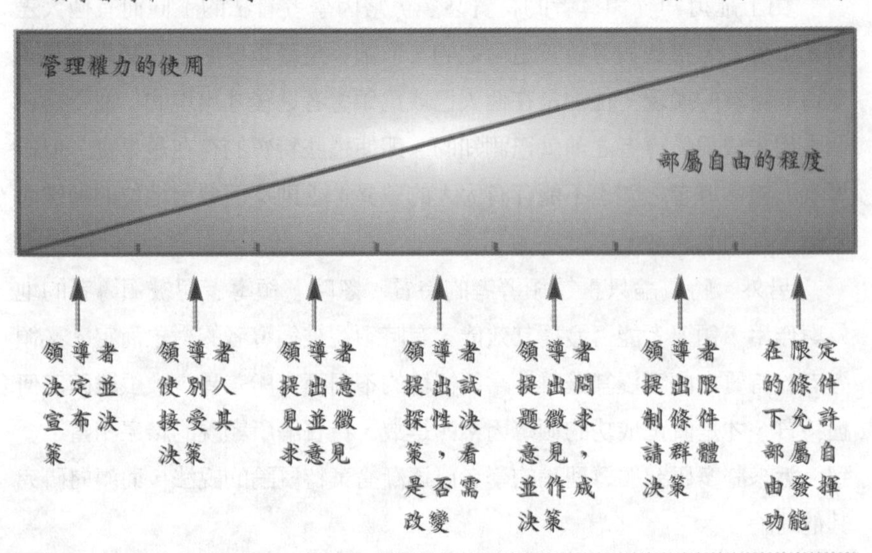

圖17-1 連續性領導光譜

在連續性光譜的最右端，領導者採取參與式的管理，和部屬共享決策權力，允許部屬擁有最大的自主權；此時部屬具有最大的自由活動範圍，享有充分的決策權力。

相反地，在最左端，領導者所採取的是威權式的領導，由他一個人獨攬大權，獨斷專行；部屬享有的影響力最小，自由活動範圍極其有限。至於在這兩者中間，又有各種不同程度的領導方式，其可依領導者本身能力、部屬能力以及所要實現目標的不同，而選擇最合適的領導方式。

二、兩個層面理論

在一九四五年，一群俄亥俄州立大學（Ohio State University）的學者，對領導問題進行研究之後，提出所謂兩個層面的領導，一爲體恤（consideration），一爲體制（initiating structure）。所謂體恤，乃是領導者會給予部屬相當的信任和尊重，重視部屬的感受；領導者能表現出關心部屬的地位、福利、工作滿足感和舒適感。高度體恤的領導者會幫助部屬解決個人問題，友善而易接近，且對部屬一視同仁。所謂體制，就是領導者對部屬的地位、角色、工作任務、工作方式和工作關係等，都訂定一些規章和程序，且將之結構化。高度體制的領導者會指定成員從事特定的工作，要求工作者維持一定的績效水準，並限定工作期限的達成。上述兩個層面的組合，可構成四種基本領導方式，如圖17-2所示。

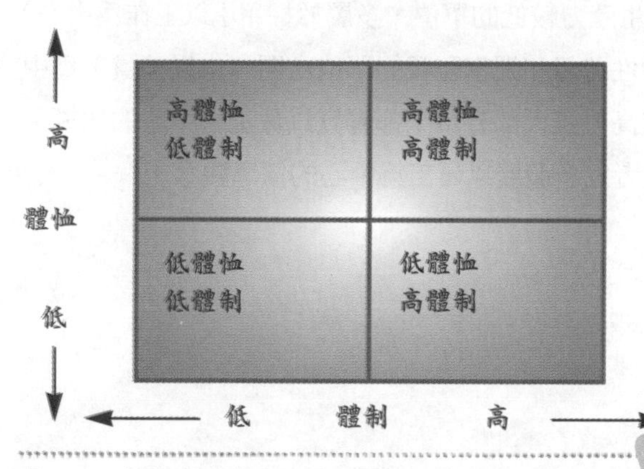

圖17-2 俄亥俄大學的領導行爲座標

該理論的學者試圖研究該等領導方式和績效指標，如缺席率、意外事故、申訴以及員工流動率等之間的關係。根據研究結果發現，高體制且高體恤的領導者比其他領導者，更能使部屬有較高的績效和工作滿足感。此外，在生產方面，工作技巧的評等結果和體制呈正性相關，而與體恤程度呈負性相關。但在非生產部門內，此種關係則相反。不過，高體制低體恤的領導方式，對高度缺席率、意外事故、申訴、流動率等具有決定性的影響。雖然，其他研究未必支持上述結論，但它已激起愈多有系統的研究。

三、以工作或員工為導向的理論

從一九四七年以來，李克（Rensis Likert）和一群密西根大學的社會學者，對產業界、醫院和政府的領導人所作的研究，將領導者分爲兩種基本類型，即爲以工作爲導向（job-oriented）和以員工爲導向的（employee-oriented）兩種。前者較強調工作技術和作業層面，關心工作目標的達成，成員只是達成群體目標的工具而已；故而較著重工作分配結構化、嚴密監督、運用誘因激勵生產、依照程序測定生產。後者較注重人際關係，重視部屬的人性需求、建立有效的工作群體、接受員工的個別差異、給予員工充分自由裁量權，並與之作充分的溝通，如表17-2。

經過研究結果顯示，大多數生產力較高的群體，多屬於採用「以員工爲中心」的領導者；而生產力較低的單位，多屬於採用「以工作爲中心」的領導者。此外，在一般性監督和嚴密監督的單位之間，也以「員工爲中心」的領導，其生產力較高。蓋大部分員工都喜歡以員工爲中心的領導，其監督較爲溫和，故管理者宜多發展以員工爲中心的領導觀念。

表17-2 以工作或員工爲導向領導的差異

類別	特性	效果
以工作為導向	1.著重工作分配結構化 2.嚴密監督 3.運用誘因激勵生產 4.依程序測定生產	1.一般生產力較低 2.員工較不具滿足感 3.配以適當激勵，有助生產力提昇
以員工為導向	1.重視部屬的人性觀點 2.建立有效的工作群體 3.給予員工自由裁量權 4.與員工作充分溝通	1.一般生產力較高 2.管理過分鬆懈，生產力會慢慢降低 3.員工較具滿足感

四、管理座標理論

白萊克和摩通（Robert R. Blake & Jane S. Mouton）依人員關心（concern for people）和生產關心（concern for production）爲座標，將領導分爲八十一種型態的組合，其中以五種型態爲最基本，如圖17-3所示。

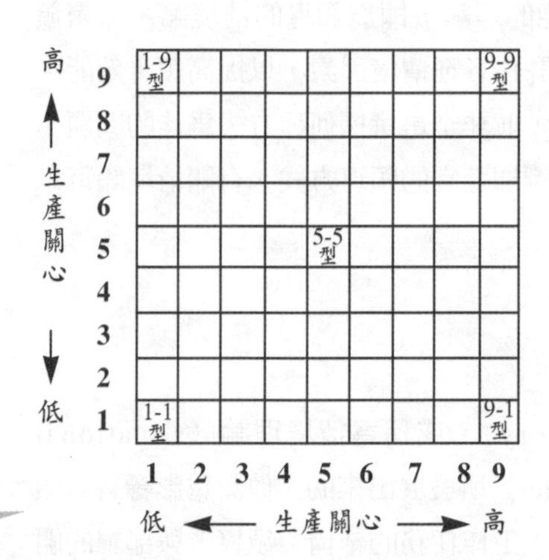

圖17-3 管理座標圖

一一型管理：表示對人員和生產關心都是最低，這種領導者只求確保飯碗，得過且過，爲消極型逃避責任專家。

一九型管理：表示對人員作最大的關懷，但對生產的關心最低。對人性最尊重，但忽略工作目標。

九一型管理：表示對人員關心最低，對生產關心最高。忽略人性價值和尊嚴，一切以生產效率爲最高目標。

五五型管理：表示對人員和生產的關心，均取其中間值，以差不多主義來解決問題，對人員和生產都未盡最大的努力。

九九型管理：表示對人員和生產都表現最高度的關心，認爲組織目標和人員需求皆可同等達成，可藉人員溝通與合作來達成組織目標。

白氏等的研究，以九九型領導爲最理想。只有對組織成員與工作作最高的關心，才能使領導成功，此爲領導者所應具備的基本觀點，也是領導者所應努力的方向。當然，此爲最理想的領導類型，但在實務上很難做到，大部分的領導者都在兩種極端組合的中間。

領導的情境論

另外一項討論領導內容和效能的理論，即爲領導的情境論。所謂領導情境論，乃是領導方式的運用需評估各種情境因素，以提高領導效能。依此種論點而言，領導的成功與否，並非全是選擇何種方式爲佳的問題，而是要瞭解各種環境的狀況，從而選擇適宜的領導方式。有關情境論可以下列三種爲代表：

一、權變理論

權變理論（contingency theory），或稱爲情境理論（situational theory），乃是由費德勒（Fred Fiedler）所發展出來的。他認爲影響有效領導的因素有三：領導者的地位權力；工作任務的結構；領導者與部屬的關

係。

(一) 地位權力

是指領導者在正式組織中所擁有的權位而言。通常領導者在組織中的指揮權力，係依他所扮演的角色為組織和部屬所同意的程度而定。

(二) 任務結構

是指工作內容是否按部就班、有組織、有步驟而言。一個以任務結構為中心的團體之成就，是領導有效與否的一種測量。在良好的、例行的結構中，領導較不需有創作性的處理；而不良結構、含混的情況，則容許相當的處理餘地，但領導工作較為困難。

(三) 個人關係

地位權力與任務結構為正式組織所決定；而領導者與部屬間的個人關係，則為領導者與部屬的人格特質所決定。它是指下屬對領導者信任和忠誠的程度。

在上述三者的連接關係中，每種情況都各自分為兩類，以致有八種組合，如圖17-4所示。

團體狀況 →　　　　　　　　　　　　領導者影響漸減

領導有效性的增加

領導方式和團體行為的相互關係

以工作為主的方式（1–3）　以人際關係為主的方式（4–6）　以工作為主的方式（7–8）

領導者與部屬的關係	良好				不好			
任務結構	有組織		無組織		有組織		無組織	
地位權力	強	弱	強	弱	強	弱	強	弱
	1	2	3	4	5	6	7	8

圖17-4 地位權力、任務結構、個人關係與有效領導的組合

在圖17-4第一欄中，領導者與部屬的關係良好，工作任務有組織性，領導者很有權力，此時宜採用「以工作爲主」的領導方式。第四欄則表示，領導者與部屬的關係良好，但工作任務沒有結構，而領導者的權力很弱時，則宜採用「以人員爲主」的領導方式。該模式指出，在相對最有利如第一、二、三欄，和相對最不利第七、八欄的情況下，直接採用控制式的領導方式最有效；而在中間程度如第四至六欄的情況下，則以參與式領導最成功。

然而，事實上一種有效的領導方式，如果應用於另一種不同的領導情境時，常可能變爲無效。不過，根據費德勒的模式，可修改其領導狀況。如領導者處於「與部屬關係良好，工作沒組織性，領導者沒權力」的狀況下，需要參與式的領導；惟領導者不能適應此種方式，則他可改變其權力，增強其權力，卒能採用「以工作爲主」的領導方式。

二、路徑目標理論

路徑目標理論（path-goal theory）乃爲一九七四年由豪斯和米契爾（Robert J. House & Terence Mitchell）所提出，其與前述激勵的期望理論有相通之處。該理論認爲領導行爲對部屬的工作動機、工作滿足、以及部屬對領導者的接受與否等，都是有影響的。換言之，領導行爲乃是引導著部屬，爲達成工作目標所應走的路徑，故謂之路徑目標理論。

依據此一理論，則領導者行爲是否能爲部屬所接受，端在於部屬是否視領導行爲爲目前或未來需求滿足的來源而定。易言之，若領導者的行爲能滿足部屬的需求，或能爲部屬提供工作績效的指導、支援和獎酬時，則能激勵部屬工作，提供作爲部屬需求滿足的來源。此一觀點用於領導行爲的解釋上，正類似於期望理論之運用於激勵上。

該理論認爲，領導者行爲可產生群體績效和部屬的滿足感；惟實際上績效和滿足程度的高低，常因群體工作任務的結構化情況而異。一般而言，若結構化很高的話，由於達成任務的路徑已很清楚，則領導方式宜偏重人際關係，以減少人員因結構化工作所帶來的枯燥單調感、挫折感和其

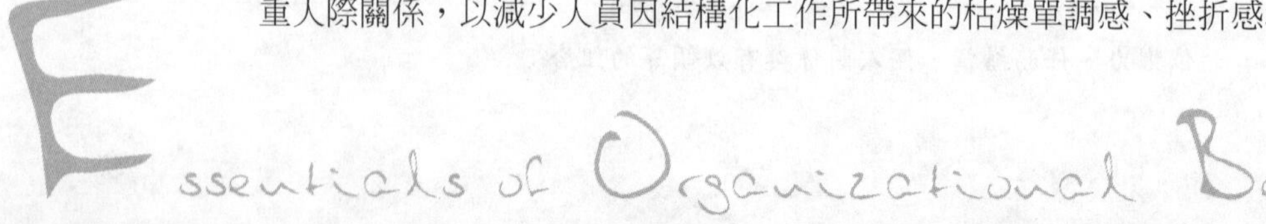

所引發的不滿。相反地，若工作結構化很低，則因其路徑不很清晰明確，此時需要領導者多致力於工作上的協助與要求。至於專斷式的領導在結構化和非結構化中，都不易有助於工作績效和員工滿足感，故宜少採用之。總之，路徑目標理論乃在說明隨著不同的情境，宜採用各自適宜的領導方式。

三、三個層面理論

三個層面理論（three dimensional theory）乃爲雷定（W. J. Reddin）和赫胥與布蘭查（Paul Hersey & Kenneth H. Blanchard）等所分別研究發展出來的。該理論基本上認定了三個層面，即：任務導向（task-oriented）；關係導向（relationship oriented）；領導效能（leadership effectiveness）等，影響了領導行爲。

任務導向和關係導向類似於前述的「以工作爲中心」和「以員工爲中心」、「生產關心」和「人員關心」等。任務導向乃爲領導者組合和限定了部屬的角色、職責以及指揮工作流程；而關係導向則爲領導者可能透過支持、敏銳性以及便利性，以維持與部屬的良好關係。此兩種向度乃構成了三個層面中的基本型態，如圖17-5中間所示。

由於領導者的有效性，乃取決於其領導風格和情境的相互關係，故有效性層面尚須增加任務導向和關係導向所構成的層面。當領導者的風格在特定情境中是適宜的時候，則該領導風格是有效的；而當它不適宜時，則是無效的。有效和無效的風格，乃代表連續性光譜的兩端，至於有效性只是一種程度的問題而已。其程度由＋1到＋4分別代表有效的高低程度，而－1到－4分別代表無效的高低程度，其如圖17-5所示。

該理論顯示，每位領導者在不同情境中，變換領導風格的能力各有不同。具有彈性的領導者，在許多情境中都可能是有效的。不過，在結構性、例行性、簡單性和建構性的工作流程等情況下，領導的彈性與否並不重要；而在非結構性、非例行性、重大環境變遷和流動性等工作情境中，領導的彈性化卻是相當重要的。

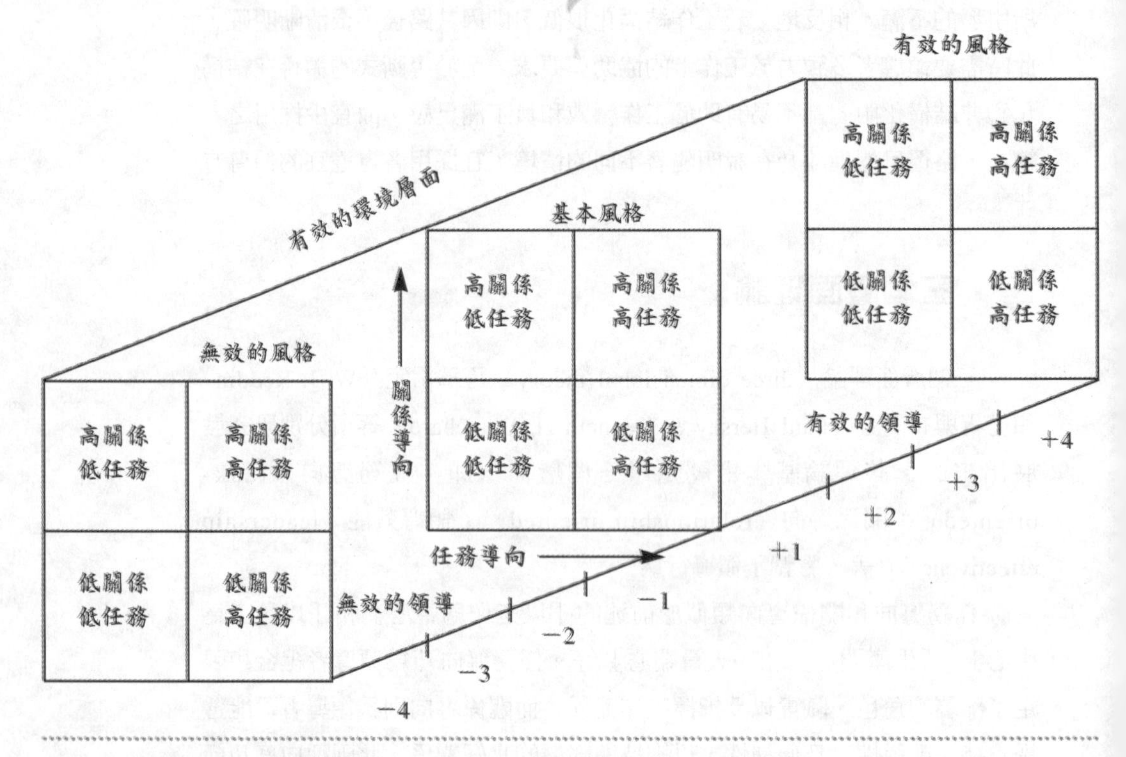

圖17-5 三個層面領導理論圖

> 總之，三個層面理論已隱含有情境因素在內。一種領導方式的有效與否，乃取決於所使用的情境；用得對，就是有效的領導方式；用得不對，便是無效的領導方式。是故，沒有一套領導方式能不因應情境因素的，三個層面理論便是其中之一。

個案研究

管理方式的取捨

蓬達電子公司設廠已有十多年之久，所屬員工近二百人，主要以生產各種電子零件爲主。負責人丁大寶，出身農家，克勤克儉，事業心重。公司在他的領導下屢創佳績，惟爲使公司業務能更有進展，乃不惜重金禮聘美國TOP電子公司顧問李約翰，前來台灣協助策劃。

李約翰畢業於美國普林斯頓大學研究所，在TOP電子公司任職已達十餘年，對世界電子市場、公司內部控制均有精深的研究與經驗。

蓬達公司自成立以來，研究室主任一直由吳漢文負責。吳先生爲國內某著名大學電子研究所畢業，年方四十，多年來對公司的成長有極大的貢獻，故甚受丁大寶的器重。另一方面，丁大寶認爲李約翰和吳漢文二人的能力均很強，對電子業的經驗非常豐富。因此，乃安排他一起共事。

然而，某一天上午，李約翰表情氣憤地來到丁大寶的辦公室抱怨著說，他能被公司重金禮聘，甚感榮幸，極想發揮自己的能力，以求對公司有所貢獻；然而，每次研究結果都被吳漢文打了回票。即以員工士氣爲例，他到公司發現員工工作情緒低落，職員之間氣氛不太融洽，深覺公司對人性尊嚴不夠尊重。其乃導因於領班對作業員的監督，有如宵小之徒；且大門警衛於下班時，對攜有包裹員工的檢查，趨於嚴苛；況且生產線上的員工，稍有停頓或交談，即遭責備。丁大寶聽後，覺得滿有道理的。

後來，丁大寶找來吳漢文詢以實情，吳則認爲人皆有惰性，如果不嚴加督促，必流於散漫，而降低工作成效；人員進出若不加以檢查，則可能有少許不良分子順手牽羊，帶走公司器材，一則造成公司損失，一則大家競相效尤，豈不成爲無底洞而毫無紀律。況且李約翰生長於美國，受西式教育，國情不同，他那套理念可能不適合於我國國情。此時，丁大寶覺得雙方都有道理，一時之間很難取捨。

討論問題

1.根據上述個案，你認爲誰的看法較正確？

2.若要取捨的話，丁大寶應如何決定？

3.隨著社會的變遷，管理措施應否採取較人性化的管理？其條件爲何？

第18章 組織權力

本章重點

權力的意義

權力的基礎

組織權力的運作

組織權力與效能

個案研究：分層負責，充分授權

組織權力是組織行爲中極爲重要的核心問題，蓋權力乃爲組織賴以推動工作的原動力，權力運作的良窳影響組織目標的達成與否甚鉅。近代學者研究權力不僅從組織體制上著手，更把權力看作是一種行爲的運作，故權力不僅附隨於職位上，更存在於動態的環境中。本章將先研討權力的意義、基礎，據以討論組織權力的運作，及其與組織效能的關係。

權力的意義

權力（power）是指一個人去作某些事情或影響某些事情改變的能力，它隱含著影響他人行爲的能力。在一般意義上，權力乃表示：第一、產生某種事件的能力。第二、爲個人或群體努力以所期欲的方式，對他人的行爲產生影響。雖然權力是產生某種事件的一般能力，但若必要的話，它亦涵蓋著去控制或命令他人的力量。

權力也是以先決的方式去影響他人行爲的能力。只有權力的個人或群體才能威脅著使用權力，同時唯有威脅本身才是具有權力。權力即是使用力量的能力，是提供制裁的能力，唯這種能力並不一定要直接應用。換言之，所謂權力即含有若干威脅的成分在內，我國俗諺所稱的「以力服人」即指此而言。但假若此種力量的使用是無效的，就沒有權力之可言。若由於強迫力量的存在，致能影響他人行爲的改變，則其權力必然是有效的；蓋權力是在社會情境中，以抉擇性的限制去影響他人行爲的能力。因此，權力乃是依據正式組織的職位而來，不管其下屬是否接受，而將主管的意志強加在下屬身上的能力，故權力是屬於一種支配的方式。

然而權力在非正式組織或非正式群體中，亦是顯而易見的。它可能依靠地位、知識、外在能力或錢財而發揮出來。在非正式組織中，組織化的權力乃是歸屬的權力（referent power）。在其他情況下，有許多類型的權力亦能有助於這種概念的瞭解。然則權力和權威（authority）到底有何區別呢？

就某些特點而言，權力與權威是相似的。它們對他人行爲都有影響力。惟權力是指以強制性爲手段而產生影響作用的力量，它是一種支配他人行爲的方式。至於權威則屬於合法的權力，乃爲人們自願地甘心服從的吸引力。權威具有多少主宰力，是取決於其合理合法性的多寡。因此，權威的合法性在正式組織研究的概念中，是相當重要的。凡是在組織中必須運用到鼓勵或制裁的手段，則表示權威的合理合法化未完全被接受。換言之，權威乃是基於被治者同意的成分較大，且其同意必須源自於合理合法性。是故，吾人可說權威是一種「以德服人」的表徵。權威一般都根據外在勇敢、知識、智慧等特徵或某些其他可確定的地位或角色，而發展其權力關係。同時，傳統的組織結構和個人的神性特質（charismatic traits），也能幫助權威確定其權力結構。假如組織是合法的實體，權威將被逐次建構而成，且依人爲的制度刻意去安排，而建立其對組織成員行爲的影響。

權力的基礎

權力的來源依各家學者的看法，各有不同。根據歐茨亞里（A. Eizioni）的觀點，認爲影響組織行爲的不同方式之權力，可分爲三種類型：外在權力（physical power）、物質權力（material power）、象徵權力（symbolic power）。在某些組織中，爲了影響與控制員工行爲，外在力量可能是需要的，例如，監獄或精神管理機構是；然而在大多數情況下，外在權力之使用是不必要的。至於物質報酬或處罰，主要係來自於能用於購買貨品或服務的金錢；金錢驅力系統包括升遷與解僱，乃是組織中用以影響他人行爲的實利權力之例子。此外，與特質和自尊或愛與接受等有關的象徵權力，常能鼓勵員工去改進其工作態度。

至於賽蒙等則把權力關係分爲四種：信任權威（authority of confidence）、認同權威（authority of identification）、制裁權威（authority of sanctions）、合法權威（authority of legitimary）。佛蘭西（John R. P. French）與雷文（Bertram Raven）則更進一步以影響力爲權力下定義，再

以心理上的變化為影響力下定義，認為影響力是指某個社會群體對他人所能發揮的控制力。顯然地，該社會群體中某人能具有權力，即是他具有控制潛力。因此，權力是含蓄的影響力，而影響力是權力的表現。依此，則權力的來源有五：

一、報償權力

報償權力（reward power）：某人能提供給予他人多少獎勵的能力，謂之報償權力，此與前述的物質權力相當。報償權力不僅與給予他人獎勵數量之多寡有關，且管理人員所能支配獎勵的總數量之多少，亦決定其權力之大小。因此，管理者報償權力之大小，除了係依其在工作範圍內，能給付多少薪資的獎勵能力而定外；尚需依憑他在組織內能否變更此一工作範圍，或對屬員晉升的機會，提供強有力的影響之可能性而定。

二、強迫權力

強迫權力（coercive power）：係指管理者具有懲罰屬員的影響力而言，此與報償權力為一體之兩面，而與上述外在權力相仿。強迫權力的大小，表示當人員違反權力者的意旨，權力者所能施加懲罰的強制程度。此種權力常可與報償權力交互運用，以求達到屬員服從的目的。

三、合法權力

合法權力（legitimate power）：合法權力係衍自於組織內部的規範與文化價值，且是依據組織的合法職務而來的影響力。此種權力能指定某人具有影響力，據以代行權力，且另一些人則有接受該影響的義務，此乃因人們認為它是合法的泉源。此與前述的象徵權力相符。

四、歸屬權力

歸屬權力（referent power）：歸屬權力是基於影響者與被影響者彼

此的認同關係而來，故又稱為認同權力或參照權力。蓋此種權力的來源是基於「被治者同意」的原則，亦即是影響者與被影響者需具有共同的歸屬感與一致感而產生的。

五、專家權力

專家權力（expert power）：在組織中具有某種功能方面的專家，也可能是權力的基礎，此種權力稱為專家權力。專家權力的強度需視影響者在某方面具有的專門知識，被別人所重視的程度與依據某些標準所衡量的水準而定。在今日分工愈為精細的社會中，專家權力愈為滋長。組織中具有專門知識與技巧的專家，以其擁有的才能與技術，產生對他人極大的影響力。

此外，根據德國社會學家韋伯（Max Weber）的見解，認為權力有三種基本類型：即傳統的（traditional authority）、合理合法的（rational-legal authority）、神性的（charismatic authority）。

一、傳統權威

係指個人、某類人或某個階段，由於其預先具有的權利而得以對別人加以統治。此種權威的來源最初通常是始於神性權威的建立，或接受政治體制而生，或由宗教信仰而來，而後逐漸形成傳統的文化價值，得以逐次傳遞下去。具有傳統權威的個人，是基於人們對這種文化價值的認同，以致獲得他人的追隨與服從，此種權威較具靜態性質。

二、合理合法權威

此種權威既不是反應某人的特質而來，也不是完全依賴傳統的文化結構而生。它是基於為了適應環境變化的需要，而依法定程序以致獲得人們的服從。合理合法的權威多少涉及變革的因素。一個具有合理合法權威

的個人，由於他在技術上或功能上的地位，可獲得人們的接納與尊重；且由於他的能力可促成組織的利益或達成組織的目標，致使人們甘心服從其權威。簡言之，合理合法性權威的取得，主要是依據組織體制的合理合法化而來，此與神性權威同樣具有動態的性質，但其來源是大異其趣的。

三、神性權威

該權威的取得是依靠領導者個人的魔力性質，使他的追隨者自願去服從他的命令，而不是由於法律規章的約束。換言之，由於個人具有某種性格而使別人相信他，導致權威者地位的合法性，使人們自然地順從他，以便追求共同的目的。就影響力運用的觀點言，神性的權力概念遠超過權威概念，蓋神性權威的形成乃係依靠個人特質而來，具有強固的地位特性。

綜觀上述各家學者的看法，不管是權力或權威，其來源都是多方面的。它的基礎不只是來自於組織的頂層，也始自於組織的底層。它不只是依現時體制而產生的，更是歷史傳統的產物。它不只始自於組織的正式體制，更源於組織成員的認同，甚至更產自於權力者本身的特質。

組織權力的運作

組織管理乃是在安排或協調組織內人、事、物、財、時、空的適當配合之手段。由於管理的得當，組織內部始能有調和的氣氛存在，而這種氣氛是透過社會心理過程的運作而完成的。至於社會心理系統的整合，則爲個人在實現組織整體目標的過程中，運用「交互影響」的行爲之結果。「影響行爲」可說存在組織的各個層次面，包括組織的上下階層，透過這些關係的交互影響，組織乃得以相互溝通思想，產生協同一致行動，卒能達成整體組織的整合。

社會影響既是組織賴以推動任務的原動力，它是指一個人或群體受到其他個人或群體的勸誘，順從勸誘者的價值觀、規範或標準，而從事於勸誘者所期欲的目標之追求。社會影響的當事者可以是人對人、人對群體、群體對群體，其基本動機皆爲被影響者順從影響者的意旨而行事。影響通常是指「個人或群體由於他人所期欲的反應，而產生的行爲變化。」組織權力的運作，即係造成此種行爲變化的原動力。

誠如前節所言，組織權力的運作來自多方面。不管權力的來源爲何，其大致不外乎兩種爭論：一是由上而下，一是由下而上。傳統的組織學者都主張：權力是始於上級，它是依循組織的層級節制體系而向下傳遞的。近代的組織學者則認爲：權力是根據「被治者的同意」原則而來，權力者若無法取得屬員的同意，就不可能有任何作用。傳統的組織在社會化過程中，常強調權力的接受與服從；然而現代規模龐大性質複雜的組織中，接受權力的概念已有日漸萎縮之勢。由於近代組織員工所受教育的程度愈高，判斷力日強，對組織決策活動的瞭解日深，對分工專業化的技術日精。管理者欲建立本身的權力，必須有令人懾服的能力，尋求賽蒙、佛蘭西等所主張的權力。

根據韋伯所主張的權力基礎，亦深深地影響組織權力的運作。韋伯強調的三種權力基礎是相因相成的；神性權力一旦形成，常會衍生出傳統權力，甚而建立起合法的權力。同樣地，合法權力一旦編纂一套行政審判標準，亦加強了個人的神性權力，逐漸形成了傳統權力。至於傳統權力對其他二種權力的影響，也是如此。因此，大多數組織在影響系統的維持下，都是傳統的、合法的、神性的權力之混合物，此三種權力都是同時並存的。組織一方面要維持傳統的秩序，一方面則要致力於合理合法性，另一方面又要維持領導神性化的變革，以維持組織的不斷成長與發展。當然，在許多情況下，某些類型的權力可能較爲有效。有時權力者可能較具神性特質，而影響著員工行爲；有時合理合法性的權力，較能符合員工的願望；而在某一時期內，傳統關係卻深深地帶動員工。換言之，組織的各種權力很難完全平衡地被運用。

賽蒙曾說：「權力關係的困境，乃是部屬對長官命令作選擇性的接

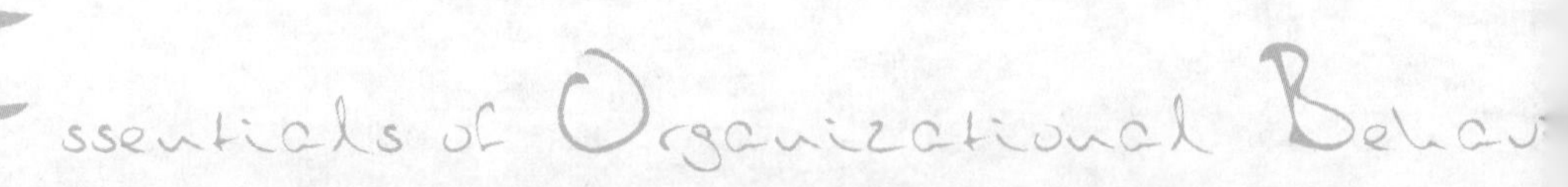

受。」因此，組織成員對權力是否同意，常能決定權力影響的是否有效。吾人欲瞭解權力的有效性，「接受程度」概念是相當重要的。除非部屬接受長官的權力，否則權力必無任何作用可言，巴納德（Chester I. Barnard）稱之爲「冷漠程度」（zone of indifference）。當然，影響權力接受的行爲方式甚多。在不同的權力系統下，可能運用不同的制裁方式。一般權力若不爲部屬所接受，組織常用強制權力迫使就範，惟此種情況一旦發生，對組織來講是相當不幸的。

因此，爲了使組織權力不至有所偏頗，學者類多主張採用權力平衡的概念。如在決策上可採用參與式，在執行上可採用授權或分權的方式。此種權力平衡的概念，有助於群體與組織目標的整合，甚而具有補充正式決策不足的作用。組織中雙向溝通與多元途徑，也有助於權力平衡，蓋任何社會系統中權力關係是十分複雜的。在組織的正式結構上，長官可用更大的權力去控制部屬。惟在層次基礎上，部屬的權力雖不明顯，且很難建立高層次的地位；但在實質上部屬對上級權力的影響是存在的，此乃基於他具有技術專長；加以近代工業人道主義的提倡，以致抵制了止級權力的強制作用。因此，權力概念是雙邊的，不是單方面的。

當然，個人與組織的權力平衡，乃是依據組織本身的情況而定。權力的運用宜隨組織的性質與內部情況的不同而變化。一個自由氣氛較濃的組織，常多採用權力平衡的概念；而強制性組織，其需要來自於上層的權力較大。又組織內個人或群體的權力過份膨脹，甚或拒絕提供其貢獻，這對組織的損害很大，故權力平衡常因長官的喜好而搖擺不定。然而不論上司與屬員的權力平衡能達到何種程度的協調，組織環境總是隨時發生變化的，致此種相互作用的平衡常因之而有所修正。例如，主管的更調即會破壞原有的均衡狀態，組織必須重新覓尋權力的平衡，產生一套新的期望。

總之：組織中權力的基礎甚多，有源自於上級命令系統者，有始於下級人員內心同意者。不管權力的來源為何，近代組織學者大多提倡權力平衡概念，冀求組織權力系統的完整，使不致有所偏頗。然而吾人所要強調的：所謂權力平衡並不是要組織中每個成員的權力大小都一致，而是指權力的相互制衡，認為權力者與非權力者都具有相當的社會影響力，此種影響力能推動整體組織作業的運行，卒能達成組織的總目標。

組織權力與效能

組織權力是一種影響力的過程，亦即是一種促使他人行為或不行為的能力。因此，權力運用得當可提高組織效能，提昇員工的工作滿足感。相反地，若權力運用不當，則不但損害組織效率，更嚴重地打擊員工士氣。

一般而言，組織的領導者常擁有相當的權力。惟權力與領導之間仍有相當程度的差異。通常權力不要求目標的一致性，而是著重依賴性；反之，領導則強調目標的一致性，而不注重依賴性。再者，領導者強調領導型態的適切性，它之所以需要權力乃係基於管理上的必要，以及克服不確定性，以減少依賴；而權力則集中於研究如何促使部屬順從的技巧。

根據柯爾曼（H. C. Kelman）的看法，權力的運作是一種順從（compliance）、認同（identification）與內化（internalization）的過程。員工之所以順從，旨在追求獎賞或避免懲罰，故領導者可施以獎賞權力或強制權力。其次，認同乃為領導者常希望誘使被領導者認同他，以便建立良好的人際關係，故可運用歸屬權力（referent power）。至於內化過程乃在使領導者與被領導者的價值體系一致，產生實質上的結合，故宜採用專家權力或法定權力以強制之。因此，在不同階段，領導者宜選用適當的權力，方能達成組織績效，或滿足員工需求。

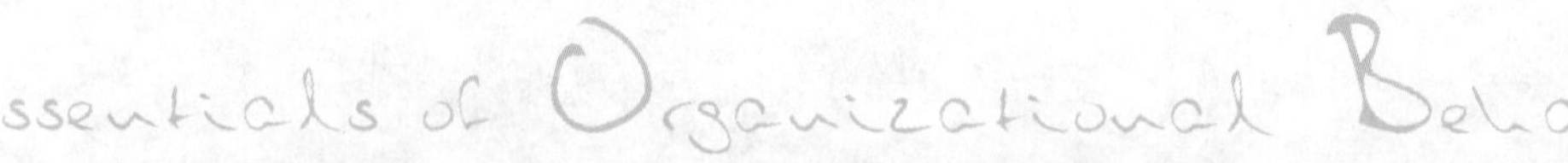

就權力類型與工作績效關係而言，獎賞權力不僅與給予他人獎勵數量的多寡有關，且與領導者所能支配獎勵總數量有關。凡獎勵愈多，且掌握獎勵數量愈高，所握權力愈大，就愈有激勵效果；反之，激勵效果則愈少。不過，根據一般研究顯示：獎賞權力必須不斷使用，才有激勵效果，此即為連續性增強作用（continuous reinforcement）；而一旦此種增強停止，組織績效即不再進步，甚至反而衰退。

再就強制權力而言，強制權力是員工所不喜歡的，因此強制權力的運用只能維持最低的工作標準，無法提昇員工工作動機。此種權力可以和獎賞權力交互運用，以求達到屬員服從的目的。根據刺激與反應關係來看，強制權力只能消極地使員工被動地接受，無法積極地激發員工工作意願。

至於法定權力是來自於組織的規範與合法職務，歸屬權力基於影響者與被影響者的相互認同，而專家權力始於專業知能。此等權力較為屬員所承認與尊重，其與組織績效之間常呈正向關係。因此，身為領導者或主管宜善用此種權力，以培養最佳的領導風格，增進組織績效，並滿足成員需求。

總之，領導者必須善用權力，並注意組織情境和員工特質，以求達到人群關係和諧的境界；且應避免誤用權力，否則將淪組織於萬劫不復的地步。

個案研究

分層負責，充分授權

民國六十七年初，一批滿懷抱負的年輕人，透過中國生產力中心的推薦，進入了中鋼公司。他們是趙耀東先生特別委託生產力中心招考進來的。當他們初入公司時，主管告訴他們的第一句話，就是「歡迎你們加入本公司，現在我們要負責大鍊鋼廠的煉焦廠。」當時，這批年輕人還搞不懂什麼是煉焦廠，主管便接著說：「沒關係，這裡有一本書，才兩百塊，你們買回家自己看！」

其實，在他們加入之前，中鋼公司已花費了十年的時間，研究鋼廠建立的可行性。同時，在一開始就有了一位卓越的領導者趙耀東先生。

當公司招考一批人才進來後，就舉辦一連串的訓練，諸如：基本的鋼鐵專業知識訓練、電腦課程訓練；並依個人專長，施予專業訓練。在他們接受公司的訓練洗禮後，各個人分別負責自己份內的工作，有問題時，大家一起研究，相互溝通，彼此幫忙解決問題。在公司內部沒有所謂的「小圈圈」或任何派系，這是培養團隊精神的基礎。

在分工過程中，趙先生做了一個重大的決定，即充分授權給每位年輕人。在煉焦廠工程方面，本來是考試外包給國外公司興建，然而四位充滿自信的年輕人，卻認爲可由他們自己動手來做。雖然主管們心中有所懷疑，惟四位年輕人所提的計畫極爲周詳，且以極佳的口才說服了趙先生，趙先生終於答應由他們來負責這二十億元的大工程。於是四位年輕人也覺得非常驕傲，也不知什麼是累，第一個目標就是完成工作任務。

在有了充分的溝通之後，主管們也掌握了整個狀況，在施工的

過程中，一方面授權給這批年輕人，一方面則注意著他們的行動，以防犯錯，並將優缺點詳加記錄，以作爲賞罰的依據。中鋼公司升遷的優先考試，不是年資或年齡，而是對公司的整體貢獻。因此，這些年輕人幾乎都在擴廠時，獲得了拔擢。

討論問題

1.你認爲中鋼公司創造業務奇績，最主要的因素是什麼？
2.你認爲主管的眞正權力，到底是來自組織的上層？或是組織的底層？
3.在本個案中，這些年輕人的權力是屬於何種權力？
4.在本個案，你認爲最高負責人是如何運用其權力來達成組織績效？

第19章

組織文化

本章重點

組織文化的意義

組織文化的形成

組織的社會化

組織文化與效能

個案研究：哪些事是我應該做的？

任何組織都有它一套行事的依據和規範，此種規範即代表著組織的文化。組織成員在組織文化的規範下，依據個人的知覺、經驗、動機、人格和態度，而顯現他的行為。因此，許多個人的知覺、經驗、動機、態度和人格會影響著組織文化；同時，組織文化也塑造著組織內個人的各種人格特質。就整體而言，個人、群體、組織、社會與文化都是相激相盪的。組織文化即透過這種過程，而塑造完成的。

由於組織文化的存在，組織活動乃得以延續不斷地進行，且支配著組織成員的價值觀和行動目標。因此，組織文化正規範著成員的行動，而造成對工作績效的影響。本章即將探討組織文化的意義、形成，進而研討透過社會化過程所塑造成的文化，以及其對工作績效的影響。

組織文化的意義

所謂文化，是指人類一切行為的綜合體，它包括人類的知識、想法、態度、價值、意見。它也是人類社會的遺產，是祖先遺留下來的風俗、法律、習慣與規範的體系。人類透過社會文化的過程，群體交互作用與個人的學習，而將它們流傳下來。英國人類學家戴拉（Edward Tylor）即認為：文化是人在社會中所學習得的知識、信仰、藝術、道德、法律、風俗，以及任何其他的能力與學習。

克羅伯（Alfred L. Kroeber）也認為：文化是群體成員的產品，包括：構想、概念、態度與生活習慣等，用以幫助人類解決生活上的問題。以上定義強調文化的內涵與重要性。

不過，最為人所接受的定義是林頓（Ralph Linton）。他把文化定義為：文化是一個社會中習得行為及行為結果的形貌，而這些行為的組成元素在該社會中傳遞。此定義特別強調：第一、文化是動態的，而不是靜態的。第二、文化不只是累積傳統的總和，而且是想法、價值觀、行事方法等的傳遞與溝通。第三、強調文化的有機械性、活力，以及份子間共通性與聚合性。

至於組織文化（organizational culture）類似於組織氣候（organizational climate），但前者涵蓋較廣，實不止限於組織氣候而已。蓋組織文化不但能生動地指出組織有不同程度的「氣氛」，更足以說明組織持續的傳統、價值、風俗、習慣，以及長久地影響組織成員態度與行為的社會化過程。就企業觀點而言，組織文化即指「企業文化」。

具體而言，組織文化是一種組織內相當一致的知覺，整合了個人、群體和組織系統的變項。它是組織內的共同特徵，是一種描述性的，以致能區分不同的組織。易言之，每個組織都有各自的組織文化。組織就如同個人一樣，具有不同的人格特質，藉以表現不同的態度與行為。

每個組織既有各自的文化，則組織文化主宰著組織成員的價值、活動和目標，可告知員工進行作業的方式和重要性。它是一種員工的行為準則，員工依此而行事，以免違背組織的規範和價值觀。

綜上所言，組織文化實涵蓋下列概念：

一、組織文化代表組織成員對組織的共同知覺。雖然組織成員具有不同的背景，來自不同的階層；但他們對組織的看法，則相當一致。他們共同知覺到組織文化，且以相同名詞描述組織的獨特特徵。

二、組織文化常顯現於下列各項向度上：

（一）個別自主性（individual autonomy），包括組織成員的個別責任、獨立，以及表現個人獨創性的機會等，可作為測度組織文化的效標。

（二）組織結構性（structure），是指組織的正式化結構、集權性，以及直接監督的程度，常可顯現出組織文化的特質。

（三）酬賞取向性（reward orientation），是指組織的獎賞因素、升遷取向、銷售和業績等，可看出組織文化的另一層面。

（四）主管體恤性（consideration），是指組織內部各級主管對部屬的支持與關心程度，可顯現出一種組織文化的特質。

(五) 成員衝突性 (membership conflict)，是指組織成員間的衝突程度，以及人際間的誠實與開放程度，由此可看出組織的文化特質。

三、組織文化是一種描述性的術語。它描述組織成員對上述五項向度的知覺程度，也勾繪出組織文化和工作滿足的差別。吾人研究組織文化，必須找出成員對組織的知覺，即組織是否為高結構性的？是否鼓勵創新？是否抑制衝突？因此，組織文化是描述性的。至於工作滿足，則為測度組織成員對工作環境的反應，故是評價性的。

四、根據實證顯示，每個組織都有它明顯的組織文化，且與其他組織不同。這些文化特徵在變動的情境中，是相當持久和穩定的。

五、組織文化涵蓋個人、群體與組織層次等系統。自主性是個人層次，體恤性和衝突性為群體層次，結構性和酬賞性是組織層次。

總之：每個組織都有它獨特的文化，這些文化都具有持久而不成文的規則和規範。諸如：一些溝通的特殊語言、工作表現的適當標準、某些偏見、社交禮儀和方式、同事相處之道、上下從屬關係的風俗以及其他傳統等，在在規制著成員的行為。換言之，組織文化常透過社會化的過程，使得成員學習如何做事，表現被接受的態度。它是員工溝通的利器，更是工作行為的標準。

組織文化的形成

誠如前述，每個組織都有它的組織文化，然而組織文化是如何形成的？這就要追溯到組織的創立。因此，組織創始人常是組織文化的決定因素之一。尤其是組織創始人的人格特質，常構成組織文化的特質。例如，亨利福特（Henry Ford）之對福特汽車公司（Ford Motor Company），湯華士華生（Thomas Watson）之對國際商業機器公司（IBM），艾德加胡佛（J. Edgar Hoover）之對美國聯邦調查局（FBI），湯姆士傑佛遜（Thomas Jefferson）之於維吉尼亞大學（University of Virginia），松下幸之助之於松下公司，王永慶之於台塑企業……等，都顯現出創始人對於組織文化的影響。

其次，現任組織負責人對組織文化的形成，也具有影響力。現任負責人常透過他的管理理念、價值觀與道德意識，而影響著其他成員的行爲，終形成某種獨特的文化特質。上司所建立的獨特風範，常指導下屬的行爲。例如，加薪、升遷或其他獎勵等措施，會使下屬知道什麼是適當的行爲，什麼是值得做的。根據社會心理學的研究顯示，上司的某項特定行爲常爲部屬所模仿或仿傚。

此外，組織甄選員工的過程，也會影響組織文化的形成。蓋組織常透過自己的一套模式，去甄選具有「同質性」的員工。顯然地，組織不可能僱用所有的應徵者，僱用與否也不是隨便決定的。甄選決策必然包括判斷應徵者是否適合組織的需要，這就牽涉到組織文化的問題。易言之，員工甄選的判斷，常在有意無意間建立起組織文化中的一致性標準，以致組織甄選成員時，常選定某些特質或類型的成員。

由於組織甄選員工有一定的標準，組織成員常透過個人的接觸與友誼，而引介相同特質的人員進入組織。因此，組織成員有時也是形成組織文化的因素之一。當然，組織使用甄選過程，來僱用適合並接受組織傳統價值、規範和風俗習慣的人；然而個人間的交互影響，正是塑造組織文化的一種動力。當新成員初入組織時，組織便開始灌輸其文化傳統，而文化

傳統乃依成員間的交互行為而構成，這就牽涉到社會文化（socialization）的過程。此將於下節討論之。

惟組織文化一旦形成，常透過組織環境、價值觀念、英雄人物、典禮儀式、溝通網絡等，而顯現出來。組織成員即依此種組織文化結構而行事。以下將討論組織文化所顯現的路徑。

一、組織環境

組織文化部分是由組織環境而顯現，亦即組織自組織環境中表現其文化特質。例如，一家公司在推銷與其他公司相同的產品，而為使其產品的推銷超越其他公司時，可強調自身產品的風格與特色，以求突出其產品而能獨樹一幟，此種風格與特色即為一種組織文化。由於每家公司因產品、競爭對手、顧客、技術以及政府的影響均有不同，以致面臨的市場情況也有差異。因此要求企業經營成功，公司必須具有某種專長。此種專長的發揮，即為組織文化的顯現。是故，企業環境是塑造企業文化的首要因素。

二、價值觀念

組織的基本信念和價值觀，也是構成組織文化的核心之一。一個具有強勁文化的組織，都有豐富而複雜的價值體系，其全體員工也較清楚地瞭解組織的價值觀。這些組織的主管們常常公開地談論這些信念，同時他們也絕不容忍與組織標準不合的越軌行為。因此，一個組織內部常存在著相當一致的價值觀念，由此而顯現出相同的組織文化特質。

三、英雄人物

組織常藉著英雄人物把組織文化的價值觀具體地表現出來，以為其他員工樹立楷模。有些英雄人物是獨具慧眼的組織創始人，有些則為工作生涯中所造就出來的員工。一個組織文化旺盛的企業，常有許多英雄人物。因此，組織主管通常會直接選擇某些人，來扮演英雄角色，以引導員工效法或超越這些英雄。

四、典禮儀式

典禮儀式是組織日常生活中固定的例行活動，主管常利用這種活動向員工灌輸組織宗旨，因而顯現出組織文化的部分特徵。一個具有強勁組織文化的企業，會強烈地運用各種儀式，來要求員工遵循組織的一切規範。

五、溝通網絡

溝通網絡雖不是組織中的正式結構，但卻是組織內主要的溝通或傳播樞紐，組織的價值觀和英雄事蹟常依靠這條管道來傳播。因此，溝通網絡是一道無形但強而有力的組織系統。組織若能有效地運用這道網狀組織，常能建立堅強的組織文化，以求其能合乎組織的期望。

總之：組織文化的建立並非一朝一夕所能促成，它與組織的建立是相生相成的。亦即組織文化乃為自組織創立伊始，就由組織創始人和全體成員交互行為而形成。此種組織文化常透過組織環境、價值觀念、英雄人物、典禮儀式與溝通網絡等途徑而顯現出來。然而，不管組織文化是如何相激相盪而形成，其中心概念乃為一種社會化的過程。

組織的社會化

組織文化是一種社會化的結果。所謂社會化，是一種調適的過程。在組織中，成員必須瞭解與學習組織的價值、規範和風俗，以便在擔任組

織任務時，能成爲被接受的一員，此種適應的過程，即爲社會化。組織成員若不能成功地學習此種角色，將有可能成爲不順從者或叛逆者的危險，甚至於被排斥或驅逐。因此，社會化基本上有兩種目的：

一、社會化降低成員對組織的模糊意識，使他們瞭解別人對自己的期望，從而獲得安全感。
二、社會化創造成員間的一致性行爲，增進彼此間溝通的瞭解，降低衝突，進而減少對成員的直接監督和管理控制。

依此，吾人將討論社會化的過程和方法，以求徹底地瞭解其組織文化的關係。

一、社會化的過程

組織成員的社會化過程，大致可分爲三個階段：即職前期（prearrival）、遭遇期（encounter）和蛻變期（matamorphosis）。職前期，是指新成員加入組織前，所具有的學習經驗、態度、價值及期望。遭遇期，是指新成員對組織的看法，以及所遭遇到的期望與實際間的差異。至於蛻變期，則是成員在組織中行爲持久性的改變。

職前期明顯地指出成員所具有的一套價值觀、態度和期望，這些涵蓋了組織氣氛和工作任務。組織內的許多工作，新成員在學校或過去訓練中都已完成相當程度的社會化。例如，商業學校的主要目標，乃在訓練學生瞭解什麼是商業，在職業生涯中會遭遇到什麼，並教導學生在企業中應如何與人共事的信念。

當然，職前期社會化的範圍，不祗是限於相關的工作技能而已。同時，大多數組織的甄選過程，多少也會提供給可能入選者一些組織的訊息；亦即組織常甄選具有與組織文化相同特質者，進入組織工作。因此，在甄選過程中，個人表現適當的能力和特質，是他進入組織的先決條件。是故，甄選是否成功，取決於成員是否正確地因應主試者的期望與要求而定。

當成員進入組織時，即進入了遭遇期。此時，個人面對了有關工作、同事、主管，以及組織中期望與實現的差異。如果他所遭遇的事實符合自己的期望，則遭遇期提供了他先前期望的再肯定；否則他必須從事新的社會化，調整其想法和做法，使自己脫離先前的價值觀，而以組織所要求的另一套觀念來取代。此時，新成員若無法調適自己的期望或觀念，只有離職他去。因此，只有適當的甄選，才能降低離職事件的發生。

最後，新成員必須成功地解決在遭遇期所發現的所有問題。他必須透過行爲的改變，以求適應組織的文化，這就是實質的社會化過程。此時，新成員必須將組織規範和工作群體的價值，加以內化和接受；並瞭解何種行爲是被期待的，且將之化爲個人行爲的準則。此時才是社會化過程的完成。

總之：組織成員的社會化過程，必須經過職前期、遭遇期與蛻變期三個階段。職前期提供成員對組織文化的初步瞭解，遭遇期使成員實際認知自己和組織文化的差距，然後進入蛻變期使自己適應組織文化的規範，終而達成真正的社會化過程。

二、社會化的方法

前述社會化的過程，係指個人進入組織前後的社會化歷程。至於組織亦應提供個人社會化的方法。在組織中，管理人員對員工的決策，不論是外顯的或內隱的，都包含著成員社會化的方法。這種社會化過程中，大致有下列幾種方法，在運用時，可配合組織的管理目標，和它們對組織文化的貢獻。

(一) 正式的或非正式的

正式的（formal ）社會化是將新成員與舊成員分開工作，有計畫地指導他們，以求及早確立新成員的角色。非正式（informal）社會化則不把新成員與舊成員刻意分開工作，使新成員投注於工作上，而能熟悉組織

文化，達成社會化的目標。社會化愈正式，主管參與設計和執行的可能性愈大，新成員愈可能體驗到上司對學習成果的要求。相反地，社會化愈非正式，新成員的學習成功與否，則有賴其是否能正確地選擇社會化的對象。在非正式社會化過程中，若新成員能選擇一個具有豐富知識，接受組織價值，而且有能力傳遞知識的工作夥伴，作爲社會化模仿的對象，那麼社會化較容易成功。

當然，社會化的正式與否常取決於管理目標。計畫愈正式，新成員愈有可能獲得一套清楚而明確的目標；亦即正式社會化注重甄選標準，強調工作規範。非正式計畫較強調個別差異，有助於對組織問題提出新看法。又正式社會化過程，偏離了組織中的日常工作，所習得的技術和規範較不容易轉移、概化或運用到新設置的工作上。而非正式計畫常在工作中進行，不需要特別知識的轉移。因此，非正式社會化比正式社會化容易學到更多的經驗。

不過，正式或非正式社會化的概念，只是代表一種連續尺度的兩端，兩者很難作截然劃分。管理者可視組織情況或需要，加以調整或運用。一般而言，組織成員可先從相當正式社會化中學習到組織的關鍵性價值、規範和風俗，然後才開始工作上的非正式化過程，從而學習工作群體的規範。

(二) 個別的或集體的

社會化的另一種劃分方式，乃是個別式（individual ）的或集體式的（collective）。個別式社會化較允許個別差異的存在，不強調以同質性爲目標；但個別式社會化成本較高昂，且費時較長，無法使成員相互參與，彼此鼓勵，甚或無法與他人分擔焦慮感，心理壓力較重。

集體式社會化可使新成員與他人結合在一起，彼此交換意見，並獲得他人的幫助，分享他們的學習經驗，分擔困擾，調適彼此的行爲。在集體式社會化過程中，組織成員間容易建立同質性。一個群體若擁有共同問題，也比較容易發展出共同的觀點。不過，集體式比個別式較不會對組織要求作新的估計，且集體力量較不易爲組織所控制，甚而形成巨大的抗拒力量。

實務上，多數組織認爲個別式社會化是不實用的，而傾向於採用集體式社會化。一般而言，小型組織只有少數新成員需要社會化，適於採用個別式；而大型組織則宜採用集體式，因爲它簡便、有效，而且容易預測。

(三) 定期的或不定期的

社會化的實施可考慮定期（fixed）行之或不定期行之（variable time period）。定期制可降低不確定性，轉化過程較標準化，社會化的每個步驟是清晰的。如果成員能成功地完成每項標準程序，即意味著他將被承認爲組織的一員。相反地，不定期制並沒有明顯地依時間進步的徵象。因此，定期制具規模性，能使成員知道自己進步的程度；而不定期制較具彈性，無特定標準，新成員必須找尋學習的對象，觀察過去的模式，判斷群體的期望，據此而改變自己的行爲。

在組織中，定期制的社會化適於基層技術人員；而不定期制較適用於專業及管理人員。

(四) 系列的或分離的

在組織中，以一個具有經驗而且熟悉新成員工作的資深人員，來指導新成員的過程，稱之爲系列式（serial）社會化。如果沒有資深人員作爲新成員的嚮導或楷模者，稱之爲分離式（disjunctive）社會化。

系列式社會化的優點，乃爲維持了組織的傳統和風格，使組織策略易於持續，保持組織的穩定性；同時，新成員觀察到組織的習慣，可作爲未來職業生活的影像，而對未來有所展望。然而，系列式的缺點，則爲社會化過程緩慢，成本高昂，缺乏彈性；且資深人員不能以身作則，或感受到新成員的威脅時，常作出不利組織價值觀的行爲，甚或灌輸新成員的錯誤觀念，使其抗拒組織或脫離組織。

至於分離式社會化較不受傳統的束縛，能培養較有創意的新成員；但可能使其較不遵守群體規範，甚而違背組織傳統和習慣。

(五) 授予的或剝奪的

在新成員社會化過程中，組織管理者可選擇授予式（investiture）或剝奪式（divestiture）。前者係允許新成員將其特質帶進工作中，讓他有較大選擇的自由，使其充分發揮工作績效。組織中高階層人員的任命，大多採用授予式的社會化。至於剝奪式的社會化，是指新成員必須在組織的要求下，適度地修正先前的行爲方式，以配合組織的安排，較少有自由度，如此其行爲模式較能與組織配合。通常，組織在訓練具有相同特質的新成員時，可採用剝奪式的社會化過程。

總之：社會化過程是相當複雜的，其方法常因組織文化目標而有所不同。組織管理者可斟酌各種情況，選擇適宜的社會化方法。蓋組織文化的創造，必須依靠社會化過程來達成，管理者宜對社會化過程，有如下的認識：

1. 組織的社會化過程，是決定組織文化型態的最重要因素。
2. 社會化過程並不是一蹴可及的，必須持續地完成。
3. 管理階層可透過社會化的計畫，來適度地控制組織成員的價值觀和規範。
4. 成功的社會化，必須放棄原有的態度、價值，而尋求建立新的自我影像、新制度和新價值，從而形成有效的行為型態。
5. 社會化並不在於塑造員工行為趨於單元化，而是在減少極端的態度與行為傾向。

組織文化與效能

組織文化在組織效能的影響過程中，常扮演著中介的角色。組織文化是組織成員依個別自主性、組織結構性、酬賞取向性、主管體恤性、成員衝突性等向度，而對整體組織的主觀知覺所形成的。因此，組織文化會影響組織效能是無可置疑的。其如圖19-1所示。今將組織文化對其效能的影響，作兩方面說明之：

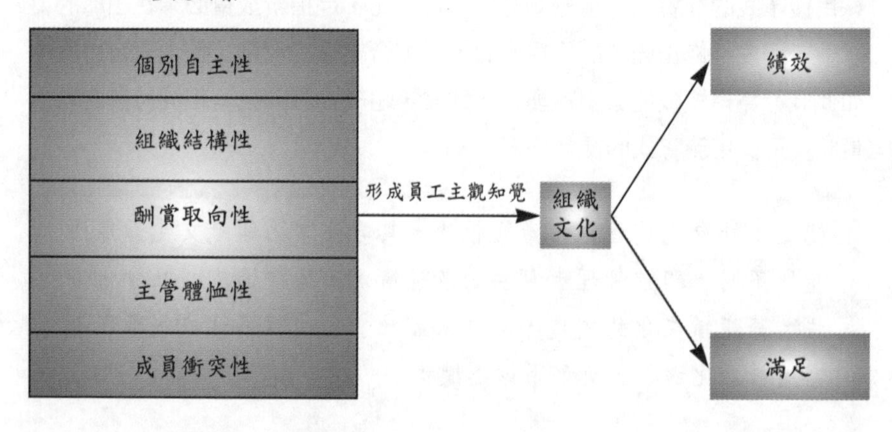

圖19-1 組織文化與組織效能的關係

一、對工作績效的影響

組織文化與工作績效的關係，並不十分明確。雖然有些研究發現兩者有關，但是這項關係受到組織技術（technology）的影響。組織文化與技術相互配合時，績效表現會較好。如組織文化傾向非正式文化、創造性及冒險性，而組織技術是屬於非例行性的，則工作績效表現較好。相同地，一個較正式化結構的組織，反對冒險，儘量消除衝突，保守而傾向於工作取向的組織文化，其組織技術也是重複性、例行性的，此時成員的工作績效表現較好。

二、對工作滿足的影響

組織文化與工作滿足間的關係，則受到個別差異的影響。當個人需

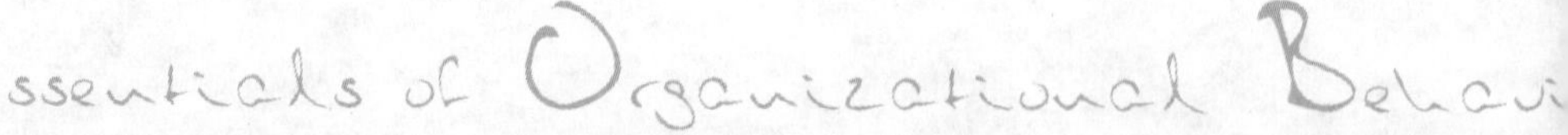

求能與組織文化充分配合時，其工作滿足感最高。譬如，一個組織文化是低結構性的，監督較鬆散，且能酬賞員工表現高度績效，則具有較強烈成就動機及喜歡自主性的員工，可能會有較高的滿足感；反之，則不管員工是否具有高成就動機，其滿足感都較低。因此，工作滿足感的高低，通常是依照員工對組織文化的知覺而有所不同。

此外，吾人尚不能忽略社會化對組織效能的影響。一個員工績效大部份取決於他知道什麼是該做的，什麼是不該做的；而懂得如何使用正確的方法，去完成工作，這就是適當的社會化。進而言之，要評估某人的工作績效，必須包含他在組織中適應的程度。甚而有些績效要求常因組織文化或工作性質的差異，而有所不同。例如，有些工作如果成員表現的，是進取的或有企圖心的，將被評為有價值的成員；但在另一些情況下，或其他組織的相同工作，則被評定為負向價值。由此觀之，組織社會化常影響組織績效。因此，在影響實際工作表現或被他人評價時，適當的社會化變成了相當重要的因素。

總之：組織文化對組織效能是有影響的。不同的組織文化塑造不同的組織績效。當然，組織文化尚需與其他因素，如技術、環境、個人需求……等相互配合，尤其有待社會化過程的運作。組織管理者應審視其間的關係，作最適當的安排，以求取最佳的工作績效與個人滿足感。

組織文化既是組織內部成員交互行為的綜合結果。一個開放而創新性的組織，必然具有開創進取的組織文化特質；而一個停滯且保守性的組織，必帶有停滯守成的組織文化特質。不同的組織文化特質，將塑造不同的工作績效。因此，組織文化為組織是否整合的指標，其影響工作績效甚鉅。組織管理者必須審視組織的整體環境，注意科技發展與員工需求，進而培養開放、民主而和諧的組織文化氣息，以求有利於組織目標的達成。

個案研究

哪些事是我應該做的？

李欣是冠亞股份有限公司的作業員，到公司服務多年。在生產線上，主管和同事都很讚賞她。在一次公司的內部升遷中脫穎而出，被遷調到新成立子公司擔任人事工作。

李欣非常珍惜這份工作，秉持著學習的心，非常勤快，且積極主動負責。只要上級賦予她的任務，無不全力以赴，在短期內就能有效地掌握人事業務動態。由於分公司甫成立，人力結構簡單，但新業務甚爲繁忙，正處於百廢待舉之中。

由於李欣的努力，且待人誠懇，很得人緣。因此，主任每將吃力不討好的溝通工作交付給她。然而，在溝通過程中難免要碰釘子，但她仍然全力以赴，解決了許多困難。

最近主任又將廠長交待的任務交予李欣，惟李欣漸感工作負荷過重，乃有所反應。惟主任甚感惱怒，似有所責備。經過這件事後，李欣工作精神大不如前，情緒起伏很大，不時想到工作與報酬，無法取得合理的平衡，認爲「再怎麼努力也不值得」。

李欣給自己的結論，是「能推就推，能混就混；能學多少，就學多少，這就是組織的文化。」

討論問題

1.你認爲李欣最後的想法，對嗎?

2.你認爲李欣工作態度轉變的因素是什麼？

3.就社會化的過程而言，什麼是影響員工行爲的主要因素？

第20章 組織發展

本章重點

組織發展的意義

組織發展的緣由

組織發展的途徑

組織發展的展望

個案研究：彈性上班的試行

組織發展為近年來探討組織行為的新興課題。今日組織面臨著結構性、科技性與價值性變革的壓力，必須提昇其效率，維持彈性活力，以達成平衡的成長與變革，適應未來的需要與成長。因此，組織發展乃成為組織管理上的重大課題。其最終目的在增進工作效率，提昇組織效能。本章將研討組織發展的意義、緣起、實施途徑，並展望未來的趨向。

組織發展的意義

今日組織為了提昇組織文化，加強組織成員能力，以適應內外在環境的變化，並維持組織內部的均衡，以求適存於社會，故而要從事於組織發展。所謂組織發展，就是一種達成組織計畫性變革的方法。由於「組織發展」在今日學術研究中，是屬於新興的領域，依各種不同的角度與實際作業，而有其不同的意義。

邊尼士（W. Bennis）認為：組織發展是一種對環境急速變遷的回饋，其本身具有教育策略的涵義，目的在改變組織的信念、態度、價值及結構，以求適應最新科技和市場的挑戰，並調整組織本身的變化。

佛蘭奇和貝爾（W. French & C. Bell）主張：組織發展是一種運用社會科學方法，來適應組織變革的再教育策略之互動過程。它強調經驗導向，依靠團隊工作精神，重視目標的制度與計畫，以系統方法來處理組織問題；是一種為達成計畫性變革的搜集與處理資料的方法。依此，組織發展旨在經由有效的合作管理方式，以組織工作團隊的重心，在內外變革帶動者的推動協助下，運用行為科學的理論與技巧，以改善組織解決問題的能力，且是一種革新的長期程序。

綜觀上述，組織發展乃是指組織經過長期的努力，以改進其解決問題的方法，並更新各種組織的過程。所謂努力是指有效而合作地對組織文化加以管理，尤其是特別強調正式工作群體的文化，在變革帶動人（change agent）和催化人員（catalyst）的帶動下，應用行為科學的理論及技術，包括行動研究，來達成管理目標。依據此定義，組織發展的內容含有五大要項：

一、組織文化

所謂組織文化，是指影響或界定組織關係、職責的現行活動型態，以及相互影響模式、規範、情感、態度、信念、價值觀與生產。其中生產乃係科技創新的結果，故組織發展亦包含科技的創新。雖然科技問題在組織發展中居於次要地位，然若將科技範圍包括工作程序、方法與設備等加以擴大，其必受組織發展活動的影響，同時也會影響組織發展的活動。

此外，組織文化也包括組織的非正式系統，它是組織行爲不明顯或內隱的部分，包括：感覺、非正式活動及交互行爲、群體規範與價值觀等。組織發展必須同時重視正式與非正式系統的改進，並且強調合作管理的文化，使組織成員共同分擔管理上的責任，人人各盡其職。當然，由於各個組織對上述文化內涵認可的差異，以致每個組織文化是大異其趣的。

二、工作群體

工作群體是組織發展活動的主要單位，它與傳統組織重視管理人員或上司是不相同的。組織發展活動的主要核心，乃在於正式工作群體，並長期注意其動態的工作情況，在工作中不採取直接干預的方式，而讓它在一定的模式中有自由發展的機會。就整體的組織發展來說，不但注重長久性的工作群體，同時也非常重視暫時性的工作群體、群體成員的重疊問題，以及群體間關係與其在整體系統中的含義。蓋就組織的整體性而言，組織任務有時並不是正式群體所能單獨完成，其尙待非正式群體的配合，乃不容懷疑。

三、變革帶動人

組織發展的定義中，有所謂「變革帶動人」或「催化人員」，雖非絕對必要，但卻是可欲的。蓋在早期的組織發展過程中，組織是否能作自動

自發的努力而產生最佳效果，是令人懷疑的。因此，有個不屬於現行組織文化的第三者，站在客觀的立場來提供必要的服務，對組織發展應是有益的。當然，變革帶動人或催化人員也可以是組織中的成員，但他應是處於激發組織發展的管理系統之外的人員。

四、行動研究

行動研究（action study）是組織理論研究的新方法，其特點爲注重有意義的行動，而不只是限於行爲研究；即研討具有特定意義的行動，用以改變組織的行爲，促進組織發展行動研究是處理大部分組織發展的基本模式，故有人稱組織發展爲經由研究而促成的組織改進。其模式爲：（一）初步診斷、（二）收集有關群體的資料、（三）將資料送回該群體、（四）該群體研討所得資料、（五）問題診斷、（六）策劃行動、（七）採取行動。總之，組織發展透過行動研究的過程，乃能達成管理目標。

五、改進方案

組織發展的改進方案之努力與傳統組織是有差別的。傳統組織的專家只研究組織情勢，提供建議性的改進方案；而組織發展的變革帶動人，則會干預組織的實務發展過程。組織發展干預活動，具有下列特徵：（一）強調群體與組織過程，而不是實質內涵。（二）強調工作群隊是學習有效率的組織行爲方式之主要單位。（三）強調工作群體文化的合作管理方式。（四）強調對文化的整體系統及整體系統的枝節之管理。（五）「行動研究」模式的運用。（六）「變革帶動人」「催化人員」的運用。（七）將變遷的努力視爲連續不斷的過程。（八）基本上仍強調人際與社會關係。最後一點特徵，雖不一定是組織發展與其他組織理論相異之處，卻是一項重要的特性。

至於，組織發展主要導源於一九四五年勒溫所建立的群體動力學研究中心，對社會心理學的研究。該研究在行動研究方面獲得不少進展，且他在應用行爲科學方面的興趣，促成了調查研究法與實驗訓練法的發展。

該中心最初設於麻省理工學院，其後遷往密西根大學。

組織發展的行動研究之一，乃爲調查研究與回饋，其主要特徵是在群體集會中採用態度調查及資料回饋兩方法。有關行動研究的例子之一，是底特律愛迪生公司（Detroit Edison Company）一九四八年的計畫。該公司研究人員首先進行全面性的員工及管理人員態度調查，從而建立回饋資料系統。在此計畫中，一項態度調查所獲得的資料，送回參與調查的會計部門。從此種過程來看，實具有當代組織發展的特質。

調查與回饋研究得到一項概念：即利用員工問卷調查的結果，作爲密集群體討論的內容，以導引組織走向正面的改變。其與傳統訓練法的不同，乃爲該法的有效性在於它將人際關係視爲整體系統來處理，同時考慮到每位管理人員和員工的個別差異及環境差異；而在處理任何問題時，都依照個人職務、個人問題及個人的工作關係等，分別處理。此方法爲組織發展的主要模式。如果任何一種改變的努力不符合這項特點，只能說是一種組織改進方案，而不是具有組織發展的意義。

組織發展的另一道主幹，乃爲實驗訓練法。它是指在一個沒有結構的群體中，一群和組織並無關係的成員，從彼此交互行爲和群體動態歷程中，學習並瞭解人際相處的藝術。目前有許多組織都希望藉著實驗室的群體討論，或其他動態過程，使員工行爲發生改變，然後將之帶到實際工作情境裡。初期此種技巧用於解決實際問題時，常遭遇嚴重的挫折。蓋小組訓練中所習得的簡單技巧，很難轉移運用到複雜的組織環境上。然而，行爲科學家並不因之而氣餒。詹士（John P. Jones）就曾有系統地討論實驗訓練技巧，用於複雜的組織環境裡，並建立一個內部諮詢小組。其主要工作在於運用行爲科學知識，來輔助直線管理人員，該小組被稱之爲組織發展群體（organizational development group）。

實驗訓練法致力於個案方法與實驗方法的結合，並設計了所謂管理工作會議法，特別強調小組訓練、組織實習與相關演講。在訓練方案中有項創新，就是強調人際間以及群體間的關係。雖然，有時強調人際關係的問題，會造成工作績效的低落；但對群體間問題的解決，卻具有更多組織發展的涵義，且能使更廣泛和更複雜的組織部門參與問題的解決。其後，

實驗訓練法更要求管理人員積極參與，並領導組織改進方案，且將之運用於職務上，此種實驗小組稱之爲「發展群體」。是故，群體的實驗訓驗計畫，開創了眞正的組織發展。

綜合上述組織發展的過程，一般學者都尊稱 勒溫爲組織發展之父。蓋其所創立的群體動態學（group dynamics）與場地理論（field theory），實爲組織發展的主根。他是創始美國國家訓練實驗室（今美國國立訓練實驗中心）與群體動力學研究中心的核心人物，迄至今日對組織發展具有相當深遠的影響。

組織發展的緣由

組織是一個社會單位，負有一切服務與生產的功能，促使人類步入文明生活的境界。惟早期的組織學者，以靜態結構觀點，常把組織視爲技術分工的體系，很難適應現代急劇變化的社會。今日組織學者則以動態性觀點，將組織視爲社會心理體系，以求組織能適應各種變化的需求，使其適存於社會，以維繫其成長與發展。因此，組織發展是一種社會進化的程序。組織之所以要發展，其原因乃爲：

一、管理思想的衝擊

近代組織管理深受自由主義與個人主義思想的影響，主管所具有的權力關係不再如過去的權威主義。每個組織成員都具有其獨立的自尊與價值，此種思想奠定了工業人道主義理論的基礎，改變組織的文化價值與觀感，造成組織倫理關係的重組，形成組織傳統文化的變遷。其反映在組織管理的環境中，乃是個人的服從性日益降低，權威命令逐漸失去效力，代之而起的是著重人性的參與管理。此種因素更促成組織創新的要求，影響組織整體的變遷與發展。

工業人道主義是以恢復人類在工作中的自我爲目的，它所致力的乃是如何能使個人需求的滿足提昇到最高程度，使人能有高度自主的能力。其哲理與方法乃爲採取民主指向，使個人目標與組織目標結合，並協調民主自決的需求和高度控制的組織需求間的矛盾，而成爲參與管理所依據的理論基礎。

組織爲了適應此種管理思想的演進，必須重新思考領導權的運用，培養民主管理思想，調整新的組織政策與管理方案；並從組織的基層人員或組織外界人士中，培養新一代的管理人員，建立能實施民主制度的權力關係。這些都是組織發展的措施。因此，管理思想的演進，實是觸發組織發展與變革的首要因素。

二、工業技術的創新

由於工業革命的發生，科學日新月異，一日千里，刺激各種工業技術的發明與改進，非但製造機械的技術日益精細，使用生產機器與工具的技術亦不斷地更新。此種技術輸入組織內部，常常造成組織人際關係的改變。組織應重新分配技術人力，調整各個部門，或更動工作職位，或調整工作人員。更重要的乃是專技人員地位的上昇，使得組織必須實施新的管理方式，來適應這般人的特別需求，蓋專技人員在今日組織中爲決定生產的主要變數。不管吾人是否贊同「工作專技化」（professionalization）這個名詞，都無法否認組織現實情況的改變：即科技人員已逐漸增加，在目前或可預見的未來，都將超過第一線的工作人員。

工業技術的創新帶動了組織的變革與發展，其主要乃爲：一方面由於產品與製作方法或程序大爲進步，使科技人員日漸受到重視，而作業人員則相對地減少；另一方面由於數據需要量大爲增加，而產生所謂「資料爆炸」的現象，使作業技術大爲改進，這些都需要大量的系統分析師、電腦程式設計師及電子資料處理人員。此種組織發展的情勢，正在逐漸增強，隨之而來的乃爲工作階層教育水準的提高。因此，組織管理階層應修正其管理權力，在分配滿足個人慾望之餘，如何注意保持組織合作型態，以增進組織目標，是極費周章的事。同時，技術愈創新帶來工作階層的改

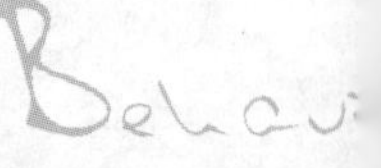

變愈烈，組織的變遷也愈大，組織管理者不可不慎。

三、社會關係的改變

由於技術的革新，機器設備的添置，人與事的更調，組織內部社會關係隨之丕變。組織成員需準備迎接新人，適應彼此的人際關係，使作相當合理的調和，庶不致阻礙工作的推行。此種社會關係的變遷，可能使組織作部分的調整，也可能作全部的改革，變動的結果難免要破壞組織原有的平衡與個人的既得權益。此時，組織需將成員加以訓練，以維護其權益，並培養其對適應變革的心理準備，以免舊有人員採取抗拒的心理與行動。

就人類社會進化的法則來看：求新求變乃是常道，它係人類文明進化的原動力。無論是自然現象或社會現象，都無時無刻地不在變遷之中，組織內部一切情況亦是如此。蓋組織既是開放性的社會技術體系，它必然會受到外在環境的衝擊；且爲了適應環境的競爭，達到生存與發展的目的，它必然產生變遷。惟任何變遷都必須保持適度的平衡，方不致腐化或敗亡。準此，組織爲適存於社會中，必須隨時保持其社會關係的平衡；爲了保持與其他組織的競爭力，必須不斷地調和新人與舊人間的衝突，採取適度的因應措施，加以適當的控制，以維持組織的平衡發展。

總之：組織乃是人與機器系統的整合體。由於學術思想的演進，工業技術的革新和人際觀念的轉變，組織得隨之調整本身內在結構，則組織發展乃為必然現象。其中尤以科技的創新為最烈，連帶影響組織的變化，產生組織的動態研究，加以民主思想盛行，已引起組織理論學者的注意，企業家也體認到此種轉變的趨勢。當然，吾人所指出的組織發展的原因，有時是相互為用的。技術革新固然帶動了社會關係的改變，而社會關係何嘗不會引發新的管理觀念，甚而引進新的技術革新呢？此外，政治環境的變遷、經濟環境的因素、文化行為的模式，都可能產生組織的發展，本節不再多贅。

組織發展的途徑

組織發展是組織面對複雜環境的挑戰所作的反應，並透過教育的方式，使員工和複雜多變的環境相互配合。因此，組織發展是一種進化的程序，每個時代都有它的組織型態和生活方式。就組織發展的演進過程而言，組織發展的層面，逐漸由個人行爲擴展到組織整體績效的改進；亦即由強調短期作法，邁向長期的努力，其最終目的即在增進組織的效能。

組織發展在協助組織變革的過程中，綜合了心理學、社會學、社會心理學，以及文化人類學中很多觀念與理論，用以協助增進個人工作效能、群體工作效能與組織整體效能。本節即分三個層面，來研討其實用技術。

一、增進個人工作效能的技術

組織發展應用於個人方面的技術，可就改善個人內在狀態與改善個人工作行爲兩方面進行之：

(一) 改善個人內在狀態

所謂個人內在狀態，是指個人所具有的態度、動機、情緒、價值、知能、知覺、人格……等的狀態而言。這些個人內在狀態會影響他的工作態度，對組織的合作、忠誠度，進而左右工作績效。因此，爲了提昇組織績效，可透過改善員工個人內在狀態，而達成組織發展的目標。其方法不外乎：

1.敏感性訓練法（sensitivity training）：敏感性訓練，又稱爲實驗室訓練或T群體訓練法。實施時，通常由十餘人組成，透過群體成員的自由交談，發展人際關係，進而建立團隊精神。其目的在使學員能夠省察自己對他人或他人對自己的反應，從而培養出對人對己的警覺性和敏感度。敏感性訓練用在組織發展訓練上，可增進自我的

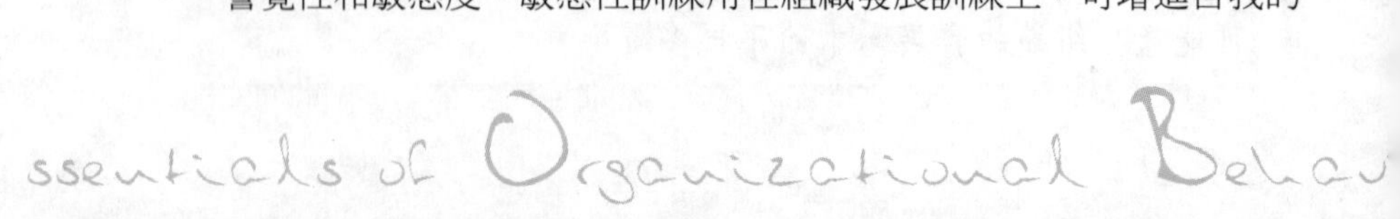

省察能力，是一種特殊的訓練方法。訓練的成功與否，繫於成員的態度、人格特質及誠信程度。

2.會心群體訓練法（encounter group training）：會心群體訓練法是敏感訓練法的一種，只是其成員介入的程度較深而已。會心群體訓練法的主要目的，在於強化個人的自我，改善自我形象，增進成員信任的機會，增加選擇不同的角色。其實施並沒有固定模式，不過應遵循下列原則：（1）成員不宜太多；（2）訓練地點以工作外的場合爲宜；（3）由訓練者協助受訓者；（4）表現人際和自我的知覺；（5）受訓者應表現親蜜態度。

3.生涯前程計畫法（life and career planning）：生涯前程計畫法，是由組織協助個人確立較理想的個人生活目標及事業，並達成組織的目標。此種方法主要基於成員對提昇工作品質的要求，配合人類生命階段所採行的計畫。一般而言，人類生命在二十五歲到四十五歲，爲事業前程的關鍵時期。組織實施員工生涯前程計畫，可結合組織目標，其方法有：（1）結合組織的人力資源規畫系統；（2）設計員工生涯前程發展路徑；（3）公開發布、宣導生涯前程資料與新的發展機會；（4）協調各單位主管確實執行員工評價；（5）提供員工有關生涯前程的輔導；（6）提供員工工作發展的機會；（7）執行員工工作外教育訓練計畫；（8）激勵各級主管重視人才培育；（9）配合員工需求，制定生涯前程發展的新人事政策。

4.完形研究途徑（gestalt approach）：完形研究途徑，又稱爲形態心理學研究途徑。gestalt一詞，是德國學者魏斯瑪（M. Wertheimer）於一九一二年所倡導。此種途徑主張人是完整的有機體，每個人都擁有正反面人格，且應該都予以承認，並允其作表達。組織應協助個人表達，並加以尊重。完形研究途徑應用在組織發展上的前提，是在管理方式與組織氣候方面作良好的配合，才能使個人充分表達他的看法和感覺，而學習和別人建立良好的關係，且利用於團隊精神的建立。

(二) 改善個人工作行爲

當組織發展做好改善個人內在狀態之後，才能從事個人工作行爲的改善。蓋工作行爲是否表視良好的工作績效，乃取決於個人內在狀態之是否健全。至於改善個人工作行爲的方法，如下：

1.工作豐富化（job enrichment）：所謂工作豐富化，就是使工作最富變化性，個人擔負的責任最大，個人最有自我發展的機會。因此，組織應避免工作趨於單調，而要賦予個人較多的自主權，作自我控制，提昇其工作意願，使其提昇工作知識與技術層次，參與工作計畫，並有評估自已工作的機會，加速自我的成長與發展。此種概念源自於馬斯勞的需求層次論，和赫茨堡的兩個因素論。

2.目標管理（management by objectives）：目標管理和工作豐富化相似，都是使員工對工作有一個發表意見的機會。它是由員工個人和主管共同會商的程序，以共同制訂目標，並確使目標能與組織整體目標相符合。目標管理的目的，乃是基於重視人性，強調授權，激發合作精神，以達成組織目標。目標管理可使個人有參與的機會，且因目標明確，可消除個人的焦慮感。目標管理爲杜拉克（Peter Drucker）首倡，後經奧地安（George S. Odiorne）的鼓吹，始得到確立。

3.彈性工作時間（flextime working hours）：彈性工作時間，是爲提昇員工工作績效，配合工作性質，適度地尊重員工選擇上下班的權利，使其生活和工作能結合爲一，不失爲一個有效組織發展的方法。此種制度，基本上乃將工作時間區分爲核心時間（core time）與彈性時間（flextime）在核心時間內，所有員工均需到班；彈性時間則可由個人自行選擇，但仍需做足規定的上班時間。

4.行爲修正（behavior modification）：行爲修正技術，事實上就是學習增強理論的運用。其基本觀念乃導源於桑代克的工具制約理論。亦即根據學習的激勵原則，當員工表現良好行爲時，即給予獎賞；而表現不當行爲時，則予以懲罰，以導引員工養成正確的行爲方

式。個人經過了這樣的行爲修正，便能學會應該做些什麼，以求符合組織的期望。

二、增進群體工作效能的技術

群體是組織運作的重要部分，個人和組織都需要透過群體而聯結。惟群體活動可分爲群體內部活動與群體之間活動兩部分，以下即就這兩方面分別討論其發展的過程。

(一) 改善群體內部工作效能

群體內部的關係影響其工作效能甚鉅，因此改善群體內部關係，以促進組織發展，乃爲必然的工作。其方法如下：

1.人際交流分析（transactional analysis）：交流分析是貝恩（Eric Berne）根據弗洛伊德的人格結構狀態加以延伸，所提出的一項技術。旨在協助主管瞭解部屬的心理狀態，進而達成有效的溝通。交流分析利用心理分析技巧，說明人類的認知程序與溝通方式，將自我狀態（ego state）分爲父母自我狀態（parent ego states）、成年自我形態（adult ego state）、幼兒自我狀態（child ego state）。基於這些自我狀態，而構成三種交流型式：呼應性交流（complementary transactions）、交錯性交流（crossed transactions）隱含性交流（ulterior transactions）。在上述自我狀態中，以成年自我狀態最爲合理、成熟，是達成有效溝通的必要條件，也是呼應性交流的前提。交流分析法的運用，即在藉著溝通分析技術，激發員工的成年自我狀態，減少父母及幼兒自我狀態的出現。同時，主管應瞭解自己和部屬的自我狀態，作正確的反應。它的主要目標在於發現與培養個人警覺性、自我責任、自信心與坦誠的心態，用以提昇眞誠的人際關係，和提供開放的溝通管道，並指出消除溝通障礙的方法。惟交流分析不是短期內可立即見效，必須持之以恆，方能見其成效。

2.工作期望技術（job expectation technique）：組織成員常因工作角

色模糊，而造成壓力或緊張焦慮情緒，將影響工作的進行。此時，可透過群體內部成員的協助，釐清個人的工作範圍、權責與關係，藉以減少工作模糊的情況，降低衝突，促進群體效能，此種方法即為工作期望技術。通常，此種技術適用於無工作經驗而剛成立的群體，或有新成員加入時，或經過診斷結果有權責不明等狀況。在實施過程中，必須確定施行的需要與目標，並確實界定每個人的工作職責，且定期檢查分析。

3.角色分析技術（role analysis）：角色分析類似於工作期望技術，旨在解決角色模糊與矛盾，使角色獲得釐清，避免錯誤的工作指派，或角色的過分要求與不足等狀況。其實施步驟，首先在確立欲分析的角色，其次為檢討該角色對別人的期望，再次為分析其他相關人員對該角色的期望，如此相互檢討，以使角色活動能更明確。同時，對上述角色界定的範圍、關係與期望，作成書面報告，以為釐清角色的依據，此稱之為角色剖析（role profile）。

4.過程諮商技術（process consultation）：組織內部由於資源的限制性，或活動與工作的互依性，以及群體或個人目標的不一致，常引發衝突。為了有效解決這些衝突，可透過專業諮商人員，協助診斷問題，並提出解決方法，這就是過程諮商技術。過程諮商的範圍，涵蓋組織層面所可能發生的各種問題，諸如：溝通程序、決策方法、角色功能、職權運用以及未來發展等。此種方法重視各項事件的演變過程，強調資訊的回饋，並讓組織能作持續性的自我診斷。專業諮商人員只是提供建議者，而非實質權力的主管，如此才不致造成組織內部更多困擾。

5.團隊精神建立（teamwork building）：團隊精神建立法，是一種極為重要的介與技術。其實施對象是一群平日在一起工作，且互有關係的人員。其方法是從事計畫性的介與活動，用以促進工作績效與效能。此種團隊工作精神的建立，乃在廣泛地搜集資料，分析工作方式，去除反功能行為，積極加強功能性行為；並對整體性工作績效作評價，找出群體問題，並加以解決。因此，團隊精神建立法，

基本上乃是嘗試使用群體成員高度互動的方法，增進群體成員間的互信和開放態度，以求共同完成群體任務。

(二) 改善群體之間工作效能

前述方法是爲解決群體內部工作效能，所作的組織發展途徑。至於群體間工作效能的改善技術，有如下三種：

1.群體間團隊建立技術（intergroup team-building intervention）：群體間團隊工作精神的建立，乃爲透過訓練會議的實施，由兩個衝突的群體間成員共同參與，找出造成衝突的原因，謀求解決之道，用以改善雙方的關係。其目的在改變兩個群體彼此間的態度、刻板印象和知覺。此種會議由中間人士主持，並由衝突的雙方群體成員陳述對對方不滿的原因，然後共同討論問題，各群體再分開討論，尋找彼此的差異，再行共同討論，如此不斷地進行，直到找出改進的辦法爲止。此種方法必須持之以恆，且雙方成員需具有誠意，才有成功的可能。

2.第三群體介與技術（the third party intervention）：第三群體介與技術，主要爲由第三群體介入發生衝突的群體之間，協助解決群體間的衝突，用以改善彼此間關係的技術。嚴格地說，此亦爲過程諮商的型態之一，只是它在解決衝突所引起的負功能而已。其實施步驟，首先在利用觀察或訪談的方式，搜集相關資料瞭解衝突的原因和型態；進而安排會商解決衝突的地點、議程和參加人員；最後在會議中採取干預行動，使雙方充分對話、討論，而居間加以仲裁。

3.組織影像介與技術（organization mirror intervention）：該技術爲一九六〇年代，由美國TRW公司所發展出來的，也是一種解決群體間衝突的方法。基本上，此種方法在協助特定群體瞭解其與其他群體互動過程中的困難、誤解，而由雙方群體成員在會議中提出各種觀感、看法，藉以化解相互間的磨擦。其實施步驟與第三群體介與技術相同。

三、增進組織整體效能的技術

組織發展技術運用在增進組織整體效能上，可分爲兩方面進行：一爲改善組織結構，一爲改善組織運作。

(一) 改善組織結構

改善組織結構乃在增進組織內人員與單位的工作關係，因此牽涉組織設計與工作設計的問題，其主要方法有下列三種：

1.實體佈置法（physical setting）：由於組織工作環境的空間會影響人員行爲，故實體佈置乃在安排組織的工作環境，用以滿足員工特殊需求，發揮積極的工作效果，此爲空間管理工作很重要的一環。就組織發展的立場言，工作安排、場地佈置會影響員工的意見表達和參與機會，因而引起心理變化。因此，組織發展不能忽視實體佈置。在實施做法上，實體佈置應多採用彈性隔間的方法，且讓員工有參與表達佈置意見的機會。

2.併行組織制（collateral organization）：此爲權宜的組織設計，目的在輔助正式組織，而與正式組織永久地同時運作。併行組織的成員，仍以正式組織內部成員爲限。此種組織具有下列特性：第一、能作開放性溝通且相互聯結。第二、迅速而完整地交換有關資訊。第三、成員謹慎地分析與評估組織目標、規範、方法、方案。第四、協助正式組織的管理人員。第五、所作的成果必須提供給正式組織，且由正式組織作成決策。

3.矩陣式組織（matrix organization）：矩陣式組織是一種兼俱垂直與水平式結構的組織，其目的不僅在追求職能式結構的效率，更重要的乃在適應組織環境的彈性變化。通常在外界環境的高度變化下，組織需要有高度處理資訊的能力。因此，矩陣式組織乃應運而生。由於矩陣式組織的設計，可提高組織對外市場與技術變化的迅速因應。

(二) 改善組織運作

組織發展在增進組織整體效能上，除了可在組織靜態結構上運用各項技術外，尚可在改善組織動態運作上下功夫。爲了協助組織達成工作任務，建立員工健全的互助關係，可運用下列方法：

1. 格局組織發展技術（grid organizational development）：格局組織發展源自於一九六四年白萊克與摩通（Robert R. Blake & Jane S. Mouton）所提倡的管理格局（managerial grid）概念，再經過精緻化所提出來的技術。此爲必須經過三至五年的系統化實施過程，由組織初步檢查管理行爲，進而找出理想的組織模式，使組織運作達到理想的境地。格局組織發展技術從事團隊合作發展工作，透過對團隊文化的分析，發展規劃、設定目標及解決問題的技巧。
2. 調查回饋法（survey feedback）：調查回饋法爲勒溫所提出的組織發展技術，其目的乃在用來評估組織成員的態度。它是有系統地搜集組織的相關資料，並將資料回饋給組織中各階層的個人或群體，藉以分析、解釋並提出更正行爲的方法。它將組織視爲整體系統，並考慮到每位主管和員工的個別差異與環境差異；而在處理任何問題時，都依照個人職務與工作關係分別處理。爲使此種方法更能發揮效果，通常都與過程諮商技術、敏感性訓練等相互運用。
3. 面對問題會議法（confrontation meeting）：面對問題會議法，爲貝哈德（R. Beckhard）所發展出來的，旨在確認組織所存在的重要問題，分析其成因，並研擬解決問題的行動計畫與時間表。實施時，將組織內各階層主管聚集在一起，作爲期一天的議程，對組織的健全性提出檢討、診斷，並確立行動方案和順序。該法的過程簡易迅速，因僅有管理人員參加，可因時、因地、因人、因事而採取彈性步驟。通常，在面對問題會議後四至六週，再舉辦由全體主管參加的追蹤會議，由其報告工作進度，並檢討面對問題會議所產生的行動成果。

總之：組織發展的途徑，可從個人、群體與組織三方面著手。由於各組織的性質與需求不同，吾人可選擇各種不同的途徑，作最佳的組織發展，以適應組織內外在環境的變遷。雖然這些技術未經證實絕對有效，但若干組織的實際施行卻可提供其他組織作參考。

組織發展的展望

組織發展是組織行爲研究中新興的課題。今日組織處於劇烈變動的環境中，必須實施計劃性變革，才能使組織得以持續成長。因此，組織發展的觀念，乃應運而生。近二十年來，組織發展提供了特殊架構和行爲技巧，幫助組織作變革。

組織發展的若干技術，雖未充分證實與組織的流動率、生產力，有直接關係；但有不少方法則已證實對員工態度、行爲，有實質的影響。例如，調查回饋法、過程諮商法、敏感訓練法……等，都已證實和多項組織效能指標，具有相關性。因此，組織發展理論與技術，固有待加強或修正；然其範圍已逐漸擴大，其應用也已日趨系統化。

雖然如此，組織發展理論畢竟未達成熟階段。未來仍待努力的方向，可就兩方面探討之：

一、在理論建構方面

（一）建立統一的一般性理論。
（二）著重系統途徑的應用。
（三）強調權變理論的運用。
（四）致力組織發展效果的評估。

二、在實際運作方面

（一）適當選擇並應用介與技術。

（二）加強診斷問題技術的訓練。

（三）建立組織發展的長期策略。

（四）加強組織發展在行政機構適用性的研究。

總之：組織發展的未來方向，乃是應用範圍由工商企業組織，擴大到其他非營利機構的組織；由單元化管理型態，走向多元的權變管理途徑；由制度化建立模式，擴展到注意人性管理的觀念；由實驗室訓練法，轉而為較大社會技藝範圍；管理角色由組織內部主管操控，轉而注重變革推動者的專家角色；由過去僅注重管理人員，轉為注重組織各階層人員，使組織發展功能，能確實發揮其效用。

個案研究

彈性上班的試行

鼎新公司董事長劉武勳一向很重視組織發展工作，由於這是一家可以推展彈性上班的公司，最近乃決定試行此一制度。雖然彈性上班盛行於某些國家，但是否適合於我國國情，仍有許多人不敢貿然嘗試。不過，劉武勳決定開風氣之先，先予試行，如果成效良好，將逐步推行按月彈性制，因爲他認爲這將是時代的趨勢。

首先，劉武勳責成專人研究的按日彈性上班制的方式，是這樣的：即在一天當中，每天上午十時到下午三時，爲核心時間，每個人都必須到班。而彈性幅度由每天最早可在上午六時上班，最晚可在下午八時下班，完全視個人的生理適應力而定。不過，每人每天至少必須上滿八小時的班。

在這個制度試行初期，員工甚感新鮮，自制力很強，滿足感高，績效也不錯。然而，在三個月後，問題來了，例如，中午休息時間的問題？又有時在緊急情況下，要找接洽的人，而那人卻不到班；又有些不自愛的員工，偶有偷工減料地縮短上班時間，甚而造成主管人員控制上的困擾等。……凡此問題，終使彈性上班的試行無疾而終。

討論問題

1.站在組織發展的立場言，彈性上班制是否值得推行？

2.在我國國情下，是否可推行彈性上班制？

3.要做好彈性上班制，必須解決哪些問題？

4.要成功地實施彈性上班制，宜考慮哪些因素？

組織病態行爲

第21章

本章重點

病態組織的成因

病態組織的症狀

病態組織的診療

個案研究：保守的管理作風

組織是個人尋求各種滿足的社會單位，它的正常運作足以達成個人需求。惟組織正如個人一樣，都或多或少表現一些無益的行爲，此種行爲對組織是沒有貢獻的，它會妨礙組織的正常運轉，一般即稱爲組織的病態行爲。組織一旦產生病態行爲，不僅不能協助組織達成個人目標，甚至會損害到組織外的個人。因此，如何維持組織的正常作業，避免病態行爲的產生，亦爲組織管理者的一項重要任務。通常組織成立愈久或規模愈大，其內部愈爲紛雜，如再加上管理措施不甚妥當，其病態行爲往往愈爲顯現。當然，組織行爲比個人行爲要複雜得多，吾人欲瞭解組織行爲是否正常，可由其生產力、工作效率、員工出勤率、流動率及團隊精神等測知。本章的要旨即在說明組織產生病態行爲的原因、症狀，然後施予治療的過程。

病態組織的成因

病態組織正如病態的個人一樣，常顯現若干偏差行爲。爲何組織有此種偏差行爲？其主要原因，可就組織、主管、員工等三方面加以探討。

一、組織方面

由於組織本身的運作，造成病態行爲的產生，有組織規模不斷地擴大、組織目標的相互衝突與各種資源分配的不平均等因素。

(一) 規模不斷擴張

組織爲了適應外界環境的競爭，每需不斷地擴展，其結果乃爲增加設備與人員。此不僅造成組織的複雜化，且人員在某種職位上工作過久，常出現冷漠感，表現一些不正常的行爲，造成工作的阻滯與退化，以致組織有腐化的現象。由於人員的腐化，使組織流於僵化與無效率，產生病態行爲。形成此種狀態的原因，乃爲組織管理者都寧可增加助手，而不擬增加對手；而員工之間亦彼此製造工作機會，致使組織不斷地擴張。

組織管理者不斷地增加部屬，乃希冀工作業務能由多人分擔，此稱為「部屬遞增」原則。固然，組織由於業務擴張，致有增加員額編制的必要；然有時員額的急速增加，往往造成一些無所事事的冗員，甚或相互排擠，惹事生非。此乃因所增加的部屬都希望能爭取到升遷的機會，因之勾心鬥角，彼此製造困擾，增加原有人員的麻煩。部屬遞增的結果，便可能產生相互牽制，造成組織的病態。原來由一人承辦的業務，反而因人員的增加，需多繞一些圈子，或多進行協調溝通的工作。

部屬遞增原則，固是造成組織病態的原因；而與部屬遞增可能相因相成的，乃為工作遞煩原則。所謂「工作遞煩」原則，乃指組織員工都彼此製造工作機會。事實上，此類工作是否為完成組織目標之所需，是個疑問。誠如前述，人員增加的結果往往形成許多工作上的困擾，而此種困擾有待其上司去解決。即使是屬員之間，仍有必要再增設人員為大家謀求某種福利，此即所謂「牽一髮而動全身」，人員遞增形成工作遞煩，工作遞煩又造成人員遞增。如此互為因果，產生惡性循環，最終結果乃為組織的腐化，工作意識的消沉。

(二) 目標相互衝突

組織的大部分病態行為，均因目標相互衝突而形成的。個人目標與組織目標、個人目標與個人目標、組織目標與組織目標都很難完全一致，這些目標之間的衝突，都會嚴重地影響組織效率。蓋組織目標的達成乃是由不同個人和團體提供獨特才智的結果，固然他們都是為實現共同的組織目標而來，惟各個人或群體都有他們各方面的差異，以致在細節上或技術上常顯現不同的目標。

有關組織目標相互衝突的例子，實在不勝枚舉。即以組織本身目標而言，亦常形成衝突的狀況。由於近來社會瞬息萬變，組織目標亦隨時調整，即使組織某一目標亦常衍生另一目標，甚或改變它原來的目標，以致目標與目標間亦不能一致，甚至相互衝突。其結果乃是組織的混亂，成員之間的步伐必無法一致，受害的必然是組織及其成員。

目標衝突除了表現在組織本身之外，組織內的個人或群體亦常形成衝突。組織某個部門為了力求表現，他們會發揮團隊精神，以便駁倒另一

部門，因之兩者目標經常產生衝突。個人之間亦然。此種相互競爭的結果，必然相互衝突，以致個人間或群體間相互排擠，交相攻擊，失敗的一方不免怨天尤人，採取破壞行動，甚而轉移攻擊的對象，如此將導致偏差行爲，構成組織病態的根源。

(三) 資源分配不均

任何組織都很難獲得充分而確實的各種資源，而且組織內各部門或個人的資源分配，不管是物質資源或人力資源，均無法達到均衡的境地。即以權力分配而言，某部門有時難免超越其他部門，某個人亦不免超過其他同儕。此種權力的不平衡，往往造成組織內部的緊張與不安，形成部分人員的心理偏頗與行爲偏差，產生組織內的競爭與衝突。

組織資源最感困擾的問題之一，乃是人力資源分配的不平均。在組織內有些部門的人力常感不足，以致這些人以爲其工作甚爲繁複，需增加人手，一旦所求不遂，則感吃虧，內心難免憤憤不平，脾氣暴躁；而有些部門的人員則可能工作輕鬆，顯得無所事事，一天到晚悠遊自在，於是閒言閒語，惹事生非，不但造成人力資源的浪費，且是組織不安的泉源。由於人力分配不平均，致有權力的不平衡，這是一般組織永遠存在的問題，也是不易尋求解決的問題之一。

組織資源分配不均的另一狀況，乃爲物質資源的不平衡，此亦爲組織不易解決的問題之一。最淺顯的例子，乃是個人薪資報酬的無法一致。到底薪資釐定以年資、工作能力、學經歷、工作性質等爲標準，是否會達到完全公平的原則呢？答案必然是否定的。組織很難依據種種標準，使薪資完全達到公平合理的地步。如此組織內部分人員不免心懷不滿，因之亦難免產生偏差行爲。

二、主管方面

組織的各級主管是組織員工的表率，他們的一舉一動常是該組織或部門員工言行的準繩。有關主管可能使組織產生偏差行爲的，大致可歸爲：

(一) 恣意任使作風

組織各級主管的人格特質與個性，影響組織成員的行爲甚大，這就牽涉到組織的領導風格問題，其中尤以首長的影響爲甚。一般組織如果其主管常恣意任使部屬，很容易形成組織的病態行爲。此種主管的人格特質大多是獨裁專制、孤僻自傲的，他們認爲自己大權在握，欲如何就如何，完全抹煞部屬的意見，剛愎自用，自以爲是。如此常招致部屬的普遍不滿，大家都敷衍了事，存著應付的心態，這對於整個組織一無是處，會造成怠慢推諉，各自爲政的混亂狀態。

一般組織如欲維持正常的運作，首長的正確領導實爲首要條件。蓋組織的決策類多掌握在最高主管的手中，其個人的風格、觀念與作爲，乃爲整個組織成員行事的依據。比如人事安排的授權與否，即決定於首長的個性。如首長是信任他人的，則組織各階層可能得到充分授權，組織氣氛則可能是較民主的，組織的運作當可依循常軌，較沒有壓抑的成分，焦慮行爲也比較不易發生，可避免許多病態的徵象，則組織能維持正常的行爲狀態。

反之，組織的各級主管若是驕縱的，自以爲是的，凡事只相信自己，對待部屬是恣意任使，不尊重部屬的人格，則很難得到部屬誠心的回報，將逐漸加深彼此裂痕，其結果對組織是有害的。因此，各級主管都應敞開胸襟，不與部屬計較，需知此爲一個主管應有的修養。若一個主管處處與部屬計較，必無法贏得他人的尊敬，而爲部屬所鄙視或杯葛，其結果必不免造成部屬的憎恨與厭惡。

(二) 管理能力限制

管理者個人能力的限制，是產生病態組織的另一原因。在一個龐大的組織內，管理者不可能完全瞭解組織內的每一件事，所以在決定政策時，往往處於不可預知的情況下，自然很難完全達到預期的效果，甚至無法滿足組織或其成員的個別慾求，以致產生抗拒的心理與態度。換言之，組織管理者都有他們的管理幅度（span of management），此種幅度產生了他們能力上的限制與缺陷，導致所有的資源未能作充分而有效的利用，以

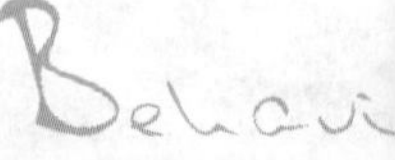

致組織無法完全維持正常作業。

一般管理者的管理幅度既是有限的，如果他能善用分權或授權，並於授權後作適當的監督，則組織易於達成目標，且成員亦能分擔其責任，亦即組織既可完成自身任務，又可滿足個人需求。惟一旦管理者本身能力有限，而又剛愎自用，自以爲是，不肯輕易信任他人，則組織必然走向偏頗的道路，形成不少病態行爲。因此，組織管理者能力的限制，很多是組織病態行爲的來源。

組織管理者如欲使組織維持正常運作，不管個人能力如何，只要做到「用人不疑，疑人不用」，開放胸襟，讓自己的幹部或部屬放手去做，進而從旁加以協助或支持，相信此種組織必然是生氣蓬勃，充滿幹勁的。儘管管理者個人能力高強，若得到部屬的輔弼，當更易達到理想的目標；倘若管理者個人能力不足，只要能善待部屬以誠，他們亦必會竭盡股肱之力，鞠躬盡瘁，死而後已，此即以部屬的能力彌補長官之不足。如此，組織病態行爲便無由產生，或可減輕不當行爲。

(三) 心懷自滿態度

誠如前述，主管個人能力的限制，很可能是組織病態行爲的根由。惟主管如能抱定「謙卑」的胸懷與「有容乃大」的態度，則組織尙可避免病態行爲的產生。事實上，一般組織的管理者很容易犯的毛病是：認爲自己職居高位，權力在握，生殺予奪，以爲部屬的建議是一種對自己權力的挑戰。此種愚昧無知的自滿態度，往往招致部屬的不滿與抗拒，而導致了組織的惡化。

當然，身爲一位主管應有十足的信心，否則難以完成各項艱鉅的任務；然而自信與自滿不能混爲一談。自信是對處事能力的自我堅信，是處理事務成功的泉源；惟在做人方面則宜自謙，我國古語所謂：「滿招損，謙受益」是確切不移的眞理。因此，組織管理者切不可有自滿的態度，凡事宜與部屬事先磋商，取得部屬的眞誠合作或尋求其諒解，乃是領導成功的保證。

賽蒙說得好：「人們應感到滿足，因爲他們沒有能力達到最好的。」

正因爲每個人都有能力的限制，因之他們不能自滿。主管有主管能力的極限，部屬有部屬能力的超越，每個人都有他們的長處與短處，切不可因一時的際會，爲組織帶來困擾，甚或妨害組織的正常運作。質言之，避免組織產生病態行爲的最好方法，乃是每個人都要避免自滿的態度，其中尤以管理者爲甚。

三、員工方面

組織員工本身的個人特質或整體特性，亦可能形成組織的病態行爲，其原因不外：

(一) 相互缺乏瞭解

組織內的成員對自己的行爲缺乏認識，不知道自己的行爲是偏差的、不負責任的；他們沒有想到個人的偏差行爲，是如何嚴重地在腐蝕組織，或感覺不到自己的偏差行爲，會構成對組織的不利影響。他們或許爲逞一時之快，或爲報復某方面的不滿，以致產生偏差行爲。組織病態行爲的產生，除了組織成員對自己的認識不夠外，復由於人與人之間有了隔閡，消息的傳遞困難，而致員工之間不能獲知正確的消息，進而形成人際之間的誤解，對問題難有一致的看法。有些組織成員總認爲自己是孤立的，只有自己對組織不滿。殊不知組織病態行爲的癥結，就是全體組織成員對組織的普遍不滿。

其次，病態組織的成員根本不瞭解群體規範與行爲標準。病態的組織與病態的個人一樣，個人有其得病的背景及獨特原因，組織亦然；只是組織病態的原因較爲複雜。精神病患在社會壓力下，其行爲已失去標準；組織規範與標準都已經被成員破壞了，組織成員根本不瞭解群體規範。因此，群體規範及紀律根本無法約束個人。又根源於群體規範及標準的行爲，遠比根源於個人特性及特質的行爲容易發生改變，故病態組織的行爲比個人行爲容易改變。

再者，組織成員不瞭解自己是群體的一份子，有義務去解決問題，而不是製造問題。如許多員工都認爲上司是破壞組織規範與行爲標準的創

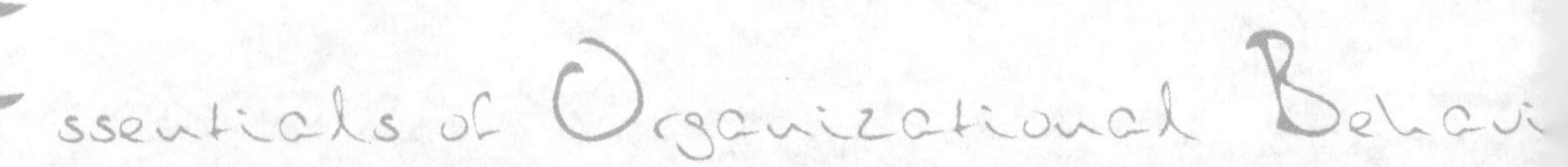

子手，卻不知道自己也是抹煞組織規範的兇手。事實上，組織管理者在某些措施上可能有不盡如人意的地方，員工應能提出建議或意見，據理力爭。茲不此之圖，卻把問題完全向上推卸，把罪過歸於上司、同事，甚至組織本身，以致喪失了責任感，無法瞭解到個人對整個群體應負的責任，以及對組織的貢獻。就因爲個人缺乏這種體認，於是缺乏認同的對象，組織的問題也就發生了。

(二) 彼此心存幻想

病態組織的成員對組織存在的問題，事實上是確知的。他們仍然瞭解問題的癥結，知道群體的價值規範與行爲標準，以及如何去防止這些問題的方法，但他們還是無法有效地去解決這些問題。其原因乃是組織成員已經喪失自信心，不敢向上級提出任何改變組織現狀的建議，只會默默地承受，於是乎感到工作是一種挫敗、痛苦、折磨，如此痛苦加劇，挫敗與折磨感加深，造成對組織更爲不滿，對於組織的任何行動方案常抱著幻想，以爲採取其他行動會使組織變好。然而，此種想法是不切實際的。

由於組織員工對組織常充滿著幻想，致其想法與行動均不切合實際。根據心理學的研究，個人做白日夢，心存幻想，一般都始自週遭環境的一再挫敗與打擊。因此，一般的幻想都蘊藏著無數焦慮與不安，久而久之，個人便會走向墨守成規、拘泥不化，而不敢有冒險行動，也不敢從事革新或創新。質言之，組織員工之所以逃避責任，態度消極，大多是內心焦慮、心存幻想有以致之。

組織成員心存幻想，固會形成消極態度與逃避責任，然而逃避責任的結果亦會產生挫敗，再形成不切實際的想法，如此循環不已，造成組織更嚴重的病態，產生惡性循環。因此，組織員工應體認此種問題的產生是互爲因果的，爲避免此種問題的發生，需全體員工面對現實，溝通彼此意見，尋求共同解決問題的途徑，相互協助，同心戮力，方不致造成對組織更大的困擾。

病態組織的症狀

組織基於前節的原因而產生病態行爲，其所表現的症狀相當複雜，如員工的抱怨很多，挫折感很濃厚，大家相互中傷，缺乏自尊心、自信心，每個人都是有氣無力的，感到技能無從發揮，逃避工作，只想休假或託病休息，甚至離職轉業。綜觀組織病態行爲的主要症狀如下：

一、苛責他人逃避責任

病態組織的成員都是逃避責任的專家，他們很容易把問題的責任，推卸到別人身上。組織的首長或主管對待部屬非常苛刻，一有不順心即怒責部屬，毫不尊重屬下的意見，無法體諒部屬的苦衷與困難，甚而完全不接受部屬的陳述，剛愎自用，一意孤行，遇有困難問題，便把責任推諉給部屬，毫無責任感可言。至於部屬則用逃避工作責任以爲回報，他們在上司背後臭罵上司，指其昏庸無能，不知「管理」爲何物；認爲上司是老古板，不懂何者爲效率；一旦發生困難問題，亦把責任推往上級。但他們在上司面前卻噤若寒蟬，唯唯諾諾，甚而奉承拍馬，惟恐得罪上級，即使上司決策錯誤亦不據理力爭。

二、組成群體製造紛爭

當個人遭受挫折的次數愈多，產生的焦慮也愈多，痛苦加劇；爲了解除此種緊張，員工們自然而然地形成小群體，來做爲歸屬與認同的對象。小群體的組成，通常都以友誼和信賴爲基礎，在空閒時彼此訴苦，抱怨不同的人和事，大家共同分擔苦楚；並進行某些活動，分享共同的快樂。當然，小群體的組成有時可以排遣員工情緒，發揮其積極功能；但在病態組織中，小群體更加深惡意中傷、謠言傳播，使衝突更形激烈，大家的焦慮感反而更爲加重，根本無法解決問題。此種現象不僅存在於員工階層之間，就是管理階層之間亦然。

三、背離組織認識不清

病態行爲的組織，其員工對於組織問題的認識都顯得模糊；但對與自己有切身關係的問題，則認識得極爲清楚。亦即有關組織效率的問題，大家都興趣缺缺，避而不談；至於滿足工作者需求的問題，通常是興致勃勃，極爲熱衷。員工們亦會自以爲是，通常都不願意與其上級人員溝通，認爲如此做是失敗而缺乏實效的。從整體組織來看，員工都是莫衷一是，意見紛歧的。由於成員經常組成許多紛歧的小群體，於是乎相互傾軋，爭功諉過。病態組織的成員常故意與組織唱反調，他們並非完全不瞭解組織的問題，只是不願意面對這些問題，此乃因他們憎恨組織或其管理之故。

四、組織員工故意不合作

病態組織的主要特性之一，乃是群體份子故意藉機挑釁。他們明知做事的方法，卻故意違犯，其目的乃在困擾管理者，此種特徵與精神病患幾乎沒有兩樣，精神病患的行動時常和其想法不一致。同樣地，組織患上精神官能症時，此種故意唱反調的現象是常見的。組織內的成員完全在逃避現實，推諉塞責。對於主管所交待的事項，故意顯示出爲難的樣子，甚至於乾脆將一切責任往上級推，以造成對上級的困擾，用以考驗其上司的能耐，以爲日後留下討價還價的餘地，並作爲操縱上級主管決策的資本。

五、工作內外行為不一

組織病態行爲的症狀之一，乃爲組織成員在工作內外所表現的行爲並不一致。通常在上班時間內，組織成員都表現得相當沮喪，態度是消極的，情緒是不佳的，而且行事不太正常，內心會覺得很痛苦；但在工作餘暇或組織外，成員都過得很愉快，充滿著朝氣與歡樂，私下相處也很好，同時精神也很飽滿，處事態度很積極。換言之，組織成員在工作環境中沒有安全感，常逃避工作；但在工作時間以外，工作效率很高，可能從事自己成就慾的表現。亦即員工在工作時，就呈現不舒服的狀態；而一旦在組織的工作餘暇，則又精神奕奕。在工作中是一付為難推諉的模樣，在工作外則表現積極負責的態度。

六、成員缺乏安全意識

病態組織的另一症狀，乃為組織成員類多缺乏安全感。他們覺得沒有工作保障，隨時都準備離去。造成此種狀況的原因，乃為組織的不夠健全，人事制度都未上軌道，主管不重視部屬福利，並恣意任使，乃形成員工心理上的極大威脅。組織一旦使成員缺乏安全的感覺，很難使工作質量達到相當標準，必致效率不彰，工作狀況不如理想。根據人類需求的層次言，安全感乃為人類最基本的需求之一，安全需求不僅限於身體的保障，甚且包括心理上的安定感。無論是生理的安全或心理的安全，一旦失去任何憑藉，都將造成對組織的不利影響，產生病態行為。

七、員工之間相互疏離

病態組織的員工對組織必有疏離感，組織很難使他們與組織目標認同，組織成員大致上只追求個人目標，很難眞正地為組織目標而努力。更甚者，員工之間亦可能產生相互的疏離與冷漠。蓋他們長久地處於漠不關心的環境中，相互感染與學習，致使人與人之間無法眞誠相處，甚至各謀私利，難以形成共同的歸屬感和休戚與共的心理。此種組織員工相互疏離的結果，對組織和個人都是有百害而無一利的，其於生產目標或個人慾望的達成都有阻礙，可能引起相互的磨擦，妨害組織的團隊精神。

八、員工採取破壞行動

病態組織最嚴重的表徵之一，乃是成員對組織採取破壞行動。最明顯的方式乃是直接損壞組織的設施，一般都是乘無人注意的時候，破壞與自己工作業務無關的設備。最消極的方式乃是對已被破壞的器材採取漠不關心的態度，好像他不屬於這個組織一份子一樣，甚而見到此種不堪目睹

的慘狀而內心感到無比的舒暢。另一種方式的表現乃為對管理者的報復，即管理者交待一句才進行一步，使管理者誤認該員工很差勁，不再找他辦事。此種員工的動機，乃企圖破壞已建立起來的工作規則與法令，以困擾管理者。事實上，上司不可能告訴部屬所要做的每一件事，且上司也會給予部屬錯誤的命令。因此，解除員工破壞與報復的最好方法，乃是主管人員不宜太過專斷，剛愎自用，予員工以可乘之機。

病態組織的診療

任何組織是否正常，必須經過診斷的過程，一旦發現具有病態的癥象，必須找出其原因，然後對症下藥，以求維持組織的正常發展。當然，任何組織是無法完全處於正常狀態下的，但吾人應儘量維持其較正常的運轉，期能有正常的產出。組織若是已到了病入膏肓的地步，最好的方法乃是實施徹底的改組，甚或不惜撤銷。簡言之，診斷組織病態行為的過程，有如下三大步驟：

一、找出病因

任何組織正如個人一樣，都不免有一些病態，此種病態行為都有其原因，欲治療組織病態，惟有從探求原因著手。一般診斷組織病因的工作，須成立一個特殊委員會，或聘請組織改革者或顧問，從事於病態行為的診斷。組織的診斷工作由具有超然立場的專家為之，較能得到客觀而正確的論斷，因他們未具有對組織或人事的主觀色彩，不含有情緒的作用，故能尋得真正的病因。

一般病態組織的探尋者或專家，吾人可稱之為變革代理人（change agent）。這些人都是對組織現象具有深入而獨到的研究者，他們探求組織的病因，可從學理上下手；並從廣而深的組織狀況，找尋各種可能影響組織產生病態行為的因素，作成一個總結，以提出 些解決問題的方案。他

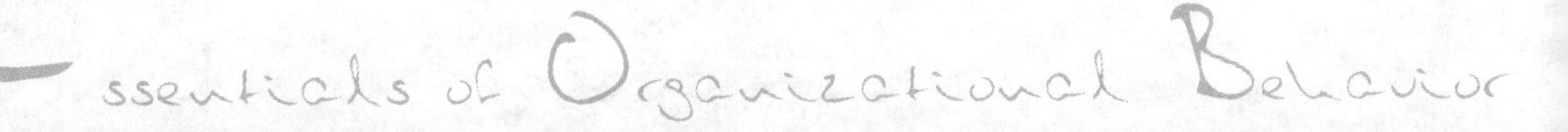

們的診斷過程恰如生理醫生之診斷病人，找出病因，以便能開出藥方。至於組織的治療工作，應屬於組織管理者或其上級組織的權責範圍。

二、對症下藥

組織管理者或其上級組織的主管乃是組織的帶動者，他們負有領導或帶動組織走向正常作業的責任。組織一旦有陸陸續續的病態產生，管理者除了要聘請一些專家診斷外，最重要的乃是必須針對專家所開出的藥方下藥，徹底實施改革；否則，光是診出病因，而忌疾諱醫，仍無補於事，其正如病人是否想醫治自己的病症，完全決定於自己的意志一樣。因此，管理者的對症下藥，徹底執行改革計畫，才是醫治組織病態行為的最主要步驟。

組織管理者應如何去徹底改變組織的病態行為呢？正如前面所說，組織內病態行為的產生，大部分是來自管理者本身。管理者除了要修身養性，培養高超的品格外，常能體會下屬的心情，隨時關懷部屬，本著恩威並濟的原則，做到嚴而不苛的地步，則組織的許多病象應可不藥而癒。誠然，組織隨時受到內外環境的影響，其病態行為的產生自不例外，欲治療組織的病態行為宜自全面進行，惟管理者的一舉一動實為影響組織的最主要根源。

三、徹底改組

組織若經過診斷、治療的過程，而仍無起死回生的現象，則宜考慮徹底改組。此在企業上所表現的狀況，即為公司的倒閉、轉手他人、從事人事的徹底調整。政府機構方面乃為主管的撤換、人事的徹底更新。這等於人體的部分疾病無法以藥物治療時，需以開刀行之，甚或讓病人死去，轉而從事於新生命的培育一樣，為不得已的手法。組織一旦走到這種地步，自是相當不幸的。需知組織之所以存在於社會之中，實乃負有其重要功能，它是為了達成人們某些目的而組成，所以組織之改組為最後的手段了。

誠然，組織的改組需避免重蹈覆轍。一個完善的組織應儘量考慮各種人事的均衡。無論人力資源或物質資源都要儘量公平合理，樹立堅強而有效的民主領導，加強整體組織的內部溝通體系，確定完整的共同目標，才能產生同舟共濟的心理與態度，庶能與另外的組織相互競爭，並存於社會環境之中，其內部人員不致有病態行爲之衍生，維持組織的正常運作，爲共同的需要與目的而努力。

總之：組織既不免產生病態行為，管理者應找出病因，予以診治。雖然，吾人無法肯定地使組織歸於完全正常狀態，但至少可維持較正常的運轉。蓋組織的病態行為是可以治療的，只是其診療費用可能相當可觀，尤其是那些已僵化了的龐大組織，欲找出其病根，以便能對症下藥，恢復其原有的活力，更是所費不貲。倘若病態組織無法根治，則只有考慮加以改組或重組；正如病人之病入膏肓，就只得開刀或宣布死亡。

個案研究

保守的管理作風

龍雄公司創立至今，已歷經三十五年之久。最近在營運上已遭遇到瓶頸，尤其是台灣經濟正處於衰退當中，其中衝擊不可謂不大，已到了瀕臨關廠的地步。

事實上，該公司之所以陷於今日的境地，是有跡可循的。固然，目前各種產業的不景氣，係受到全球經濟衰退的影響；但公司管理階層的經營方針與管理問題，卻是最大的原因。

就經營方針來說，該公司主事者的思想甚爲保守，在經營上往往落後同業甚多。當同業已在開發新產品，戮力新產品的生產時，該公司仍死守著舊規，很少警覺到問題的嚴重性，甚而不思改善，忽略產品的研發工作，以致營運日趨落後。然而，商場上的競爭必須講求「搶得機先」，這是該公司最爲欠缺的。

再就管理作風來說，該公司主事者並不具人性化管理理念，其對員工的要求可說已到「苛刻」的地步。他常掛在口頭上的一句話，就是「如果你不滿意可以走！」尤其是對男性員工更是如此。在此種不景氣下，員工固然常委曲求全，但心理上總是不舒服，甚至顯現出病態行爲，以致公司內部的問題層出不窮。

總之，該公司目前所面臨的困境，可說是其來有自。

討論問題

1.你認爲該公司目前會面臨關廠的最主要原因何在？

2.你認爲世界經濟不景氣一定會影響公司的營運嗎？其與主事者的人格、管理作風有關嗎？

3.你認爲該公司可能衍生哪些病態行爲？

第5篇

結論

組織行為的研究，到目前為止，已初具雛型。然而要達到完整的境界，猶有一段距離。蓋人類行為本身已相當複雜，而組織行為尤然。此則有待組織行為學家的繼續努力。雖然如此，一門學科要想達到完整的境地，絕非易事；它必須經過相當艱苦歲月，透過許多專家學者不斷地鑽研，繼續地發展，才會有相當的成果可言。今日組織行為的研究，可說已有自身的範疇，然距離理想目標，仍算遙遠。惟這正可提供後學者繼續從事研究發展的活動空間。

組織的現在與未來

第22章

本章重點

當前的企業環境

現代社會的特質

組織內部的整合

組織行為的展望

個案研究：廠址抉擇的困擾

組織由過去極簡單的形式，演進為今日相當複雜的型態，乃是經過許多不斷的演化而來。其中，許多管理學家與心理學家提供他們智慧的結晶，對組織行為的貢獻尤多。今日組織行為研究，無非是要更進一步地幫助企業家或管理人員瞭解員工的行為，探討員工行為形成的原因與過程，從而採取適當的管理措施。為了徹底地瞭解組織內的人類行為，吾人不能忽視當前企業所面臨的環境，以及現代社會的特徵，從而尋求組織內部的整合。同時，吾人尚需注意組織的後續發展，以展望組織行為的未來方向，提供有志繼續研究者的參考。本章將以這些主題，作為本書的結束。

當前的企業環境

今日組織隨著經濟的發展，教育程度的提高，員工意識逐漸抬頭，管理者將面臨著環境的挑戰。今日企業所面臨的挑戰不外乎兩方面：一為社會對企業的新期望，一為企業本身問題的複雜性。前者屬於企業的外在環境，包括：社會運動的興起，經濟景氣的變動，科學技術的發展，政治措施的壓力；後者則為企業的內在環境，包括：員工意識的覺醒，各項資源的分配，人力才幹的發掘等，本節將逐次研討之。

一、社會運動的興起

今日企業組織所面臨的衝擊，首推為社會運動的風起雲湧。其中以消費者運動、勞工運動、社會公害防制等問題，最為人們所重視。消費者運動是一項社會經濟性的問題，目的在提昇消費者對企業經營者所主張的一切權益。因此，企業組織必須提高產品品質，於追求利潤之餘，負起企業的社會責任。今日企業應有以下的體認與做法：第一、必須建立起企業道德。第二、企業的各項利益不能犧牲他人權益或忽視正義原則。第三、建立起必要的信譽，以取得社會大眾的信任。

至於勞工運動，乃是一種普遍的社會運動。今日勞工由於教育水準的提高，以及自由主義與人道主義的盛行，已不再是一種弱勢團體，甚而形成大串連，產生對企業的強大壓力，此種勞工運動往往會造成一股社會的劇烈變化，企業經營者不可等閒視之。蓋今日社會大部分人口都屬於勞工階級，其所形成的社會壓力不可謂不大。

在社會公害方面，企業也有責任加以防制。一般公害有：空氣污染、用水污染、團體垃圾污染、放射性污染、噪音污染、土壤流失以及自然景觀的破壞等等。有關噪音、環境污染、生態環境破壞事件，不僅危害到社會大眾生命財產安全，且常使企業要爲此付出極高的代價。因此，企業家應本著容辱與共，休戚相關的共識，作必要的防制公害投資，以消除社會大眾的疑慮，否則將會爲企業帶來危機。

二、經濟景氣的變動

經濟的不景氣，對企業會構成一股強大的壓力。當企業在經濟不景氣時，資金來源的籌措困難，資金流通萎縮，將造成財務上的危機。因此，經濟不景氣乃爲企業所面臨的困境。惟企業若遭逢不景氣，正可著手整頓公司內部，如強化企業經營體質，著手整頓公司人事制度，調整組織結構，改變企業經營理念等，都有助於組織的重組，以求安然地渡過危機。

根據學者的研究，世界經濟景氣循環大致爲七年至十年間。一個善盡責任的企業經營者，會從事企業的正當經營，如此將可吸引投資與資金的投入，而不致因經濟不景氣，而有太大的經營困難。因此，因應經濟不景氣的良方，乃爲從事正規經營。

固然，經濟景氣與否本就影響企業經營，惟企業從事正派經營，至少一方面可提昇對外的競爭能力，另一方面也可吸引員工的向心力，使員工感受到安全感，從而願意爲組織效力。因此，企業因應經濟景氣的變化，最適宜的方法乃爲從事正規經營，健全內部體制，注意員工需求，重視各項內外在環境的變化與配合等問題。

三、科學技術的發展

科技發展帶給今日世界很大的震憾力，包括：自動化技術、通訊技術、機械的進步、運輸的進步等。本文僅討論通訊技術與自動化技術。此乃因前者涉及訊息傳達，影響人際溝通的問題；後者帶來技術革新，從而影響組織結構，以及人事調配等問題。

由於近來通訊技術的突飛猛進，傳播訊息極爲快速，使今日世界已成爲知識爆炸的時代。世界各地的人們，不論距離的遠近，均可保持面對面的溝通；且由於資訊的發展，使人們可以無限制地運用電腦資源，及擁有自己私用的電傳通訊設施。這些新的通訊技術，有的可作爲人對人的資訊傳送，以語言或視像電話（video-telephone）爲媒介；有的則可以作爲電腦和電腦相互間資料的傳送。因此，通訊技術的進步，將使企業在資訊傳送上、資料儲存上、和電腦運用上獲得空前的助力，且帶來更舒適的生活。

此外，自動控制科技（cybernated technology）的發展，使得人類能匀出時間從事別的任務；然而也可能造成人的緊張或改變人類群體的原有社會關係。因此，科技革新必須考慮對人們的衝擊，否則組織的效率必受影響。

四、政府措施的壓力

任何企業都是存在於某個政治實體之下，因此任何政治上的措施都對企業組織造成影響。本書曾討論組織文化，它固係由組織內部管理人員與全體員工的交互行爲所形成；然而外在環境的壓力常塑造組織規範於一定的型式，其中尤以政府措施的影響爲最大。

一般而言，政府所施行的政策常左右企業的經營。例如，設廠地點的規劃、政府的租稅措施、獎勵投資條例的實施、政府提供公共設施的便利性等，都影響企業投資的意願。另外，在企業組織成立後，政府的政策，如勞工政策、稅制的方針…等，更可能影響企業經營者與員工的性格，終而塑造某些組織文化的特質。

最近，有關企業擬在大陸設廠所遭受到政府的壓力，即是一個淺顯的例子。因此，企業經營者不能不考慮政府的政策與措施。蓋企業經營乃是與政治實體息息相關的。顯然地，政府措施是企業所面臨的問題之一。

五、員工意識的覺醒

組織內部員工意識的覺醒，也是當前企業所必須因應的問題之一。一般而言，企業經營的條件固有賴於企業家的雄厚資金與完善的管理制度，惟勞工階層的勞動力乃為構成生產的要素之一。過去企業經營所賺取的利潤，大多歸於私人所有；今日員工已普遍存在一種觀念，即希望能共享利潤。因此，今日企業經營已面臨員工意識覺醒的挑戰，企業經營者不可等閒視之。

今日員工所訴求的目標很多，諸如：合理的工資、適當的工作時間、安全的工作環境、職業安全的保障，以及享受勞工福利的措施等。因此，企業經營所面臨員工意識的壓力，也愈來愈強大。今日企業的成長與否或成敗與否，完全有賴於企業主是否能將私人利益與社會大眾公益相結合，以產生共存共榮、休戚與共的關係；而員工的利益正是其中之一。是故，維護勞工權益，使其與企業主的權益尋找出一個平衡點，乃是當前企業所要努力的方向。

六、各項資源的分配

組織內部物質資源是否分配得當，也是當前企業經營所面臨的問題之一。今日由於經濟蓬勃發展，科技突飛猛進，企業組織隨時要增添設備，以求趕上生產進度，故而增添設備與增加人手乃成為必須的措施。然而，由於各項資源分配的不公，常形成組織內部衝突的根源。因此，適當而合理的分配各項資源，乃是企業組織經營所面臨的一大課題。

通常，每個組織都依賴著各項資源，包括：金錢、人力及設備等，而維持其持續不斷的運作。然而各項資源都是有限的，各個群體或部門為

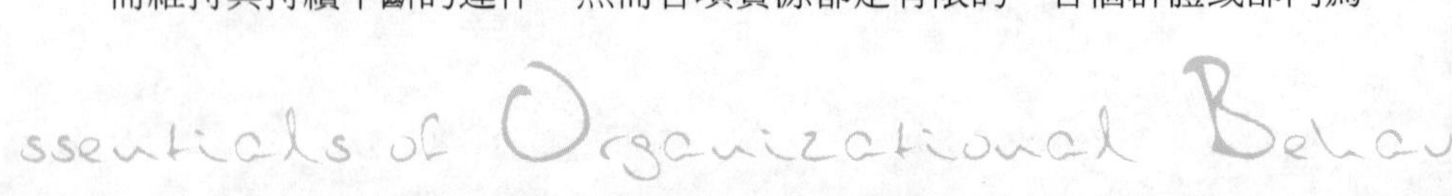

爭奪這些資源，不免相互競爭或相互衝突。在此種情況下，企業經營者有必要出而協調，重新作資源的分配·儘量使其做到公平合理的地步。

當然，最適當的各項資源分配，乃爲在事前對各項資源作周詳的規劃，即將企業的產能、現金、設備、存貨、人力等要素作完整的規劃。如此不但可避免組織內部衝突的發生，且可使組織在正常情況下運作。因此，組織各項資源的合理分配，乃爲今日企業經營所應當注意的問題之一。

七、人力才幹的發掘

企業組織內部最重要的寶貴資源，乃是人力幹才。人是事的主宰，是一個企業中最重要的資產，更是企業發展的動力。事業的成敗，每繫於人的因素。因此，企業經營必須重視人力，尤其是要開發人力資源，從中找尋幹練的人才。一個成功的企業無不重視人才；相反地，企業經營之所以失敗，乃是因爲忽視人才之故。

現代組織最感頭痛的問題，乃是人力資源的發掘，人才的培養、甄選、運用、考核與調配等事項。蓋人是組織的核心，人才的良窳往往左右組織的存亡成敗。因此，如何培養人才，以維護組織的功能，乃成爲今日組織管理的重要任務。蓋人力資源的發掘與運用，可發揮人在工作中的潛能，致力於個人對工作環境的適應能力，從而對組織作最大的貢獻。

今日組織行爲學家之所以從事組織行爲研究，乃在探討組織內部的人力資源，協助企業經營者瞭解員工的心理狀態，從而塑造良好的工作行爲，以協助組織的發展。因此，企業經營者應當重視人力的發展，與幹才的發掘工作，如此才能維持組織的成長與發展。

總之：今日企業所面臨的環境是多方面的，企業經營者必須面對它，尋求最佳的因應措施，以開創企業經營的新境界。當然，有些企業環境並非企業經營者所能完全掌握；然而瞭解它，進而運用它，將被動化為主動，由消極轉而積極，將可化阻力為助力。這是今日企業經營所應持有的態度與觀念。

現代社會的特質

宇宙現象無時無刻不在變遷中，人類社會也不例外。今日社會由於經濟的發展，教育的普及，已使社會發生極大的變遷。現代化就是社會變遷的產物。所謂現代化，就是一種社會變遷的過程，即指社會關係總體系在最近一段時間裡的變化過程。其變化包括：個人行爲、人際關係、群體關係、組織結構、社會制度以及文化環境等。由於這些內涵的綜合改變，即構成整個社會系統的改變。凡此種種變遷都會影響到組織行爲。因此，吾人即就社會變遷與組織行爲的關係，研討現代化的特徵如下：

一、多元化

現代化的第一個特徵乃是多元化。多元化不僅表現在政治、經濟、文化、組織等方面，而且顯現在態度、價值、意識型態……等方面。由於這些事物的多元化是相激相盪的，以致現代社會趨向於多元化社會。現代社會多元化的觀念應用甚廣，如政治多元化、文化多元化、工業多元化……，可說錯綜複雜，不一而足。在組織行爲上，也強調個體行爲的多元化、群體行爲多元化、社會制度多元化等。

二、工業化

現代社會的另一項特徵，乃是極度的工業化。傳統社會以農業爲主，演變到今日已是以工業爲主。在今日市場上，工業產品充斥，所見的是琳琅滿目的工業品，此種工業品很能滿足人類各方面的需求，以致有些學者稱現在爲後工業時期的社會。由於工業化的結果，帶來了經濟的發展，都市的繁榮，交通的便利，如此相因相成，再強化了工業化的發展。

三、專業化

現代社會由於工業化的結果與科技的衝擊，產生許多專業，而有所謂技術專業化、分工專業化……等名詞。凡從事專業工作的人稱爲專技人員或專家。專業化的產生，主要乃爲發揮高度效率，將工作按個人專長而細分，以求能以最少的投入，得到最大的產出；以最少的投資，產生最大的報酬。專業化始於分工，今日分工愈來愈精細，以致有了「隔行如隔山」之嘆。然而，現代社會有了分工專業化之後，更需要尋求互助合作，才能相輔相成，共存共榮，此正是現代化社會的一大特徵。

四、自動化

現代社會的一大趨勢，乃是自動化。過去企業，是以勞力密集爲主，聘僱不少廉價勞工從事體力工作；而今日已轉而爲資本密集、技術密集的時代，生產已大量採用自動化設備，以求提高生產力，有效地降低生產成本。此種自動化，並不僅限於作業程序自動化，而且包括辦公室自動化（office automation）。自動化的結果，使得社會發生極大的變遷，尤其是工作階級上，白領人員不斷地逐漸增加，而藍領人員則相對地減少。

五、合理化

合理化是自動化的基礎，也是現代化工業的一項必然趨勢。合理化的範圍非常廣泛，其意義卻甚爲明確。如企業合理化，是指希望企業能夠改善財務結構、經營體質，以追求合理利潤；從而再追求生產合理化，以配合市場的需要。組織合理化，乃在告訴企業經營者追求合理利潤，而能將多餘利益回饋給員工或社會大眾，這就是組織行爲研究的目標之一。因此，合理化實爲現代社會所應追求的目標。

六、科學化

科學技術的不斷發展與創新，也是現代化社會的一大特徵。由於科技的發展，使得人類步向太空，同時推展了遺傳工程、生態工程的研究，幾乎改變人類傳統的命運。同時，科技的發展，也促進工業技術的提昇，卒能生產更爲精良的產品，以滿足人類的需要。如藥品的生產，提高了人類的壽命；科技的發達，使人們有更多的餘暇作更好的休閒活動，也促進產品的大量消費。因此，科學化的影響，實已帶來各方面的變遷，組織行爲不能忽略科學化所帶來的便利。

七、都市化

現代社會的另一項特徵，乃爲人口不斷地湧向都市，形成許多市集與社區。都市形成的結果，是人口擁擠、交通混亂、生活緊張、競爭激烈。此乃肇始於社會流動，社會流動大致有兩個方向，一爲平行流動，一爲上下流動。平行流動是指由鄉村移向都市，或都市移向鄉村。上下流動則爲上階層移向下階層，或由下階層移向上階層。由於現代社會經濟的發展、交通便捷、教育程度的提高，大部分人口都是由鄉村向都市集中，或由下階層移向上階層，以致形成許多大都市，此乃爲都市化的原因。在組織行爲上，吾人必須注意此種人口移動的現象，對組織的衝擊，以及人類行爲的影響，才能作適當的因應。

八、複雜化

現代社會不僅是多元化的，而且也是複雜的。現代社會的複雜化，不僅指生產活動的複雜化，更顯示員工行爲的複雜化；也不僅是社會行爲的複雜化，更是各種組織的複雜化。舉凡任何個人、群體、組織、社會、文化，無一不日愈複雜。因此，複雜化已是現代化社會的特性之一，更是目前組織行爲所應注意的主題之一。

總之：現代化具有許多特色。組織行為必須注意多元化、複雜化，此乃因現代化社會是動態的，人性是多變的，其行為也是多變的。此外，工業化帶來工業產品的多樣化，隨之而來的乃為專業化、合理化、自動化，都要滿足人性的要求與需要。至於科學化無非在促使產品更為精良。都市化則為人口的遷移，社會的平行流動，造成人口的集中。吾人必須注意現代化所帶來的一些特性與現象，才能做好因應措施，擬訂良好的組織策略，以達成組織管理的目標。

組織內部的整合

現代組織面臨著外在環境的壓力，與社會環境的變遷，此種壓力和變遷對組織內部發生重大的影響。亦即組織外在壓力和變遷，造成組織內部的變遷。如科學技術的發展，使得人類發明新機器；而組織若引進該項機器或技術，必然發生結構上的變革，與人事上的重新調整。如此將產生變革的抗拒問題。準此，組織必須對內部結構與人事作整合。

一般而言，組織內部的整合，可就三方面討論之：即組織結構的整合，人際關係的整合，以及個人需求與組織目標的整合。

一、組織結構的整合

當組織外在環境發生變遷，組織結構隨之發生變化。有些社會文化概念，將使組織結構隨之調整。另外，新機器的發明，將使組織結構發生革命性的變革。此時，組織只有作適應性變革，才能適存於社會。因此，組織管理者必須重視組織結構的整合問題，至少亦應注意結構重新組合所可能引起的困擾。

爲了解決組織結構重整所引發的問題，組織可選派舊有員工參加新技術的訓練，使其不致因舊技術而遭淘汰。同時，舊員工學習新技術將有助於組織內部的和諧。蓋員工的技術訓練，不但可維護其本身權益，並可體認變革乃是一種必然結果，而作適應變革的心理準備。在員工參與技術訓練後，並配以適當的獎勵，再將組織結構調整，將有助於整合的成功。

組織結構的整合，應包括工作程序、方法與設備等。這些都是組織工作與人員行事的依據，它是組織運作的基本骨架。此種結構體系規定或限制了組織內的個人行爲與人際關係的發展。總之：今日組織結構是具有相當的動態性。組織結構必須具有適應性與自我調整性，需依工作性質、員工需求、技術水準與周圍環境作整合。惟有如此，才能適應環境的變化，適存於社會。

二、人際關係的整合

誠如前面所言，人是組織中最寶貴的資產，它可能決定企業經營的成敗。因此，組織內部人際關係的整合，乃爲組織管理上的當務之急。通常，在組織內部由於個人所受遺傳、環境、學習與成熟因素的不同影響，以致在價值觀、態度、人格、動機、知覺、經驗等，都顯現相當程度的差異。因此，個人在組織內部難免表現不同的行爲。即使在相同部門、相同職位上，仍然如此。惟站在組織的立場，則希望所有員工都能同心協力地爲組織目標而共同努力。

然而，個人一旦進入組織，就變成爬金字塔結構的人。蓋組織高層人員不但擁有無上權力，而且報酬、身分與地位都很尊貴；下層人員沒有一個不想成龍成鳳、平步青雲的。加以新技術與設備的引進，組織內個人之間即造成競爭，甚或相互衝突，可能對組織生產力形成負面影響。此種情況是組織必然的現象，惟管理者必須隨時注意其可能的演變。

爲了達到人際整合的目標或理想，組織可實施人際關係訓練，平日多實施民主式參與，養成公平競爭的態度。此外，組織管理上應隨時培養適應變革的氣氛，融合組織的親和力。凡是變革計畫最好以民主參與的方式，由群體提出，避免由少數人擬訂或將榮譽歸於少數人；且注意全體員

工的利益，並維護其權益的均衡，則一切變革計畫必能取得全體的支持與合作。

三、個人需求與組織目標的整合

在組織中，除了個人之間會有差異之外，員工個人需求與整體組織目標有時也會出現差異。亦即個人需求與組織目標無法融合，如此將有害於整體目標的進展。此種目標的融合，實有待管理者作更進一步的努力。通常，組織目標若無法滿足個人的需求，組織成員會發展出許多非正式的心理群體，而採取和組織抗衡的態度。準此，個人需求與組織目標的整合工作，也是組織管理者的當務之急。

惟一般企業經營者或組織管理者只強調組織的正式目標，往往忽略了組織成員的個別需求，甚而認爲個人需求的追求，是抵觸組織目標的，而將個人需求與組織目標強加分離。然而，就事實而論，個人目標與組織目標是一體的，具有共存共榮、休戚與共的關係。蓋個人需求以組織目標爲依歸，而組織目標有賴個人需求的滿足才容易達成。

基於上述觀念，組織管理者必須正視個人需求與組織目標融合的問題。管理者在組織中，不僅要重視組織的正式體制，尤宜注意非正式的體恤。惟有如此，才能使個人需求與組織目標達到整合的地步。

總之：組織內部的整合工作，是組織行為研究的目標與方向。組織行為研究，不僅在介紹外在環境的新觀念與新知識，而將之引進組織；更在協助組織發現其內部所存在的問題，從而幫助組織作內部整合，以便完滿地達成其目標。

組織行爲的展望

誠如本書所言，組織是由許多個別單元所構成，它至少包括：個

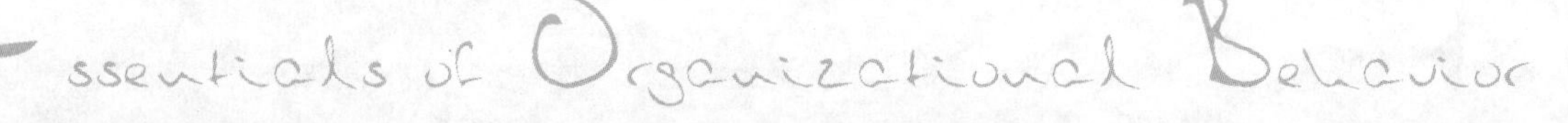

體、群體與組織本身。因此，組織行爲可概分爲個體行爲、群體行爲與組織行爲等部分。惟不管個體行爲、群體行爲或組織行爲，在基本上是無法分割的。它們都是唇齒相依，相互影響的。易言之，組織行爲可視之爲一個完整的系統，甚至於與整個社會系統都是相互關聯的。依此，組織行爲的未來發展，必須注意其整體系統，其所包含的特性，如整體性、全面性、開放性、客觀性、創新性、經濟性、複雜性、動態性等。

一、整體性

組織行爲的未來發展，必須注意其整體性。所謂整體性，是指科學研究要注意各個系統的整合。組織行爲研究要運用心理學、社會學、文化人類學、社會心理學以及管理學的部分原理原則，作科技整合的研究。組織行爲的研究內容，必須重視個體行爲、群體行爲、組織行爲、社會行爲與文化行爲的各項要素，然後加以整合，以期獲得完整的知識。凡此都是組織行爲未來尚待加強的。

二、全面性

組織行爲絕非片面的知識，而是全面性知識的追求，這也是其未來尚待發展的趨勢。所謂全面性，就是吾人在研究組織行爲的任何問題，必須從影響該特定問題的全面性觀點來觀察，才能獲致正確的成果與結論。吾人探討組織行爲知識，若只從某個角度來看問題，則必發生「知偏不知全，見樹不見林」的弊病。因此，由全面性觀點來探討組織行爲，也是未來必須重視的方向。

三、開放性

一般而言，社會系統就是一種開放性的系統。組織行爲的研究，也是屬於開放性系統的研究。所謂開放性系統，是指組織行爲研究必須與外界發行交互作用的關係。吾人不能關起門來探討組織行爲的問題，而必須

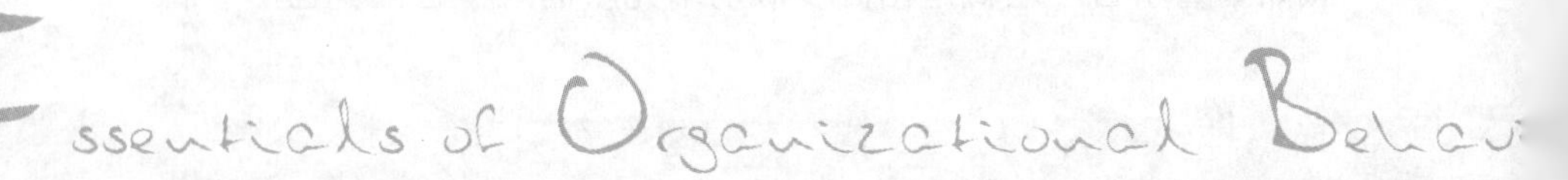

活絡其他科學與組織行爲的相互爲用，相輔相成。蓋組織行爲本是發生於社會環境之中，而與整個宇宙的自然現象、心理現象等產生相互的影響。準此，組織行爲未來的發展方向，仍然必須借助其他學科與現象，以協助其獲致完整的研究結果。

四、客觀性

雖然組織行爲的研究，有其自身的領域與範圍，惟不能流於主觀。吾人必須運用正確而客觀的科學方法，對組織行爲現象加以瞭解、解釋與預測，並進而加以分析、比較，以求得正確的原理原則，提供日後進一步研究的基礎。通常客觀知識的建立，必須交互運用歸納法與演繹法，才能獲致一定的準則。

五、創新性

科學知識是不斷地求進步與發展的，雖有不斷地創新，才能使科學研究精益求精，有助於人類行爲眞象的探討，從而幫助人類瞭解自己，滿足自己的需求。組織行爲研究，必須具有創新性，才能使其內容更爲充實而精進。創新是研究發展的原動力，惟有不斷地創新，不斷地研究發展，人類社會才能更進步。是故，創新性的要求，乃是組織行爲研究的未來趨勢之一。

六、經濟性

如果科學研究所花費的成本，遠大於所獲得的代價，顯然是不經濟的。依此，組織行爲研究，必須要求其合乎經濟性的原則。所謂經濟性，是指組織行爲研究必須使其投入爲最小，而產生爲最大。吾人研究組織行爲，無非要求能達到經濟的效果，使得組織效能達到最高。準此，經濟性乃爲今後組織行爲研究的目標之一。

七、複雜性

人類行爲是多變的，而組織既由許多個體或群體所構成，則組織行爲必是複雜的。蓋組織不僅由個人、群體、組織三個層面所構成，且各個層面都有它基本的特性；此種特性即交相錯雜，卒而形成複雜性。因此，組織行爲的複雜性，是未來必須加以注意的趨勢。只有注意組織行爲研究的複雜性，才能得到完整的行爲知識，從而對組織研究有所助益。

八、動態性

人類行爲不僅是複雜的，而且是動態的。所謂動態性，是指行爲的變化，並沒有一定的規則可循；除非吾人能兼顧到各種因素，並作確切的瞭解與分析，才能做到正確的結果。是故，組織行爲充滿著動態性，此種動態性引領著吾人作更審慎的研究，避免運用片斷的知識去解釋完整的行爲現象。這是未來組織行爲研究所應把握的方向。

基於上述特性，組織行爲研究的未來走向，應包括：組織理論的系統化、組織結構的彈性化、組織管理的專業化、組織發展的人性化、初級群體的動態化、組織領導的民主化。

一、組織理論的系統化

所謂系統化，是指把組織行爲研究看作是一個系統，由許多分支系統的知識與原則所構成。同時，注意組織行爲的內在環境與外在環境。組織行爲研究必須運用心理學、社會學、文化人類學、社會心理學以及管理學等的原理、原則，發展出一套固定的範疇；並且引用相關的知識，作系統的整理，以求修正過去不恰當的理論。至少組織行爲理論的建立，應是權變的（contingency）、整合的（integrative），以求能適應內、外在環境的變化。總之，組織行爲理論的系統化，乃是未來研究組織行爲必須努力的方向。

二、組織結構的彈性化

由於未來的環境是多變的，且是複雜的。因此，組織結構必須具備相當的彈性，不能固定於已有習慣，而喪失先機。組織必須改變過去官衙式的結構型態，成立一些專案組織，考慮到自由形式或權變設計的結構。組織結構必須考慮當地地理與人文因素，融合當地文化，衡量當地情勢，作最適當的因應。惟有組織節構具有彈性，才能使管理工作順利推展，這是組織行爲研究未來的方向之一。

三、組織管理的專業化

未來組織行爲的趨勢之一，乃爲組織管理工作的專業化。所謂專業即爲一項職業，是以某一門學問或科學理論的瞭解，來從事某項工作之謂。一般而言，專業的必要條件，是知識合格的執業、對社會的責任、自我的控制，以及社會的認可。這些條件都必須經過相當的訓練。組織管理人員惟有經過相當的訓練，才能做好管理的工作，達成組織管理目標。當然，要使組織管理眞正地發展爲一項專業，還有一段漫長的道路；然而，這正顯示出未來組織管理專業化的必要性。

四、組織發展的人性化

未來組織行爲的趨勢之一，必須更爲強化人性因素。誠如本書第二章到第七章所言，個人的動機、知覺、經驗、人格和態度等，都會影響組織內的個人行爲。因此，如何引發個人動機，產生良好知覺、性格與態度，並善用個人的工作知識與經驗，乃是組織管理人員最重要的課題之一。組織管理人員必須進一步研究人性，以求瞭解人性，從而促進組織發展的人性化，以激發員工工作動機，促進其工作意願。

五、初級群體的動態化

群體常是影響組織行爲的主體，尤其是各個人所處的初級群體更具有決定性的影響。準此，研究初級群體有助於工作的順利推展。然而群體關係是多變的、動態的，絕不是單一的、靜止的。組織行爲的研究者，必須進一步去探討群體的動態因素，從而瞭解它對組織行爲的影響。本書所討論的群體基礎、群體動態、群體溝通、群體決策、群體衝突，無一不涉及群體的動態關係。至於組織管理者應如何善用這些群體動態關係，乃爲今後組織行爲研究必須再作進一步探討的。

六、組織領導的民主化

組織領導的民主化，乃是現代組織發展的趨勢，也是未來組織行爲研究所應強調的方向。蓋領導的良窳往往關係到組織的成敗。有關組織的建構，工作設計的完善與否，績效評估的公平性，良好組織文化與組織氣氛的培養，組織的未來發展，以及組織病態行爲的消除，都取決於組織領導與組織權力的是否適當運用。是故，近來組織發展的趨勢之一，乃特別強調組織領導的民主化。此種領導的民主化，是未來組織行爲研究所必須進一步探討的課題。

總之：組織行為未來的展望，乃為在研究途徑上更能強調科際整合，在研究內容方面能重視全面性觀點，研究態度能更為開放，研究方法更為客觀，研究精神要具有創新性，研究技術上要注意其複雜性，研究範圍要兼顧動態性。其未來目標，是希望能為企業家求取最大利潤，使員工得到最大的工作滿足感。同時，由於組織行為的研究，而能促進社會的和諧，為人類謀求最大的幸福。

個案研究

廠址抉擇的困擾

王佑民、陳文達、丁武楷是一群充滿理想的年輕人，三人共同集資，準備籌組一家小型工廠。他們透過親友的幫忙，蒐集所需的資料情報，解決了各項問題。不過，對於廠址的選擇始終無法作一定論。有一天，他們再度聚集會商，以下是他們的討論：

王：在廠房方面，我在燕巢附近找到一塊地，大小很符合我們的需要，而且租金便宜，可供參考。

陳：那裡太偏僻了，找人工可能不易，更何況我們要考慮運費的問題。我在工業區找到一間不錯的廠房，而且人口密集，交通便利，滿不錯的。

王：那裡的廠房實在是太貴了，可能要秏費我們很大的資金。

丁：二位別吵了！我有個朋友在大陸設廠，那兒的勞工不錯，交通便利，廠房便宜，值得一試！

王：但是我們對大陸的法律，並不清楚呀！

丁：王先生拜託！我們是去那裡設廠，不是去打官司，管他什麼法律！

陳：話是不錯，但我們和大陸的關係並不明確，萬一發生什麼問題，政府也無法幫助我們。

丁：二位先生啊！你們怎麼緊張兮兮的。我的朋友去大陸那麼久，也不見他們發生什麼問題；而且大陸也歡迎我們去那裡投資設廠，並要開放內銷市場，准許台商經營服務業，以及開辦低利融資，我們可以考慮看看。

王：我不這樣想，還是小心一點比較好。

陳：我也這樣認爲。

丁：二位既然如此膽小，又缺乏冒險精神，還談什麼要闖天下，一起打拚？在台灣，勞工動不動就罷工，又要抓污染，給你們一塊樂園，卻無動於衷。我看算了！

於是，三人鬧得不可開交。

討論問題

1.你認爲丁武楷最後的談話對嗎？何故？

2.一般企業投資宜考慮哪些因素？何者爲先？何者爲後？

3.你認爲工廠廠址的選擇應注意哪些條件？

組織行為

商學叢書 29

著　　者／林欽榮
出 版 者／揚智文化事業股份有限公司
發 行 人／葉忠賢
責任編輯／賴筱彌
登 記 證／局版北市業字第 1117 號
地　　址／台北市新生南路三段 88 號 5 樓之 6
電　　話／（02）23660309　（02）23660313
傳　　真／（02）23660310
印　　刷／鼎易印刷事業股份有限公司
法律顧問／北辰著作權事務所　蕭雄淋律師
初版一刷／2002 年 8 月
ISBN ／957-818-409-3
定　　價／新台幣 550 元
郵政劃撥／14534976
帳　　戶／揚智文化事業股份有限公司
E-mail ／book3@ycrc.com.tw
網　　址／http://www.ycrc.com.tw

國家圖書館出版品預行編目資料

組織行爲／ 林欽榮著. -- 初版. --臺北市
：揚智文化, 2002[民 91]
面； 公分.-- （商學叢書；29）

ISBN 957-818-409-3（平裝）

1.組織（管理）

494.2 91010142